高 等 学 校 教 材

U0243889

光伏硅晶体材料

的制备、表征及应用技术

贾铁昆 主编　王玉江 付 芳 熊 震 副主编

化学工业出版社
·北京·

《光伏硅晶体材料的制备、表征及应用技术》介绍了单晶硅、多晶硅和太阳能电池生产的基本原理、主要设备和工艺过程，涵盖了大部分光伏产业链，涉及了硅材料相关的理论基础、生产工艺、生产设备、检测手段等。全书共分为四部分：第一部分直拉单晶硅；第二部分铸造多晶硅；第三部分硅片加工；第四部分硅片的光伏应用——太阳能电池。

　　《光伏硅晶体材料的制备、表征及应用技术》由学校专业老师与企业专家共同编写，有针对性地介绍晶硅生产应掌握的理论知识和操作技能，将目前企业的实用知识编入教材，适用于高等院校及高职院校与太阳能光伏产业、硅材料技术相关专业的师生教学用书，也可作为从事光伏行业及硅材料生产企业的培训教材及相关专业技术人员和工程师的参考用书。

图书在版编目（CIP）数据

　　光伏硅晶体材料的制备、表征及应用技术/贾铁昆主编. —北京：化学工业出版社，2020.6（2025.5重印）
　　高等学校教材
　　ISBN 978-7-122-36410-4

　　Ⅰ.①光…　Ⅱ.①贾…　Ⅲ.①太阳能光伏发电-硅基材料-高等学校-教材　Ⅳ.①TM615

　　中国版本图书馆 CIP 数据核字（2020）第 040709 号

责任编辑：陶艳玲　　　　　　　　　　装帧设计：张　辉
责任校对：赵懿桐

出版发行：化学工业出版社（北京市东城区青年湖南街 13 号　邮政编码 100011）
印　　装：北京科印技术咨询服务有限公司数码印刷分部
787mm×1092mm　1/16　印张 15½　字数 390 千字　2025 年 5 月北京第 1 版第 4 次印刷

购书咨询：010-64518888　　　　　　　售后服务：010-64518899
网　　址：http://www.cip.com.cn
凡购买本书，如有缺损质量问题，本社销售中心负责调换。

定　　价：49.00 元

前　言

目前能源安全、生态环境及气候变化等问题日益严重，许多国家已将可再生能源作为新一代能源技术的战略制高点，其中太阳能光伏发电是可再生能源利用的重要组成部分之一。晶硅太阳能电池由于其规模化生产和高的电池转化效率，占据了 90％左右的市场份额。在我国"领跑者计划"和产业转型升级的推动下，先进晶体硅电池技术发展呈现多样化，黑硅制绒、背面钝化（PERC）、N 型双面、非晶硅/晶体硅异质结（HIT）等一批高效晶硅电池工艺技术产业化加速，单晶和多晶电池平均转换效率达到 20.5％和 19.1％。组件方面，半片组件、叠瓦组件、MBB 等技术不断涌现。此外，光伏制造业逐步向智能制造发展，生产线自动化程度不断提升，电池转换效率不断刷新。我国以阿特斯、天合集团、晶科能源、晶澳太阳能等为代表的光伏产业的制造商，加大了工艺技术研发力度，生产工艺水平和转换效率得到提升，大幅降低了光伏发电成本。

目前，光伏行业技术的突飞猛进和蓬勃发展与人才培养滞后的现状形成矛盾，对光伏专业人才的需求日益旺盛。课程是人才培养的基础，教材是课程的重要组成部分。本书编写人员根据光伏行业发展及人才培养的需要，编写了《光伏硅晶体材料的制备、表征及应用技术》。本教材为学校专业老师与企业专家共同编写，参照光伏企业技术人员的实际操作，有针对性地介绍晶硅生产各工序应掌握的理论知识和操作技能，将目前企业的实用知识编入教材，为学生就业及适应岗位打下扎实的基础。

本教材介绍了单晶硅、多晶硅和太阳能电池生产的基本原理、主要设备和工艺过程，涵盖了大部分光伏产业链，涉及了硅材料相关的理论基础、生产工艺、生产设备、检测手段等。全书共分为四部分：第一部分直拉单晶硅，介绍了单晶生长的基础理论、区熔和直拉单晶硅的主要设备和工艺步骤；第二部分铸造多晶硅，介绍了定向凝固理论，重点介绍了铸造多晶硅的原辅料、设备及生产过程，对铸造多晶硅中的杂质和缺陷及其控制进行了详尽分析；第三部分硅片加工，分析了金刚线切割的优点并介绍了硅片加工所用的原辅料、主要设备及工艺流程，对硅片和硅锭的表征手段进行了详细的分析；第四部分硅片的光伏应用——太阳能电池，讨论了太阳能电池的结构及物理基础，重点介绍了太阳能电池的制造工艺与关键技术，对新型太阳能电池进行了展望。

本书由洛阳理工学院贾铁昆教授任主编，其中，第 1、2 和 4 章由洛阳理工学院李继利和王玉江共同编写，第 3 和 8 章由洛阳理工学院付芳编写，第 5、6 和 11 章由洛阳理工学院贾铁昆和桂林理工大学龙飞、莫淑一共同编写，第 7、9 和 10 章由阿特斯光伏电力（洛阳）有限公司熊震和洛阳理工学院贾铁昆共同编写。

全书由武汉理工大学王为民教授审阅，提出了许多宝贵的意见和建议，在此表示衷心的感谢。此外，波士顿大学蒋犇骊硕士参与了文献查阅与整理工作，在此一并表示感谢！

教材编写以实践性内容为主，辅以理论性指导，适用于高等院校及高职院校太阳能光伏产业、硅材料技术相关专业师生教学用书，可供从事光伏、材料科学与工程等领域的师生作为教学参考书，也可作为从事光伏行业及硅材料生产企业的培训教材，供相关专业技术人员和工程师学习参考。

由于编者水平有限，在教材编写过程中难免存在不足之处，恳请读者批评指正，编者将在今后的工作中不断完善和改进。希望本书的内容可以为晶硅太阳能电池的发展做出贡献。

编者

2020 年 1 月

目 录

第一部分　直拉单晶硅

第二部分　铸造多晶硅

第4章　多晶硅铸锭基础理论

第5章　多晶硅铸锭

第6章　铸造多晶硅中的杂质

第三部分 硅片加工

第7章 硅片加工原辅料和主要设备

第8章 硅片加工工艺

第9章 硅材料的表征

第四部分 硅片的光伏应用——太阳能电池

第10章 太阳能光电物理基础

第11章 太阳能电池的制备

参考文献

第一部分　直拉单晶硅

　　单晶硅是一种良好的半导体，它的主要用途是制造半导体硅器件，用于制造大功率整流器、大功率晶体管、二极管、开关器件等，还可以用于太阳能光伏发电、供热。单晶硅具有准金属的物理性质，其电导率随温度的升高而增加，有显著的半导电性。超纯的单晶硅是本征半导体，在超纯单晶硅中掺入微量的ⅢA族或ⅤA族元素，可提高其导电率，形成P型或N型硅半导体。单晶硅的制备通常是先制得多晶硅，然后用直拉法或悬浮区熔法从熔体中生长出棒状单晶硅。本部分主要讨论单晶硅的结晶理论、制备工艺、影响因素及其杂质和缺陷。

第1章　结晶理论

1.1　热场与单晶生长

1.1.1　晶体生长系统中的能量关系

单晶拉制是一个熔化再结晶、由多晶转变成单晶的凝固过程。在理想的凝固过程中，熔体和晶体的温度保持不变，形成一个稳定的固、液共存的状态。如果要达到一定速度的结晶，结晶界面附近的温度必须低于熔点温度，否则结晶速度会非常缓慢，难以形成晶体。这种低于熔点的温度下进行结晶的状态称为"过冷"。过冷的温度与熔点的温度差 ΔT，称为过冷度。过冷度越大，结晶速度越快。发生在等温、等压下的相变过程是由 Gibbs 自由能决定的，结晶过程也是由 Gibbs 自由能决定的：

$$G = H - TS$$

式中，H 是焓；T 是热力学温度；S 是熵。根据能量最低原则，系统要达到平衡，Gibbs 自由能应该是最低的。如果 Gibbs 自由能 G 大于最小值 $G_{\min}$，则处于亚稳状态，系统趋向于降低 ΔG（$\Delta G = G - G_{\min}$）以达到稳定结构，ΔG 为物相变化的驱动力。结晶过程的固、液相自由能分别为：

$$G_L = H_L - TS_L \qquad G_S = H_S - TS_S$$

假设平衡结晶温度为 T_0，在温度 $T < T_0$ 时，固、液两相的自由能差为：

$$\Delta G_{L \to S} = G_L - G_S = (H_L - H_S) - T(S_L - S_S) \tag{1-1}$$

$\Delta G_{L \to S}$ 为结晶过程的驱动力。结晶一般发生在金属熔点附近，焓和熵随温度的变化可以忽略不计，则公式（1-1）中 $H_L - H_S = L$ 为结晶潜热，$S_L - S_S = \Delta S$ 为熔化熵。

在温度 $T = T_0$ 时，两相的自由能相等，即：

$$\Delta G_{L \to S} = L - T_0 \Delta S = 0$$

所以
$$\Delta S = L / T_0 \tag{1-2}$$

将式(1-2)代入公式(1-1)，可得

$$\Delta G_{L \to S} = L(T_0 - T) / T_0 = L \Delta T / T_0$$

结晶潜热 L 对于给定金属为定值，因此 $\Delta G_{L \to S}$ 由过冷度 $\Delta T = T_0 - T$ 决定，即 ΔT 的大小决定了结晶过程驱动力的大小。

1.1.2　热场对单晶生长的影响

热场也称为温度场，指的是热系统内的温度分布状态。如果煅烧时，热系统内的温度分布相对稳定，称为静态热场。但是硅单晶在生长时，不断发生液相向固相的物相转化，放出结晶潜热，且晶体越拉越长，熔体液面不断下降，从而导致热量的传导、辐射等情况都在发生变化，即热场是变化的，称为动态热场。虽然硅单晶拉制过程中，能量不断交换使热场中的温度分布呈现着各种各样的形态，但是在达到稳定状态以后，各部分的能量状态在一定程度上是可控的。热系统中各部分温度分布与加热器加热方式、保温状态等有关。表1-1列出了稳定状态下某热系统中各部位的温度分布，该系统为四周加热，温度呈现中心低、四周高的状态。如果加热器为上、下加热则热场分布有所不同。

表 1-1　某热系统各个部位的温度分布

位置	温度/℃	位置	温度/℃
坩埚中心	1420	石墨保温层	1450
坩埚边缘	1460	保温层外表面	900
加热器	1480～1500		

为了描述热系统中不同点的温度变化及分布状态，需要引入"温度梯度"这一概念。温度梯度是指热场中某点 A 的温度指向周围邻近的某点 B 的温度的变化量，即单位距离内温度的变化率。假设 A 点到 B 点的温度变化为 T_2-T_1，距离变化为 r_2-r_1，则 A 点到 B 点的温度梯度为：

$$\frac{\Delta T}{\Delta r}=\frac{T_2-T_1}{r_2-r_1}$$

通常用 dT/dr 表示温度在 $\vec{r}$ 方向上的变化率。两点间的温度差 T_2-T_1 越大，则 dT/dr 越大，温度梯度大；反之，两点间的温度差越小，即 dT/dr 越小，温度梯度小。如果 $(dT/dr)>0$，表示由 A 点到 B 点温度是升高的，如果 $(dT/dr)<0$，则由 A 点到 B 点温度是下降的。

沿着加热器的中心轴线测量温度的变化发现，加热器的温度分布是中心温度最高，向上、向下都是逐渐降低的，这一变化率称为纵向温度梯度，用 dT/dy 表示；从轴线上某点沿着径向测量，发现温度是逐渐上升的，加热器中心最低、边缘最高，呈抛物线变化，这一变化率称为径向温度梯度，用 dT/dr 表示，如图1-1所示。用下角标 S、L 和 S-L 分别表示固相、液相和固-液界面。单晶硅生长时，热场中存在着固体、熔体两种形态，造成温度梯度也有多种，包括晶体中的纵向温度梯度 $(dT/dy)_S$ 和径向温度梯度 $(dT/dr)_S$、熔体中的纵向温度梯度 $(dT/dy)_L$ 和径向温度梯度 $(dT/dr)_L$ 及生长界面处的温度梯度 $(dT/dr)_{S-L}$。其中，对结晶状态影响最大的是 $(dT/dr)_{S-L}$，它是晶体、熔体、环境三者的传热、放热、散热综合影响的结果，在一定程度上决定着单晶的质量。

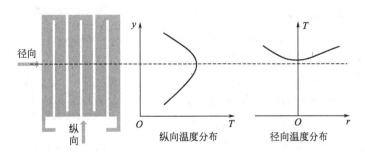

图 1-1　加热器温度分布示意

将籽晶作为唯一的非自发晶核插入熔体，籽晶下面生成二维晶核，侧向生长就能够形成单晶。在此过程中要求在结晶前沿处有一定的过冷度，不断形成二维晶核，同时不允许结晶前沿之外的其他地方产生新的晶核，否则就会破坏单晶的生长，形成多晶。下面讨论晶体和熔体中的温度梯度对结晶过程和结晶质量的影响，得到热场的基本要求。

1.1.2.1 纵向温度梯度对晶体生长的影响

图 1-2 说明了晶体的纵向温度梯度情况，图中 T_A 为结晶温度，虚线表示固-液界面。由

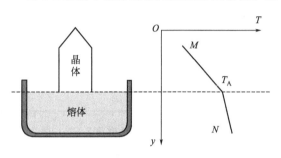

图 1-2 晶体的纵向温度梯度

图可以看出，离晶体生长界面越远，晶体温度越低，即 $(dT/dy)_S > 0$，如 $M-T_A$ 段所示。若晶体的纵向温度梯度 $(dT/dy)_S$ 较小，晶体生长产生的结晶潜热不能及时散掉，则单晶硅温度增高，结晶界面温度随着增高，使得熔体表面的过冷度减小，影响单晶硅的正常生长。若 $(dT/dy)_S$ 过大，结晶潜热很快及时散掉，但是由于晶体散热过快，熔体表面一部分热量也随之散掉，导致结晶界面温度降低，表面过冷度增大，有可能产生新的不规则的晶核，使晶体变成多晶。另外，熔体表面过冷度增大，单晶可能产生大量结构缺陷。只有当 $(dT/dy)_S$ 足够大又不过大时，才能使单晶硅生长产生的结晶潜热及时传走，保持结晶界面温度稳定。

晶体生长时，熔体的纵向温度梯度可分为三种情况，如图 1-3 所示。熔体温度梯度 $(dT/dy)_L$ 较大时，见图 1-3(a)，离开液面越远温度越高，生长界面以下熔体温度高于结晶温度，不会使晶体局部生长过快，生长界面较平坦，晶体生长稳定。$(dT/dy)_L$ 较小时，如图 1-3(b) 所示，结晶界面以下熔体温度与结晶温度相差较少，熔体温度波动时可能形成新晶核凝结在单晶硅界面上，使单晶硅发生晶变，导致晶体生长不稳定。特殊情况下 $(dT/dy)_L$ 是负值，见图 1-3(c)，即离开结晶界面越远，温度越低，熔体内部温度低于结晶温度，会产生新的自发晶核，单晶硅长入熔体形成多晶，无法进行单晶生长。

除了结晶状况外，纵向温度梯度还影响晶体生长速度。通常晶体生长速度受两个过程的限制：一是熔体硅中硅原子在结晶界面上按晶格位置排列的速度；二是结晶界面处结晶潜热的释放速度和熔硅热量的传递速度。前者速度很快，因此晶体生长速度取决于后者。拉晶时热流传递路径如图 1-4 所示。图中 Q_L 是熔体传到固-液界面的热量；Q_C 是单位时间释放的结晶潜热；Q_S 是由晶体传导和辐射损失的热量；Q_0 是晶体传导损失的热量；Q_x 和 Q_y 是晶体辐射损失的热量。

当晶体生长稳定时，单位时间内由熔体中传到固-

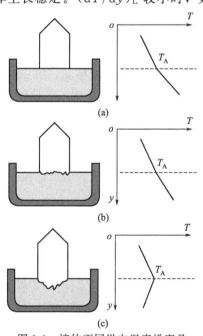

图 1-3 熔体不同纵向温度梯度及晶体生长情况

液界面的热量 Q_L 和由结晶界面释放结晶潜热的热量 Q_C，等于结晶界面损失的热量 Q_S，根据能量守恒定律得：

$$Q_L + Q_C = Q_S \tag{1-3}$$

结晶界面损失的能量 Q_S 主要是由晶体传导和辐射损失的热量，即：

$$Q_S = Q_0 + Q_x + Q_y \tag{1-4}$$

从熔体中传到固-液界面的热量为：

$$Q_L = K_L A (dT/dx)_L \tag{1-5}$$

从固-液界面流向晶体的热量：

$$Q_S = K_S A (dT/dx)_S \tag{1-6}$$

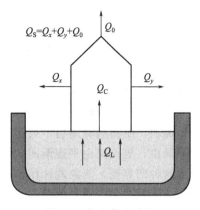

图 1-4　热流传递路径

式中，K_L、K_S 分别是熔体和固体的热导率；A 为固-液界面的面积；$(dT/dx)_L$、$(dT/dx)_S$ 分别为界面附近的熔体和晶体中的温度梯度。当拉晶速度为 v 时，可得：

$$Q_C = vAdH \tag{1-7}$$

式中，d 为晶体密度；H 为每克熔体的结晶潜热。将式(1-5)～式(1-7) 分别代入式(1-3) 中得到：

$$K_L A (dT/dx)_L + vAdH = K_S A (dT/dx)_S \tag{1-8}$$

则

$$v = [K_S (dT/dx)_S - K_L (dT/dx)_L]/Hd \tag{1-9}$$

从式(1-9) 可以看出，熔体中的温度梯度越小，晶体中的温度梯度越大时，生长速度越快。但是，必须考虑晶体生长的完整性，晶体中的温度梯度过大时会因结晶界面的不平坦和热应力过大，造成严重的晶格缺陷甚至形成多晶。因此，熔体中的温度梯度不能为零也不宜过大。

纵向生长温度梯度还制约了晶体直径的大小。晶体中的热量少量通过细颈产生传导损失，大部分热量损失均为辐射损失，所以 $Q_0 \ll Q_x + Q_y$，则式(1-4) 可写为：

$$Q_S \approx Q_x + Q_y \tag{1-10}$$

式(1-10) 改写为：

$$K_S (dT/dx)_S \pi r^2 = Q_x + Q_y = Q_r \tag{1-11}$$

式中，Q_r 为辐射常数，与晶体半径无关。由式(1-8) 和式(1-11) 可得：

$$K_L (dT/dx)_L \pi r^2 + vdH \cdot \pi r^2 = Q_r \tag{1-12}$$

式(1-12) 可改写为：

$$v + \alpha_1 = \alpha_2/r \tag{1-13}$$

式中，$\alpha_1 = \dfrac{K_L (dT/dx)}{dH}$；$\alpha_2 = Q_r/\pi dH$，为常数。由式(1-13) 可知，当 $v \gg \alpha_1$ 时，从固液界面放出的潜热比从熔体传至固液界面的热量大得多，晶体半径 r 与生长速度 v 成反比，即生长速度越快，晶体直径越小。因此，可以通过控制晶体拉速来控制晶体的直径。

1.1.2.2　径向温度梯度对晶体生长的影响

热场的径向温度梯度包括晶体 $(dT/dr)_S$、熔体 $(dT/dr)_L$ 和固液交界面 $(dT/dr)_{S-L}$ 三种径向温度梯度。晶体中的径向温度梯度 $(dT/dr)_S$ 是由晶体的纵向、横向热量及在热场中处的位置决定的。一般来说，熔体的径向温度梯度主要是靠四周的加热器决定，所以中心温度低、靠近坩埚处温度高，径向温度梯度总是正数，即 $(dT/dr)_L > 0$。单晶生长总是在熔体表面形成，因此熔体表面径向温度梯度的大小更为重要。熔体表面径向温度梯度过小，会发生坩边结晶的现象。低坩位引晶容易出现这种情况就是因为 $(dT/dr)_L$ 过小引起的。但是 $(dT/dr)_L$ 过大时，结晶界面不平坦，容易产生新的位错。

在晶体生长的整个过程中，结晶界面处的径向温度梯度 $(dT/dr)_{S-L}$ 不是固定不变的。图 1-5 为将晶体纵剖时得到的结晶界面纵向温度分布示意图。从图中可以看出，在单晶硅的放肩部位，结晶界面纵向温度分布凸向熔体，$(dT/dr)_{S-L} > 0$。如果在放肩时，将籽晶突然提起，升到副室观察窗，就可以看到凸界面的情况。随着结晶过程的进行，界面凸起的趋势慢慢减弱，维持到转肩后不久逐渐变平，此时转入等径过程，$(dT/dr)_{S-L} \approx 0$。继续结晶到收尾阶段，界面又由平逐渐凹向熔体，越到尾部凹的趋势越明显。在收尾提起晶体时，可以看到这种凹界面，形象地称作"Ω"界面。单晶生长从头部到尾部，结晶界面经历了由凸变平、由平变凹的过程，也即 $(dT/dr)_{S-L} > 0$ 到近于 0 又变为小于 0 的过程。由于现在装料量大，晶体直径也大，要做到结晶界面很平坦是不容易的，但是可以接近平坦。很弱的凸界面及凹界面都可以看成接近平坦，而且这种界面有利于二维晶核的成核及长大。

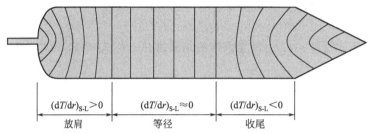

图 1-5　晶体生长过程中结晶界面纵向温度分布示意

综合上述对于温度梯度的分析可以看出，要想得到质量良好的单晶需要设计合理的热场，热场的温度分布应该满足以下几个条件。

① 晶体中纵向温度梯度 $(dT/dr)_S$ 要足够大，保证晶体生长中有足够散热能力，带走结晶潜热。但是不能过大，避免出现过大的热应力，产生缺陷。熔体中的纵向温度梯度 $(dT/dr)_L$ 要比较大，保证晶体生长的稳定性。

② 结晶界面处的纵向温度梯度 $(dT/dr)_{S-L}$ 应适当的大，形成必要的过冷度，使单晶有足够的生长动力。但是不能太大，否则会产生结构缺陷。

③ 径向温度梯度要尽可能小，即 $(dT/dr)_{S-L} \approx 0$，使结晶界面趋于平坦。

1.2　晶核的形成和晶体的长大

1.2.1　晶核的形成

结晶过程由形核和晶体的长大两个环节构成。结晶通常是从一个结晶核开始，然后逐步长大成为晶体，这个结晶核称为晶核。晶核的形成有以下两种方式。

1.2.1.1　自发形核

液体内部由于过冷，自发生成晶核叫做自发形核。晶体熔化成熔体后，液态结构原子结合力较弱，远程规律受到破坏，但是近程仍然继续保持着动态规则排列的小集团，这些小集团称为晶体的晶胚。在熔体中要形成自发晶核首先就要形成晶胚。晶胚与晶胚之间位错密度很大，类似于晶界结构。熔体原子的激烈振动，使得近程有序规律瞬时出现、瞬时消失。某个瞬间，熔体中某个局部区域的原子可能聚集在一起，形成许多具有晶体结构排列的晶胚，晶胚不稳定，不能长时间存在，有可能瞬时散开。因此，当晶胚长大到一定的晶胚临界半径尺寸 r_c 时，有继续长大和解散两种趋势。能够继续长大的，就变成了晶核，不能继续长大的，仍然是晶胚。只有当温度低于熔点的某一过冷度时，晶胚才能长大为晶核。长大成晶核后才是稳定的，才具有晶体的一些性质，晶核再继续长大就是结晶的开始。

过冷度越大，形成晶核的数目越多。晶核的临界半径 r_c 的大小与熔体的过冷度有直接关系，过冷度越大，临界半径就越小，越容易形成晶核。反之，过冷度越小，临界半径就越大，越不容易产生晶核。如果熔体过冷度太小，形成不了晶核，晶胚就只能处于亚稳定状态，不能结晶。由自发晶核形成的晶体，一般称为多晶体，极难形成单晶体。

1.2.1.2 非自发形核

借助于外来固态物质的帮助，如在籽晶、坩埚壁、液体中的非溶性杂质等表面上产生的晶核，称为非自发晶核。非自发晶核形成时所需要的功比自发晶核形成时所需要的功小，比自发成核容易。也就是说，在固体杂质上比在熔体内部更容易形成晶核。例如，籽晶插入熔体后，籽晶起到了结晶核心的作用，成为非自发晶核。再如熔体有非熔性杂质或者坩埚壁上某点杂质，都可能成为形核的基底，从而形成非自发晶核。

非自发形核可以采用"二维表面成核，侧向层状生长"的理论模型进行描述。设想有一个理想的晶面，既无台阶也无缺陷，单个孤零零的液相原子扩散到这个晶面上后，由于晶体生长界面上与单个原子相邻的原子数太少，难以形成牢靠的结合，很难稳定存在，即便瞬时稳定住，最终也会跑掉。因此，晶胚生长只能依靠二维晶核的形成。熔体系统能量在不断涨落，当一定数量的液相原子差不多同时落在平滑界面上的邻近位置时，能够形成一个具有单原子厚度 d 并有一定宽度的平面原子集团，称为二维晶核，其生长模型见图1-6。这个集团必须超过晶核临界半径才能稳定。二维晶核形成后，它的周围产生了台阶，后续生长的单原子就能沿着台阶铺展，铺满整个界面层，生长面又成了理想平面，然后在平面上形成新的二维晶核。晶体用这种方式多次重复，完成生长，就是"二维表面成核，侧向层状生长"的理论模型。

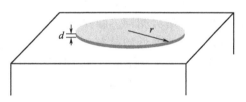

图1-6　二维晶核的生长模型

在拉单晶时，必须保证晶核的唯一性。在直拉单晶硅工艺中，通常是在熔体里面人为地加入一个非自发晶核，即籽晶，直接在籽晶上生长出单晶硅。此外，还应严格控制热系统的温度梯度，使结晶界面附近以外的熔体处在高于熔点的过热状态，避免生成其他晶核，使熔体仅沿籽晶一个晶核结晶，长大成为单晶体。熔体中如果存在其他的固体杂质，则容易以该杂质为基底形成非自发晶核，导致熔体中存在两个以上的晶核，形成多晶硅。因此，在拉制单晶硅时，坩埚边结晶、掉渣等均会产生新的非自发晶核。另外，炉子漏水、漏气或漏油，掺杂剂中存在非熔性杂质、石英渣、多晶夹杂的碳，甚至腐蚀清洗不干净等，都有可能形成新的非自发晶核，致使单晶无法正常生长。

1.2.1.3 形核理论

核形成理论需要解决两个基本问题，一个是核的形成条件，另一个是核的生长速率。形核理论不断发展，出现了若干种形核理论。归纳起来基本上是两种理论：热力学界面能理论（也称为毛细管现象理论、微滴理论）和原子聚集理论（也称为统计理论）。

（1）热力学界面能理论

热力学界面能理论是将气相在固体表面上凝结成微液滴的核形成理论应用到核形成过程

中，对核形成问题进行研究。热力学界面能理论为自发形核理论，认为原子团是由吸附原子在基片表面的碰撞形成，起初自由能随原子团尺寸的增加而增加，直到达到临界尺寸后，随着原子团尺寸增大，自由能开始下降。

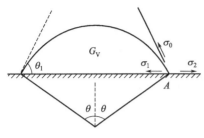

图 1-7　液相中形成固相核的示意

图 1-7 为液相中形成固相核的示意图。在液体中形成固相核，减少了液-气界面能，增加了固相的体积自由能、液-固界面能和固-气界面能，因此其总自由能变化为

$$\Delta G = V_a \Delta G_V + A_0 \sigma_0 + A_1 \sigma_1 - A_2 \sigma_2 \tag{1-14}$$

式中，ΔG_V 为固相的单位体积自由能；V_a 为固相体积；σ_0、σ_1 和 σ_2 分别固-气界面能、固-液界面能和气-液界面能；A_0、A_1 和 A_2 分别为固-气界面、固-液界面和气-液界面的面积。按 A 点的表面张力平衡可知

$$\sigma_2 = \sigma_0 \cos\theta_1 + \sigma_1 \tag{1-15}$$

将式(1-15)代入式(1-14)，可以推导半径为 r 的球形原子团的 Gibbs（吉布斯）自由能变化为

$$\Delta G = 4\pi r^2 \sigma_0 f(\theta) + \Delta G_V \frac{4}{3}\pi r^3 f(\theta) \tag{1-16}$$

图 1-8 为根据式(1-16)得到的 Gibbs 自由能与原子团半径 r 的关系图。可以看出，如果 $r < r_c$，固相核长大使 ΔG 升高，晶核趋向于解体；$r > r_c$，晶核长大使 ΔG 降低，晶核可以自动长大；$r = r_c$，则处于临界状态，不管长大还是分解均使体系自由能降低，晶核长大和解体趋势相同。临界核指的就是长大和缩小均使体系自由能降低的晶核，即 $r = r_c$ 的晶核。稳定核则指的是长大时使体系的自由能降低的晶核，即 $r > r_c$ 的晶核。对式(1-16)求极值：

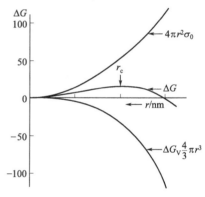

图 1-8　Gibbs 自由能与原子团半径 r 的关系

$$\frac{d(\Delta G)}{dr} = 8\pi r \sigma_0 f(\theta) + 4\pi r^2 \Delta G_V f(\theta) = 0$$

可得临界核半径

$$r_c = -\frac{2\sigma_0}{\Delta G_V} \tag{1-17}$$

热力学界面能理论采用了两个假设：一是认为核尺寸变化时，其形状不变；二是认为核的表面自由能和体积自由能与块体材料相同。实际成核时临界核很小，能量是不连续的，形状是变化的，因此核的表面自由能和体积自由能与块体材料相同的假设仅适用于大的临界核（大于 100 个原子）。使用理论热力学界面能理论计算临界核的半径小于 0.5nm，只有几个原子。显然，热力学界面理论与实际情况有较大差别。为了克服理论上的困难，1924 年 Frenkel 提出了成核理论原子模型。

（2）原子聚集理论

原子聚集理论将核看作一个大分子，用其内部原子之间的结合能或与基片表面原子之间的结合能代替热力学理论中的自由能，研究原子团内的键合和结合能与临界核和成核速率的关系。Walton 理论认为在低温或较高的过饱和状态下，临界核可以是单个原子。这一原子通过无序过程与另一个原子形成原子对，从而变成稳定核并自发生长。根据原子聚集理论，

光伏硅晶体材料的制备、表征及应用技术

当临界核尺寸减小时，结合能出现不连续性，并且几何形状不能保持不变。由于临界核中原子数目较少，可以分析它含有一定原子数目时所有可能的形状，然后用试差法断定哪种原子团是临界核。

图1-9是原子聚集理论临界核与最小稳定核的形状。由图可见，原子团结构与吸附能和结合能有关。例如，四个原子团结合可以形成正方形平面结构和四面体结构，平面结构的吸附能为$4E_d$（每个原子与基片的吸附能），结合能为$4E_2$。四面体结构吸附能为$3E_d$（底面原子与基片的吸附能），结合能为$6E_2$。只有结合能达到$6E_2$，且$E_2 > E_d$时才能形成四面体结构。根据临界核原子数的多少以及结合能和吸附能的大小，可以计算形成临界核的临界温度。但是这种方法无法给出临界核大小的解析式。

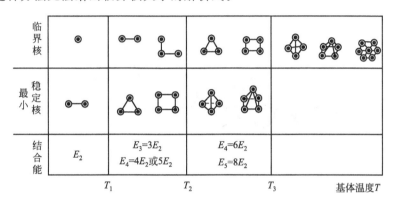

图 1-9　临界核与最小稳定核的形状

热力学界面能理论和原子聚集理论依据的基本概念相同，得到的成核速率公式形式也相同，但是它们采用的能量和微观结构模型都不同。从能量上来说，热力学界面能理论采用自由能，而原子聚集理论用的是结合能；从微观结构模型上来说，热力学界面能理论采用简单理想化几何构型，能量连续变化，而原子聚集理论采用原子团模型，能量不连续。一般说来，两个模型间有比较广泛的一致性，两种理论都能正确给出成核速率和临界核的形核温度的关系。热力学界面能理论适用于大的临界核，原子聚集理论适用于很小的临界核。

1.2.2　晶体的长大

熔体中形成稳定的晶核后开始结晶，进入长大阶段。从宏观上来看，晶体长大是晶体界面向液相中推移的结果。从微观上来说，晶体长大是液相原子扩散到固-液界面上的固相表面，按晶体空间点阵规律占据适当的位置稳定地和晶体结合造成的。为了使晶体不断长大，一方面要求液相必须能连续不断地向结晶界面供应原子，另一方面结晶界面不断地牢靠地接纳原子。通常晶体长大时，前一个条件很容易达到，因此晶体生长主要由结晶界面接纳原子的过程控制。结晶界面不断接纳原子的速度取决于晶体的长大方式、长大速度、晶体结构、生长界面结构和晶体界面的曲率等因素。其中晶体结构、生长界面结构和晶体界面的曲率属于晶体内部因素，难以控制。通常是通过控制晶体长大方式和生长速度，也就是生长界面附近的温度分布状况、结晶时潜热的释放速度和逸散条件这些外部因素来控制晶体生长状况。

结晶过程中，固相和液相间宏观界面形貌随结晶条件不同，情况比较复杂，如图1-10所示。从微观原子尺度衡量，晶体与液体的接触界面分为粗糙和平滑两类界面。粗糙界面凹凸不平，固相与液相的原子犬牙交错分布；平滑界面则具有晶体学的特性，见图1-10中的界面C，这一界面为高指数晶面，是平滑界面，以其为结晶界面，必然会出现一些高度约为一原子直径的小台阶，如图 1-10 中 A 所示。液体扩散到晶体的原子如果占据 A 处，与 B 处相比能够与较多的晶体原子接邻，中和更多悬挂键，释放更多的能量，与晶体结合更牢固，因此占据 A 处原子返回液体的概率比占据 B 处原子小得多。晶体生长过程中，原子更倾向于扩散到小台阶的根部进行结合，晶体可以始终沿着垂直于界面的方向稳步地向前推进。小台阶愈高、数量愈多，晶体成长的速度也愈快。晶体不同晶面的法向生长线速度是不同的。一般说来，原子密度稀疏的晶面，台阶较大，法向生长速度较快，易于被法向成长慢的晶面制约，不容易沿晶面横向扩展；反之，法向生长线速度最慢的晶面，沿晶面扩展快。

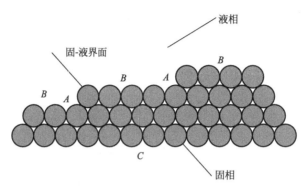

图 1-10　固-液界面模型

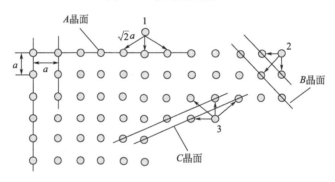

图 1-11　面密度对质点的引力关系

面密度对质点的引力关系可以用图 1-11 说明。图 1-11 中有 A、B 和 C 三个原子面密度不同的晶面，C 晶面的原子密度最小，B 晶面次之，A 晶面最密。当原子分别吸附在三个晶面上时，其结合能不同。A 晶面上的 1 号原子受三个相邻原子的吸引，一个距离近（为 a），两个距离远（为 $\sqrt{2}a$）；B 晶面上的 2 号原子也受到三个相邻原子的吸引，但是两个距离近一个距离远，受到吸引比 1 号大；C 晶面上的 3 号原子受到四个相邻原子的吸引，两个距离近，另两个距离远，受到吸引力又比 2 号大。因此 3 号原子最容易与晶体结合进入晶格座位，2 号次之，1 号最慢。根据上面的分析，从法向生长速度来说，C 晶面＞B 晶面＞A 晶面。这种不同方向上生长速度的

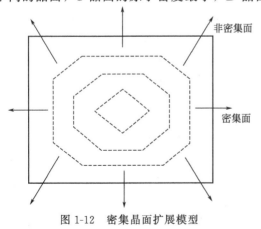

图 1-12　密集晶面扩展模型

光伏硅晶体材料的制备、表征及应用技术

差异，使稀疏面C晶面逐渐缩小，而密集面A晶面逐渐扩大，若无其他因素干扰，最后晶体将成为密集面A晶面为外表面的规则晶体。例如，图1-12所示为密集晶面扩展模型，密集面逐渐覆盖非密集面，晶体截面由八角形逐渐变成正方形，晶体表面最终被密集面覆盖。实际上，除了吸引力的大小之外，被接纳的原子首先必须考虑的是和晶体的结构相吻合，具备和晶体结构相同的方位和接近的原子间距，才能有更大的可能与接收面相结合。

1.3 生长界面结构模型

从熔体中生长单晶时，一般认为服从科塞耳理论，即在结晶前沿处，只有很薄的一层熔体是低于熔化温度的（过冷度为1℃左右），其余部分的熔体都是处于过热状态，这样可以抑制自发形核。晶体在薄层中的生长，首先在固-液界面上形成二维晶核，然后侧向生长，直到铺满一层，即1.2.1讲到的"二维表面成核，侧向层状生长"模型。按照这个理论，晶体生长面在生成二维晶核且这个二维晶核的大小超过一定的临界值才能长大，所以要求固相、液相具有一定的过冷度，促使原子固定在固相表面。

结晶过程中，每一个来自熔体的新原子进入晶格座位实现结合，最可能的座位应是能量最低的位置。结合成键时，成键数目最多、释放能量最多的位置即是最有可能结合的晶格座位。常见的晶格座位如图1-13所示。3号位置为三面角，和三个最近邻的原子成键，成键时放出的能量最多。4号和5号位置为台阶前沿，它们和两个最邻近原子成键。因此，晶体生长过程中，原子优先在3号扭折处不断生长延伸，最后覆盖整个生长界面。如果晶体要继续生长，则需要在生长界面上再一次形成二维晶核，产生新的台阶，如图1-13中的1号和2号位置。

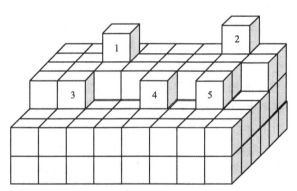

图1-13 常见的晶格座位

以凸界面为例（例如放肩时）说明单晶硅生长时的机理，其生长模型如图1-14所示，图中虚线表示等温线。凸界面分为边缘的台阶部分和中心的平面部分两部分。平面部分没有台阶，其法向生长只能依靠二维晶核的形成来实现，需要较大的过冷度。由等温线可以看出，凸界面的最大过冷度位于界面的中心，驱动力最大，最先形成二维晶核，即图1-14(b)中的小黑点"●"。平面两侧，即图（b）中的"△"位置则是在中心形成二维晶核后，原子进入二维晶核侧面的台阶来实现。对于台阶部分，根据上述分析，其生长是由粒子逐个填入"×"位置来完成，生长速度快。凹界面，即收尾部分的生长模型与凸界面类似，凹界面的最大过冷点不在中心，而在边缘部分。实际结晶过程中，会形成不同的界面形态，其他几种晶面生长模型如图1-15所示。均可以参照凸界面生长模型，用类似的方法进行画图，找出平面、台阶、侧向生长及过冷点的位置等进行分析。

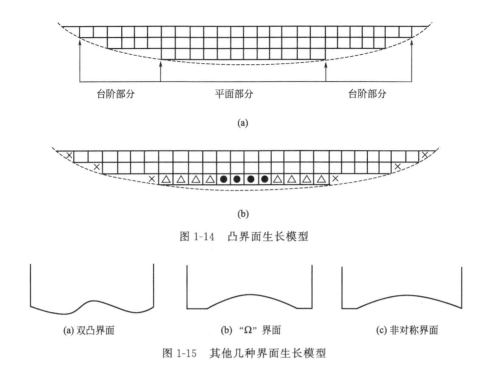

图 1-14 凸界面生长模型

图 1-15 其他几种界面生长模型

(a) 双凸界面   (b) "Ω" 界面   (c) 非对称界面

1.4 分凝效应

硅单晶生长过程中,在固-液交界面上会发生杂质的分凝效应,即杂质并不按照在熔体中的浓度进入固体,这种现象就是杂质的分凝效应。杂质在固、液相中的分配比例就叫做分凝系数。研究半导体中的杂质分凝效应,可以利用分凝现象来除去某些有害杂质,有效地控制掺杂的准确性和均匀性。以硅熔体凝固为例,在硅熔体中掺入极少量的杂质磷,以便获得轻掺杂的 N 型单晶硅。假设液相中的杂质很少,结晶速度非常缓慢,处于理想的结晶状态。结晶时交界面附近由分凝产生的浓度变化有充分的时间进行调整,随时达到新的平衡,杂质浓度随时都是均匀的。图 1-16 为固液平衡时,在固-液界面附近杂质浓度分布。图 1-16(a)中固相中的杂质浓度 C_S 比液相中的浓度 C_L 低很多,也就是说在结晶时,固相排斥杂质,不让其进入固相,浓度就低很多,图 1-16(b) 中的情况正好相反,固相吸收杂质,提高了固相的杂质浓度。

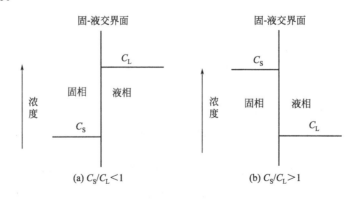

图 1-16 固液平衡时固-液界面附近的杂质浓度分布

光伏硅晶体材料的制备、表征及应用技术

对杂质浓度非常小的平衡固-液相系统,在固-液界面处固相中的成分与在液相中的成分比为一定值。设 K_0 为平衡分凝系数,它表示在固-液平衡时,固相中的杂质浓度和液相中杂质浓度的比值,即:

$$K_0 = \frac{C_S}{C_L} \tag{1-18}$$

式中,C_S 为杂质在固相中的杂质浓度;C_L 是杂质在液相中的杂质浓度;K_0 为平衡分凝系数,与温度、浓度无关,仅决定于溶质和溶剂的性质。当 $K_0 < 1$,$C_S < C_L$,先凝固部分杂质浓度小于后凝固部分中的杂质浓度;当 $K_0 = 1$,$C_S = C_L$,先凝固部分杂质浓度等于后凝固部分中的杂质浓度;当 $K_0 > 1$,$C_S > C_L$,先凝固部分杂质浓度大于后凝固部分中的杂质浓度。

硅晶体的生长过程也是硅的提纯过程,是基于杂质的分凝效应进行的。在熔体中分别掺入各种不同杂质,在结晶时各自的平衡分凝系数 K_0 是不一样的,在 $10^{-7} \sim 20$ 之间;同一种杂质分别掺入不同的熔体中,在结晶时各自的平衡分凝系数 K_0 也是不一样的,例如硼(B)在硅中的分凝系数为 0.9,而在锗中的分凝系数为 20。一般来讲,若杂质是降低结晶物质的熔点,则 $K_0 < 1$;反之,若杂质是提高结晶物质的熔点,则 $K_0 > 1$。所以在定向凝固过程中,由于杂质分凝效应,结晶界面可能会排斥 $K_0 < 1$ 的杂质,吸收 $K_0 > 1$ 的杂质。例如,生产区熔高阻硅单晶时,多次反复地将熔区从籽晶端移向尾部,将绝大多数杂质集中到了尾部,然后切去尾部,就得到了更为纯净的硅材料。知道了不同杂质的分凝系数,为计算掺杂量提供了依据,也为选择何种掺杂剂提供了参考。例如在硅中,硼的分凝系数 $K_0 = 0.9$,铝的分凝系数 $K_0 = 2 \times 10^{-5}$;凝固过程中,铝容易富集。为得到同样的电阻率,掺硼所需要的杂质量要少得多,这减少了由于掺杂剂带入超纯硅中的有害杂质量。

实际上,在生产中晶体生长速度不可能非常缓慢,界面排斥出来的杂质也不可能及时扩散完全,会在液相中形成一个杂质富集层。图 1-17 描述了生长界面附近的杂质浓度分布。在杂质 $K_0 < 1$ 的情况下,当生长界面以一定的速度向前推进时,生长界面会排斥这种杂质,杂质会在液相侧产生聚集,如果排斥这种杂质的速度大于聚集杂质向外扩散的速度,在液相侧的杂质聚集就越来越多,形成一个厚度为 "δ" 的高浓度富集层,如图 1-17(a) 所示。结晶速度愈快,杂质排出就愈快,"δ" 值就愈大。反之,在杂质 $K_0 > 1$ 的情况下,生长界面会吸收这种杂质,导致液相侧杂质浓度降低,如果吸收这种杂质的速度大于周围杂质向界面扩散的速度,在液相侧的杂质会越来越少,形成一个厚度为 "δ" 的低浓度贫乏层,如图

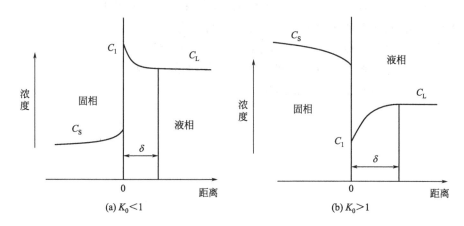

图 1-17　生长界面附近的杂质浓度分布

1-17(b) 所示。结晶速度愈快，杂质吸收就愈快，"δ" 值也愈大。在这两种情况下，固、液界面的杂质浓度不再是 C_S 和 C_L，而是 C_S 和 C_1，因此分凝系数应该是 $K_0 = C_S/C_1$，而不是 C_S/C_L。这时的 C_S/C_L 被称为有效分凝系数 K_{eff}。将 $C_S = K_0 C_1$ 代入可得 $K_{eff} = K_0 C_1/C_L$。如果放慢结晶速度并加强熔体搅拌，迫使 "δ" 变薄，让 C_1 值接近 C_L，这时有效分凝系数 K_{eff} 近似等于平衡分凝系数 K_0。

实际生产中，晶体生长不可能是理想状态，而是有一定的结晶速度的，也就是说 K_{eff} 比 K_0 更实用。K_{eff} 是和熔体性质、结晶速度、杂质的扩散系数及熔体的搅拌情况有关的一个物理量。已知 $K_{eff} = K_0 C_1/C_L$，式中的 K_0、C_L 都可以得到具体数据，交界面处的 C_1 却无法求得。所以要知道 K_{eff} 的具体数值是难以办到的。有学者根据与 K_{eff} 有关的物理参数，加上适当的边界条件，列出了下面的关系式：

$$K_{eff} = \frac{K_0}{K_0 + (1-K_0)e^{-\Delta}} \qquad \Delta = \frac{f\delta}{D} \qquad \delta = 1.6 D^{\frac{1}{3}} \gamma^{\frac{1}{6}} \omega^{-\frac{1}{2}} \qquad (1\text{-}19)$$

式中，K_{eff} 为有效分凝系数；K_0 为平衡分凝系数；f 是结晶速度，即界面移动速度；D 为杂质在熔体中的扩散系数，cm^2/s；δ 为富集层或贫乏层厚度，cm；γ 为溶体的黏滞系数，对于硅，$\gamma = 3 \times 10^{-3} \ cm^2/s$；$\omega$ 为晶体转动角速度。边界条件为强烈搅拌时，δ 可取 $10^{-3} cm$；轻微搅拌时，δ 可取 $10^{-1} cm$。D 按照在 1200℃ 时固体硅中的值进行估计，一般为 $10^{-4} \sim 10^{-5} \ cm^2/s$，再加上结晶速度，就可以计算 K_{eff}。有学者计算出在结晶速度为 $1 \sim 5mm/min$ 的情况下，磷在硅中的 K_{eff} 为 $0.39 \sim 0.55$。

从上面的公式可以发现一些规律，例如增大 f 和 δ 能够增大 K_{eff}，减小 D 也能增大 K_{eff}，f 趋近于 0 时，有效分凝系数近似等于平衡分凝系数，f 趋近于无穷大时，有效分凝系数为 1，无法分离杂质。结晶速度 f 太快，有效分凝系数趋近 1，分凝效果就差，不利于提纯，也不利于电阻率的均匀性；太慢时，又回到平衡分凝情况了。在现实生产中，生长速度 f 不可能为 0，但是也不可能很大，否则难以形成良好的结晶。只有在较低的生长速度下才有利于结晶。所以，尽管 K_{eff} 在 $K_0 \sim 1$ 之间变化，必然还是更接近 K_0。由于生长速度、杂质浓度等在整个结晶过程中总是有变化的，所以 K_{eff} 总是有变化的，不是固定值。

习　题

1. 名词解释：过冷度、热场、温度梯度、分凝效应和平衡分凝系数。
2. 热场由温度梯度描述，其中纵向温度梯度如何影响晶体的生长？
3. 热力学界面理论和原子聚集理论有什么异同之处？
4. 试描述"二维表面成核，侧向层状生长"的理论模型。
5. 参照凸界面生长模型的分析方式说明 "Ω" 界面的生长模型。
6. 查阅资料举例分析分凝效应的应用。

第2章　区熔单晶硅的制备

2.1　区熔法简介

区域熔炼（区熔法）是一个物理过程，指根据液体混合物在冷凝结晶过程中组分重新分布，即分凝的原理，通过多次熔融和凝固，制备高纯度的金属、半导体材料和有机化合物的一种提纯方法，属于热、质传递过程。区域熔炼分为水平区熔法和悬浮区熔法。

（1）水平区熔法

水平区熔法指的是在熔炼过程中锭料水平放置。水平区熔法主要用于材料的物理提纯，也可以用来生长单晶体，其装置结构如图 2-1 所示。水平区熔法将多晶材料置于水平舟内，通过加热器加热。先在舟一端放置籽晶，并使其与多晶材料间产生熔区，然后以一定的速度移动熔区，使熔区从一端移至另一端，从而使多晶材料变为单晶体。随着熔融区向前移动，杂质也随着移动，最后富集于棒的一端切除。

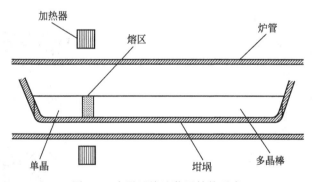

图 2-1　水平区熔法装置结构示意

硅材料在水平区熔法上存在两个主要的问题。一个是硅在熔融状态下有很强的化学活性，很难找到不与其发生反应的容器材料，即便是高纯石英舟或坩埚也会和熔融硅发生化学反应，从而使制得单晶硅的纯度受到影响。因此，目前水平区熔法无法制取高纯度的单晶硅。第二个问题是硅的主要杂质硼、磷的分凝系数接近1，用区熔提纯无法除去，这也是限制物理法提纯硅材料的一个关键问题。因此，硅单晶的制备和提纯一般采用悬浮区熔法。

锗材料与硅不同，其表面张力太小，不能维持悬浮熔区，所以无法采用纵向悬浮区熔技术生长大直径锗单晶，而只能采用 Pfann 提出的水平区熔法。其所用的装置与区熔提纯的设备大致相同,过程是把经过提纯的锗棒装入石英舟中,石英舟要用甲苯之类的碳氢化合物裂解所得到的炭黑进行涂敷处理,以防止熔料与舟壁粘接或在舟壁上形核。然后,用射频加热形成熔区。在石英舟的一端放入籽晶,使熔区向背离籽晶的方向移动,生长出锗单晶。单晶的形状与舟的形状相同。拉晶开始时,把一定量的掺杂剂加到熔区里,用这种方法可以获得沿锭长均匀的掺杂分布。

(2) 悬浮区熔法

锭料竖直放置且不用容器的区熔技术称为悬浮区熔。由于在熔化和生长硅晶体过程中,不使用石英坩埚等容器,又称为无坩埚区熔法。悬浮区熔法于 1953 年由 Keck 和 Golay 两人用在生长硅单晶上。由于在生产过程中不使用石英坩埚,氧含量和金属杂质含量都远小于直拉硅单晶,因此主要被用于制作高压器件上,如可控硅、整流器等,区熔高阻硅单晶还可用于制作探测器件。

图 2-2 为悬浮区熔法装置结构示意图。从图可以看出,在悬浮区熔法中通过夹持器将圆柱形多晶硅棒固定于垂直方向,用高频感应线圈在氩气气氛中加热,形成一个尖端状的熔区。然后该熔区与特定晶向的籽晶接触,这个过程就是引晶。多晶硅棒与籽晶朝相反方向旋转,并使熔区沿棒逐步向上移动,将多晶硅棒转换成单晶硅,如图 2-3 所示。如果在垂直多晶硅棒的顶部建立熔区,也可以用相反的方向拉晶,这种工艺叫做基座拉晶法。区熔法可在保护气氛中进行,也可以在真空中进行,且可反复提纯。由于区熔过程不使用坩埚,所以晶体中最终的杂质含量主要是决定于原材料和气氛的纯度以及生长容器的清洁度。

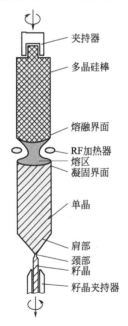

图 2-2 悬浮区熔法装置结构示意　　　　图 2-3 悬浮区熔法制备单晶硅

通常悬浮区熔法制备和提纯单晶硅应具备以下基本要求:a. 产生一个熔区所需的热源,主要利用感应线圈进行加热。由高频炉产生高幅电流,通过同轴引线,由环绕在硅棒周围的加热线圈输出,从而产生高频电磁场进行感应加热。b. 硅在高温下有很强的化学活泼性,在区熔过程中必须使硅棒和熔区处于非常清洁的环境中,尽量避免一切的污染源,才能比较准确地控制晶体中的微量杂质和获得高纯度的产品。一般在工作室内采用高真空,在气体区熔中用纯度为 5~6N 的惰性气体作为保护气氛。c. 为使得熔区移动和单晶形状对称,需要

光伏硅晶体材料的制备、表征及应用技术

一套传动机构来带动线圈或者硅棒，转动籽晶并调节熔区形状。d. 原料硅棒电阻率多数是大于 $0.1\Omega \cdot cm$ 的多晶硅棒，高频电磁场在硅棒上产生的感应电流很小，不能直接达到熔化温度。实际生产中必须配备预热部件，使硅棒先达到 $700℃$ 左右，然后再使用高频电磁场加热，此时感应电流增加，能够产生足以维持加热区域的温度，形成熔区。e. 为了方便获得单晶，应在硅棒下端放置一个小单晶作为籽晶。

2.2 区熔单晶硅的生长过程

区熔单晶硅是在惰性气体保护下，用射频加热制取的单晶硅。区熔单晶硅的生长过程为：首先是原料的准备，将高质量的多晶硅棒料的表面打磨光滑，一端切磨成锥形，再将打磨好的硅料进行腐蚀清洗，除去加工时的表面污染。然后，将腐蚀清洗后的硅棒料安装在射频线圈的上边，准备好的籽晶装在射频线圈的下边。关上炉门，用真空泵排除空气后，向炉内充入惰性气体，使炉内压力略高于大气压力。给射频线圈通上高频电力加热，使硅棒底端开始熔化，将棒料下降与籽晶熔接。当溶液与籽晶充分熔接后，使射频线圈和棒料快速上升，以拉出一细长的晶颈，消除位错。晶颈拉完后，慢慢地让单晶直径增大到目标大小，此阶段称为放肩。放肩完成后，便转入等径生长，直到结束。

在区熔单晶过程中，多晶硅棒受到表面张力、电磁托力、重力和离心力几个方面的作用力。悬浮区熔法（Float Zone，简称FZ）中熔体之所以可以被支撑在单晶与棒料之间，主要是由于硅熔体表面张力的作用。假设表面张力是唯一的支撑力，能够维持稳定形状的最大熔区长度 L_m 可根据下式计算：

$$L_m \leqslant A \left(\frac{r}{\rho g} \right)^{\frac{1}{2}} \tag{2-1}$$

式中，$A = 2.62 \sim 3.41$；r 为熔体的表面张力；ρ 为熔体的密度；g 为重力加速度。对小直径区熔单晶硅来说：

$$\left(\frac{r}{\rho g} \right)^{\frac{1}{2}} = 5.4 \text{mm} \tag{2-2}$$

对于大直径单晶，情况比较复杂，通常依靠经验确定数值。

除了表面张力外，高频电磁场对熔区的形状及稳定性也有一定的影响，尤其当高频线圈内径很小时影响显著，电磁支撑力在某种程度上甚至能与表面张力相当。通常晶体直径越大，电磁支撑力的影响就越显著。重力破坏熔区稳定，当重力的作用超过支撑力作用时，熔区会发生流垮，因此重力是限制区熔单晶直径大小的重要因素。若无重力影响，区熔法理论上可以生长出任何直径的单晶。晶体旋转还会引起离心力，主要影响固、液界面的熔体状态。晶体直径越大，离心力影响越大，因此大直径单晶制备需要用低转速，降低离心力。

悬浮区熔法采用的区熔设备一般由机械结构、电力供应及辅助设施构成。机械设备包括晶体旋转及升降机构、高频线圈与晶棒相对移动的机构、硅棒料的夹持机构等。电力供应包括高频电源及其传送电路和各机械运行的控制电路，高频电源的频率一般为 $2 \sim 4MHz$。辅助设施包括水冷系统和保护气体供应与控制系统、真空排气系统等。区熔单晶硅生长装置除了采用高频加热之外，还可用电子束聚焦的加热方法。

2.3 区熔单晶硅的掺杂

假设有一支长度为 L、杂质浓度为 C_0、均匀分布的等径多晶硅棒，从头部籽晶端开始，

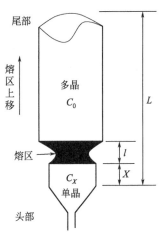

尾部

熔区上移

多晶
C_0

L

熔区

l

C_X

X

单晶

头部

图 2-4 区熔单晶硅

保持熔区宽度和移动速度不变，将熔区向尾端移动，如图 2-4 所示，直到尾部结束。由于杂质在熔化和凝固过程中会发生分凝效应，对于 $K_0 < 1$ 的杂质，杂质向尾部聚集，单晶头部杂质浓度低、尾部高；反之，对于 $K_0 > 1$ 的杂质，杂质向头部聚集，单晶头部杂质浓度高、尾部低。一次区熔后的杂质浓度分布可求得为：

$$\frac{C_X}{C_0} = 1 - (1-K)\mathrm{e}^{-\frac{KX}{l}} \qquad (2-3)$$

式中，C_X 是离晶体头部距离为 X 处的断面杂质浓度；C_0 为多晶硅棒中的杂质浓度；K 是分凝系数（K_0 或 K_{eff}）；X 是熔区离起始端的距离；l 为熔区宽度。图 2-5 为一次区熔后的磷杂质浓度的分布曲线，多晶硅中的磷杂质平衡分凝系数 $K_0 = 0.35$，区熔一次后的杂质浓度分布是头部杂质浓度低、尾部杂质浓度高，相应的电阻率就是头部高而尾部低。

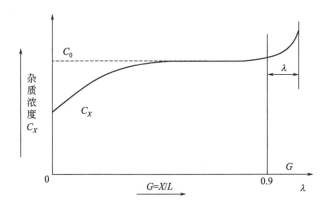

图 2-5 一次区熔后的磷杂质浓度分布曲线

区熔单晶硅的杂质浓度分布和直拉单晶硅是有区别的。直拉法是将多晶全部熔化在坩埚里，所掺杂质全部进入硅料中，然后才生长单晶；区熔单晶只有一个小熔区，一边将多晶熔化带入新的杂质，一边凝固成单晶对杂质进行分凝。从图 2-5 中可以看出，一次区熔后只有不到 50% 长度的杂质浓度在 C_0 以下，而直拉单晶硅可以占到 80%。区熔过程中熔区很小，很容易聚集杂质。结晶到一半时熔区杂质达到较高的浓度，当分凝进入晶体中的杂质和熔进来的杂质浓度（C_0）刚好相同时，熔区内杂质浓度不再变化，见图 2-5 中的平台。到了最后一个熔区 "λ"，不再熔入新料，熔区凝固，于是浓度曲线又开始上升。由于区熔工艺的特殊性，可以反复多次进行提纯。但多次区熔有一个极限分布，达到极限后再次区熔就失去提纯作用。

悬浮区熔法做为一种提纯工艺，为除去残留的硼、磷杂质，需要在高真空条件下使熔区多次通过。区熔过程中，磷和砷杂质浓度也会因蒸发而减少。如果考虑蒸发因素，Ziegler 推导出一种改进的区熔提纯公式：

$$\frac{C}{C_0} = k\left[\frac{1}{u} - \left(\frac{1}{u} - 1\right)\exp(-ux/l)\right] \qquad (2-4)$$

式中，$u = k + al/f_0$；a 为衡量蒸发速率的量，取决于几何条件和压力的大小；f_0 为熔区移动速率。

光伏硅晶体材料的制备、表征及应用技术

区熔单晶硅的掺杂方法主要有以下几种。

（1）填装法

这种方法是在原料棒接近圆锥体的部位钻一个小洞，把掺杂原料填塞在小洞里，依靠分凝效应使杂质在单晶的轴向分布趋于均匀。这种方法较适用于分凝系数较小的杂质，如 Ga（$K_0 = 0.008$）、In（$K_0 = 0.0004$）等。

（2）液体掺杂

事先将高纯 P_2O_5（或 B_2O_3）称量好溶入定量的无水乙醇中，并搅拌均匀，制成浓度均匀的掺杂液，密封保存。取用后立即盖上，以防乙醇挥发。当区熔原料硅棒经过提纯符合要求后，进行腐蚀、清洗、烘干，在送去成晶前进行液体掺杂。用内径很细的石英玻璃吸管吸入定量的掺杂液，从头到尾引流在整支硅棒上，要求成一条线，均匀分布。成晶完成后再进行电阻率测量，并在下一支硅棒上做适当的修正。这种方法难以控制掺杂的浓度和分布，准确性较差。

（3）气相掺杂

这种掺杂方法是将易挥发的 PH_3（N 型）或 B_2H_6（P 型）气体直接吹入熔区内，如图 2-6 所示。用氩气携带掺杂气体进入炉室，吹在熔区上进行掺杂。氩气既是载气又可以稀释掺杂气体。可以通过调节气体流量、流速来控制掺杂量。这是目前普遍使用的掺杂方法之一，所使用的掺杂气体必须用氩气稀释喷嘴后，再吹入熔区。

（4）中子嬗变掺杂（NTD）

采用一般掺杂方法，电阻率径向分布不均匀率一般为 15%～25%。利用 NTD 法，可以制取 N 型、电阻率分布均匀的区熔硅单晶，电阻率的径向分布的不均匀率可降到 5% 以下。硅有 ^{28}Si、^{29}Si 和 ^{30}Si 三种稳定同位素，其中 ^{28}Si 占 92.23%，^{29}Si 占 4.67%，^{30}Si 占 3.1%。在核

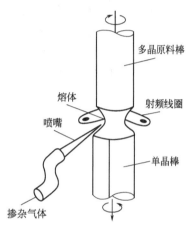

图 2-6 气相掺杂

反应堆中，装入需要中子辐照的单晶，利用核反应堆产生的热中子对硅单晶进行透射，这时硅的三种同位素都会俘获中子发生转变。其中 ^{30}Si 在俘获一个热中子后变为 ^{31}Si，同时放出 γ 射线。^{31}Si 极不稳定，在释放出一个负电子后变成了磷元素成为 ^{31}P，反应过程如下：

$$^{30}Si + n \rightarrow {}^{31}Si + \gamma$$
$$^{31}Si \rightarrow {}^{31}P + e^-$$

(2-5)

式中，n 为热中子；γ 和 e^- 分别为光子和电子。^{31}Si 的半衰期为 2.6h。由于 ^{30}Si 在硅单晶中的分布是均匀的，热中子对硅而言几乎是透明的，因此 ^{30}Si 俘获热中子的概率也几乎相同，所以嬗变产生的 ^{31}P 在单晶中的分布也是均匀的，从而可以获得断面电阻率非常均匀的硅单晶。为了提高均匀性，可以在辐照一半时间后将晶体掉头再辐照另一半时间，效果更佳。

在反应堆中，除热中子外还有大量的快中子。这些快中子虽然不能被 ^{30}Si 俘获，但是会撞击硅原子使之离开平衡位置。除此之外，在进行核反应过程中，^{31}P 大部分也处在晶格的间隙位置，而间隙 ^{31}P 是不具备电活性的。因此，中子辐照后的区熔单晶硅表观电阻率极高，这并不是硅的真实电阻率，需要经过 800～850℃ 的热处理，使在中子辐照中受损的晶格得到恢复，硅的真实电阻率才能得到确定。

NTD 掺杂的缺点在于：a. 生产周期长，中子照射后的单晶必须放置一段时间，使照射

图中标注：多晶原料棒、射频线圈、熔体、喷嘴、单晶棒、掺杂气体

后硅单晶中产生的杂质元素衰减至半衰期后才能再加工，避免对人体产生辐射；b. 中子反应堆消耗的能源相当可观，增加了生产成本和能源消耗；区熔硅单晶的产量受中子照射资源的限制，不能满足市场需求。c. 这种方法只适于制取电阻率大于 $30\Omega\cdot cm$（掺杂浓度为 1.5×10^{14} 原子/cm^3）的 N 型产品，掺杂低电阻率的单晶非常困难。电阻率太低的产品，中子辐照时间太长，成本很高。因此，NTD 掺杂只用于生产电阻率较高的 N 型硅。辐照后的晶体要经过放射性衰减，计量检验合格后才能返给厂家。然后，需要在 $800\sim850°C$ 下进行热退火，消除晶格损伤，才可以恢复其电活性。

习 题

1. 为什么不能用水平区熔法制备单晶硅？
2. 对区熔单晶硅棒进行掺杂，假设原料多晶硅棒中磷含量为 1.6ppb（1ppb＝1×10^{-9}），磷的分凝系数为 0.36，要求一次区熔后在熔区离起始端 1/3 处时磷浓度降到 1.0ppb，则需要保持熔区的宽度为多少？
3. 分析区熔单晶硅熔区的受力情况。
4. 说明中子嬗变掺杂的原理并阐述其优点。

第3章 直拉单晶硅的制备

3.1 直拉单晶硅的原辅料及主要设备

3.1.1 原辅料

3.1.1.1 硅原料

硅原料指准备装入石英坩埚中进行单晶拉制的原料，包括还原法多晶硅、粒状多晶硅、区熔单晶头尾料、直拉单晶回收料、埚底料、硅片回收料等。

还原法多晶硅指的是改良西门子法或硅烷法生长的棒状多晶硅，普遍用作区熔单晶硅和电路级的直拉单晶硅原料，纯度可达 9N 以上，其磷含量 $<1.5\times10^{13}$ 原子/cm^3（相应于 N 型电阻率 $\geqslant300\Omega\cdot cm$）；硼含量 $\leqslant4.5\times10^{12}$ 原子/cm^3（相应于 P 型电阻率 $\geqslant3000\Omega\cdot cm$），又称为高纯度多晶硅。经中子活化分析，近 20 种金属杂质总量 $\leqslant1\times10^{-8}$（10ppb），碳含量一般在 $10^{15}\sim10^{16}$ 原子/cm^3，氧含量 $10^{16}\sim10^{17}$ 原子/cm^3。目前，国内多晶硅纯度国家标准见表 3-1。还原法多晶料的外形为圆棒，表面金属光泽好，呈银灰色，断面结晶致密，颜色一致，没有圆圈状的杂色纹，即氧化夹层或者温度夹层，见图 3-1。使用前沿白线切断，上面为横梁料，下面为碳头料，中间为直棒料。碳头料为硅芯被石墨夹瓣夹住的一端，在多晶生长过程中会逐渐被沉积的多晶硅包裹起来，端头里含有石墨。使用前应砸开来，仔细敲掉其中的石墨材质，才能使用。石墨很难熔于硅液，固态碳微粒会破坏单晶生长。但是挑选干净，碳头料还是可以用的，只是要注意单晶中的碳含量是否超标。横梁料和碳头料可以作直拉单晶硅用，直棒料既可做直拉料用，也可作区熔料用。硅烷棒状多晶料相对于还原多晶料来说纯度更高，价格也高些，一般提供给高阻区熔单晶作原料。

表 3-1 多晶硅纯度

项目	多晶硅纯度		
	一级品	二级品	三级品
N 型电阻率/$\Omega\cdot cm$	$\geqslant300$	$\geqslant200$	$\geqslant100$
P 型电阻率/$\Omega\cdot cm$	$\geqslant3000$	$\geqslant2000$	$\geqslant1000$
碳浓度/（原子/cm^3）	$\geqslant1.5\times10^{16}$	$\geqslant2\times10^{16}$	$\geqslant2\times10^{16}$
N 型少数载流子寿命/μs	$\geqslant500$	$\geqslant300$	$\geqslant100$

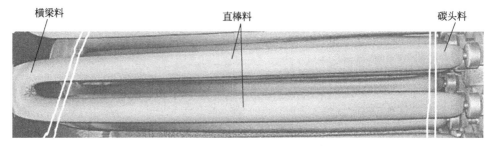

横梁料　　　　　　　　直棒料　　　　　　　　碳头料

图 3-1　还原法多晶料

晶棒料以及区熔、直拉棒料使用时要破碎成短节和块状，以便装入石英坩埚内，破碎后的多晶硅料块如图 3-2 所示。破碎后的长短、大小要根据坩埚的高度、直径来区分。装料时，太大的料块容易滑落，砸烂坩埚，一般以不超过 1kg 为宜。太小的料块间隙太多，不易装足量。同一炉料中应大、中、小搭配便于装料。棒料在破碎前应检查表面质量，发现黏胶、纸屑、笔迹、油污、杂物等应清洗去除。大直径的还原多晶料可采取切断的方式，切成定长度（不超过坩埚高度 3cm 为宜）的圆柱状，端正地放进坩埚内，周围用小料块填充，以补足装料量。破碎料块时，应注意将拐角、空洞、缝隙处砸开，以便清洗时不藏污纳垢。

图 3-2　破碎后的多晶硅料块

图 3-3　粒状多晶硅

粒状多晶硅是在流化床内进行化学气相沉积制成的，通常为 2～12mm 左右的颗粒，颜色灰暗，纯度只有 6N。粒状多晶硅目前多来源于国外，可用作太阳能级硅原料，但不适于电路级单晶用，如图 3-3 所示。

区熔单晶头尾料是指区熔单晶切下合格产品后剩余的部分，如放肩、转肩部分，收尾部分，某些参数不合格的部分以及测试用片等。区熔单晶一般采用中子辐照的方式进行掺杂，均为 N 型掺杂，辐照前、后的电阻率相差很大，所以在使用前要仔细分清楚。区熔单晶使用的都是高纯多晶料，又经过提纯，所以辐照前的头尾料可作为电路级直拉单晶原料；辐照后头尾料要根据电阻率的高低分级使用。如果是区熔夹头料，要用榔头砸去料头上的熔化部分，这个熔区集聚了成晶过程中分凝出来的杂质，同时又有高温下夹头带来的金属污染，要注意腐蚀和清洗。因打火碰线圈、流

光伏硅晶体材料的制备、表征及应用技术

料等原因形成的料头以及有金属熔迹的料头应去除不用，或经特殊处理将金属污染去除干净后方能作太阳能电池用料。

直拉单晶回收料，如图3-4所示，是指出炉单晶经检测后不能作为产品的剩余部分，如放肩、转肩部位，直径、电阻率、寿命、缺陷等不合格的部分以及测试片等。直拉单晶边皮料指将圆锭开成方锭过程中切割下来的圆弧形边角余料，如图3-5所示。因为直拉单晶是经过掺杂进行生产的，所以型号、电阻率较复杂，平时处理时应按型号、电阻率分类收集，严格分开。特别是重掺级头尾料，要单独存放，一旦混入轻掺原料中，会造成导电型号混乱、掺杂不准、单晶报废。

图 3-4 直拉单晶回收料

图 3-5 直拉单晶边皮料

直拉单晶回收料应按不同型号、不同电阻率分成重掺级（1.0Ω·cm 以下的）、1～5Ω·cm、5～10Ω·cm、10～20Ω·cm、>20Ω·cm 等多种档次，可以根据产品档次分类使用。直拉单晶回收料生产的单晶一般用于分立元件，如晶体管、可控硅等，不能用于集成电路级。N 型掺磷料用于生产掺磷的 N 型产品，P 型掺硼料用于生产掺硼的 P 型产品，重掺级的回收料只能用于同型号的重掺产品。通常使用两次以后的复拉料不能再重复使用，但是可用于太阳能级单晶硅的原料。使用直拉头尾料掺杂不易准确控制，可以根据其电阻率计算掺杂量。第一炉少掺点，并拉小单晶一节（φ<20mm），然后利用副室及隔离阀的作用，从副室中取出小单晶测其电阻率，再进行补掺、调整，到掺准为止。

坩底料指的是直拉单晶硅完成后，剩余在坩埚底部的硅料，处理前的坩底料见图3-6。坩底料同样要按该炉生产的型号、电阻率分类存放，它们只能用于拉制太阳能级单晶硅。使用坩底料前要用尖锥榔头仔细剔去石英片，得到大小不等的颗粒，如图3-7所示。然后放入腐蚀多晶料的废液中浸泡数天，将混入坩底料中的石英渣全部溶掉，再进入腐蚀清洗工序。

图 3-6 处理前的坩底料

图 3-7 处理后的坩底料

集成电路生产线中会产生一些废硅片，包括陪片、碎片、不合格片等。光伏电池生产线

图 3-8 废硅片

中也会产生一些废硅片，见图 3-8。因为目前多晶硅原料紧缺，回收这些硅片也是解决原料的办法之一。但是这些硅片在制作器件中经过扩散、沉积、蚀刻、焊接等工序带入了很多金属杂质，使用前要经过仔细分选、喷砂、腐蚀、清洗等才能用做太阳能电池原料。

3.1.1.2 籽晶

籽晶是生长单晶硅的种子。籽晶按截面分为圆形和方形；按晶向分为＜111＞、＜110＞和＜100＞；按夹头分为大小头和插销型。插销型籽晶通过插销固定籽晶；大小头籽晶通过大小头处变径固定籽晶，如图 3-9 所示。籽晶严禁沾污和碰磕，晶向要符合要求，安装时要装正。

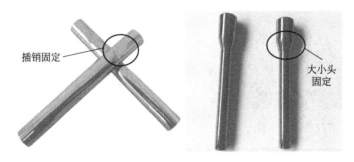

图 3-9　插销式和大小头式籽晶

目前用得最多的籽晶为＜111＞和＜100＞晶向，偶尔用到＜110＞晶向。正晶向的情况下，用＜111＞晶向籽晶生长的单晶仍然是＜111＞晶向，具有三条对称的棱线，互成 120°分布；用＜100＞晶向的籽晶，生长的单晶仍然是＜100＞晶向，具有四条互成 90°分布的对称棱线。如果籽晶的晶向偏离度较大，或者安装固定籽晶时发生了较大偏离，生长出来的单晶对称性差，相邻棱线之间的夹角有宽有窄，不但影响成晶率，均匀性变差，晶向偏离大，切片也受影响。

籽晶可以利用单晶硅定向切割而成，一般规格为 8mm×8mm×100mm，装料量较大时可选用加强型籽晶，即 10mm×10mm×120mm 或更大些。切割下来的籽晶除去黏胶，剔除边角料，再次定向，选出偏离度＜0.5°的备用。籽晶在使用中，有一部分要熔入硅熔体，即籽晶中的杂质熔进了硅液中，因此切割籽晶用的单晶电阻率应高一些，这样无论拉制低阻单晶、高阻单晶，N 型的、P 型的都可以用。已经拉制过单晶的旧籽晶不能随便使用，拉制过不同型号的旧籽晶也不能混用，例如重掺单晶的籽晶不能回头再拉制轻掺单晶。重掺籽晶需要另加标识严防误用。为了防止混淆型号和晶向，一般在籽晶的方头端面上做好标识，例如 ◻代表 N 型 [111]，▣代表 P 型 [111]，◨代表 N 型 [100]，⊞代表 P 型 [100]。

籽晶在使用前，应按照籽晶在夹头上的固定方式在籽晶上切出小口或开出小槽，以便用钼丝捆绑或用销钉将籽晶固定在夹头上，最后进行腐蚀、清洗、烘干，装入盒内待用，如图 3-10 所示。

3.1.1.3 坩埚

（1）石英坩埚

直拉单晶硅用石英坩埚是用提炼后的石英石（SiO₂）为原料，采用电弧法制备的直径

≥250mm 的坩埚，其外形如图 3-11 所示。目前直径＞200mm 石英坩埚均采用电弧法生产，直径≤200mm 的坩埚还维持原来的气炼法生产。电弧法生产效率高、成本低，可以制作大直径坩埚。利用电弧产生的高温，使坩埚内表面石英砂开始熔融，然后向外表面扩展逐渐加厚熔融层。所以坩埚内表面是透明、光滑的，而外表面是不透明的，要经过磨削成型，去掉黏附的石英砂，形成磨砂面。半透明层中含有大量的气泡可以有效地散射加热器中散发过来的热量使传热均匀，透明层中的气泡含量极低，有利于提高晶体的品质，改善成晶率。坩埚制成后再经过检验、清洗、包装就可送往用户。

图 3-10　待用的籽晶

图 3-11　石英坩埚

经过提炼的石英砂原料，要做杂质含量分析。例如，分析 GE 通用电气有限公司的石英坩埚的 18 种元素含量，其中 As、B、Ca、Cd、Cr、Cu、Fe、K、Li、Mg、Mn、Na、Ni、P、Sb、Zr 共 16 种的痕量均小于 1×10^{-6}（1ppm），$Al < 1.5 \times 10^{-5}$（15ppm），$Ti < 2 \times 10^{-6}$（2ppm），总元素杂质含量低于 5×10^{-5}（50ppm），纯度达到 99.995%，称为高纯石英，能够满足直拉单晶硅生长的要求。唯有铝含量较高，一般在十几 ppm 之间。

对采购的石英坩埚应进行检查验收，要求外形尺寸、规格均要符合要求。例如 Φ20in（1in＝2.54cm）热场，托碗口内径为 507mm，坩埚外径最好控制在 503～507mm 之间。外径大了会将托碗撑开，小了容易晃动。可以加工两个塑胶板套圈，一大一小，检查起来快捷、方便，同时又检了圆度。坩埚厚度要均匀，厚度达不到标准者应剔除。石英坩埚要有生产批号及合格证，便于使用中出现异常追溯源头。

现在普遍采用钡涂层坩埚。钡在硅中的分凝系数为 2.25×10^{-8}，非常小，几乎不影响晶体的质量。在石英坩埚壁上涂一层 $Ba(OH)_2 \cdot nH_2O$ 的结晶水合物，涂层与 CO_2 反应生成 $BaCO_3$，加热后会分解生成 BaO。BaO 与熔硅反应生成 $BaSiO_3$。$BaSiO_3$ 是一种致密稳定的结构，可以阻止熔硅对石英坩埚的侵蚀，起到了提高坩埚使用寿命的目的。

石英坩埚是用来盛放硅原料的，在高温下加热硅原料，使其熔化为液体。坩埚又由托碗来支撑、托护，并随托碗一起转动和升降，整个高温过程长达几十小时。因此要求石英坩埚要具有一定的强度，在熔料过程中形变小，不漏、不裂。石英坩埚外部进行处理可以形成一层方石英，增加坩埚的强度，减少高温软化现象的发生。石英坩埚使用前要进行清洁处理，通常是以无水乙醇、丙酮处理，必要时采用稀释的 HF 进行轻微腐蚀。还要注意石英坩埚外形必须与石墨坩埚匹配。

使用后的坩埚，内壁和熔硅表面交界处会产生一圈凹槽，这是由于熔硅和坩埚发生化学反应的结果。内壁和熔硅交界处反应剧烈，如果纯度差，这种反应更剧烈，会引起液面波动，难以引晶。液面下的坩埚内壁会出现近似圆形的斑纹，越往下这种斑纹越密、越大、越清楚，并出现棕色的边界线。边界线外保持着坩埚原来的平滑光亮表面，边界线内由于被蚀刻，显得粗糙无光亮。坩埚本身质量差或者表面沾污杂质没有清洗干净，外表面拐弯处及底部有时会出现白色疏松的析晶层，严重时可以从埚体上剥离下来。质量好的坩埚很少析晶，保持着使用前的乳白色、坚实状态。

石英坩埚内表面应干净、光滑，没有石英砂凸出物、夹杂物，亮点、凹坑少。对光检查无气泡、无白点、无裂纹。坩埚口内圆倒角要平滑、没有崩边，外表面磨削平整。石英坩埚主要检查项目包括未熔物、白点或白色附着物、杂质（包括黑点）、划伤和裂痕、气泡、凹坑和凸起、坩埚重量等。不允许有未熔物、划伤和裂痕存在。石英坩埚中白点、黑点及气泡数量要求见表 3-2，单个凹坑直径不能超过 3mm，无凸起。

表 3-2　石英坩埚中白点、黑点及气泡数量要求

项目	>13.0mm		6.0～13.0mm		≤6.0mm
白点 22′	0		2		8
项目	>2.6mm	2.1～2.5mm	1.6～2.0mm	1.1～1.5mm	0.6～1.0mm
黑点 22′	0	2	5	10	10
项目	>2.6mm	2.1～2.5mm	1.6～2.0mm	1.1～1.5mm	0.6～1.0mm
气泡 22′	0	1	2	8	30

（2）石墨托碗

石墨具有良好的热导性和耐高温性，在高温使用过程中，热膨胀系数小，对急热、急冷具有一定抗应变性能。对酸、碱性溶液的抗腐蚀性较强，具有优良的化学稳定性。高温下，硅与石墨有较强的反应，不能直接用石墨坩埚盛装硅。

石墨托碗的作用是支撑高温下处于软化状态的石英坩埚。1400℃接近石英软化点，石英坩埚膨胀软化依附在石墨托碗，因此石墨托碗要采用细颗粒结构材料，以便可加工成光滑的表面，便于脱模，反复使用。单晶硅炉用石墨托碗应选用易石墨化碳配料的高纯致密、细颗粒结构石墨制作。石墨托碗通常制成两瓣或三瓣的形式，利用石墨一定程度的弹性性能，适应高温下石英坩埚的较大膨胀，否则石墨托碗将被胀裂。坩埚寿命取决于石墨的材质、承受的重量、在晶体生长过程中的受热程度以及石墨坩埚的形状等因素。石墨坩埚的底部比较厚，以起到较好的绝热效果，从而使熔体的温度从底部到表面逐渐降低。

3.1.1.4　掺杂剂和母合金

通常直拉单晶硅需要进行掺杂制成相应的 P、N 型单晶硅，便于制备半导体器件。如果拉制低电阻率单晶（小于 $10^{-2}\Omega\cdot cm$），一般选用纯元素作掺杂剂，如重掺 Sb 单晶选用高纯 Sb 做掺杂剂、重掺 B 单晶选用高纯 B（或 B_2O_3）做掺杂剂。纯元素的粒度不能太大，以便于称量、包装，投入使用时也能防止硅熔体溅起。

图 3-12　母合金

拉制较高电阻率的单晶（大于 $10^{-1}\Omega\cdot cm$），一般选用母合金做掺杂剂，如磷硅合金、硼硅合金等。单晶炉内多晶熔化后投入较多的纯元素，按拉制重掺单晶的方法拉制成单晶，就得到了含有该元素的母合金；也可以直接利用重掺单晶甚至它们的头尾及有位错的部分做母合金；一些特殊元素的母合金也可采取粉末冶金的方法制取。将制得的母合金晶体切成 0.5～1.0mm 的薄片，清洗干净后测其电阻率，并按不同电阻率标识分档、保存备用。如图 3-12 所示，切成薄片是为了使用时容易碎

光伏硅晶体材料的制备、表征及应用技术

成小块，称重时方便微量调节。作为掺杂剂使用的元素，纯度要求5～6N。

3.1.1.5 其他

（1）钼

钼是一种熔点很高（2600℃）的贵重金属，在直拉单晶过程中使用的形式有钼丝、钼棒和钼片。钼丝在直拉炉上有两个用处：一是捆绑籽晶，二是捆绑石墨毡。直拉炉中大多使用直径为0.3～0.5mm的钼丝。钼丝具有一定的强度和韧性，脆性大、容易断裂的钼丝质量差，不能使用。钼丝的外表有一层黑灰色的附着物，可用纱布蘸NaOH溶液擦去后用清水洗净，最后用纯水冲净，自然晾干使用。钼棒可以用做重锤上的籽晶夹头。钼片可以用做热屏、保温材料等。

（2）氩气

用单晶炉拉制单晶硅时，需要给炉内通入高纯氩气作为保护气体。如果氩气纯度不高，含有水、氧等其他杂质，会影响单晶纯度，严重时甚至无法拉制单晶。氩气检测项目主要有露点、氧含量和纯度，所用设备为氩气露点、氧含量便携检测仪，其要求见表3-3。

表3-3 氩气检测项目要求

序号	项目	要求
1	露点	≤-70℃
2	氧含量	≤0.5ppm
3	纯度	>99.999%

氩气在直拉单晶硅工艺中具有重要的作用：一方面，它作为一种保护气氛包围在晶体和液面周围，并不断带走硅熔液中的挥发物以及高温下其他部位的挥发物，保护单晶的正常生长；另一方面，它由上而下形成均匀的层流从晶体表面吹过，带走结晶潜热，有利于单晶生长。

瓶装氩气纯度低、产气少，要经常更换空瓶。充灌时钢瓶运输量很大，要增加净化器，成本较高。因此，现在几乎不使用瓶装氩气拉晶，而是采用液态氩供气。使用液态氩供气尽管一次性投资大，但是积累成本低，使用方便，适合大规模生产。高纯氩气纯度一般为5N，氧含量 $< 2 \times 10^{-6}$ （2ppm），碳含量 $< 2 \times 10^{-6}$ （2ppm），$H_2O < 3 \times 10^{-6}$ （3ppm），不用

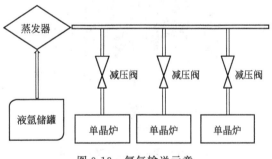

图3-13 氩气输送示意

净化可直接使用。输送管道内压力一般为0.4～0.6MPa，保证稳定供气。氩气送入单晶炉前要串接一个氩气减压阀，便于控制进入炉内的压力及流量。氩气输送如图3-13所示。从储罐到单晶炉的整个管道及阀门、表头等不能有漏气，管道为无缝不锈钢管，焊接可靠。

（3）保温材料

保温材料一般为固化毡和软毡。固化保温毡俗称"硬毡"或者"定型毡"，还有称作"碳纤维整体毡"，是一种高温隔热保温材料，具有低导热系数、低热容量、低密度、耐高温、耐热冲击等优异性能。固化毡以炭毡或石墨毡为基体材料，经特种工艺粘合、固化、定型、碳化、高温处理后成，本身具有一定的硬度和强度，可以独自支撑进行工作。软毡是

27

PAN基、沥青基或黏胶基碳纤维经2000℃以上高温处理后获得的一种石墨化的碳纤维材料。这种材料密度低、耐高温、绝热性好，且柔软易于加工使用，是一种优良的高温绝热材料。固化毡成本较高，加工周期长，但搬运方便；软毡造型可以随意改变，使用广泛，见图3-14所示。

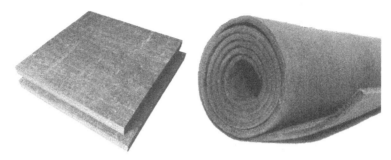

图3-14　固化毡和软毡

3.1.2　直拉单晶炉

直拉单晶炉是直拉单晶硅的核心设备。直拉单晶炉的结构主要分为机械部分及电气部分两大部分，具体装置结构见图3-15和图3-16所示。现在的直拉单晶炉为了缩小设备高度、增加稳定性，普遍采用软轴并采用一下一上两个炉室，即主室和副室，能够实现重复加料及重复拉晶。为了确保炉室真空度和转动的稳定性，大都在上、下轴的旋转部分安装磁流体密封。除此之外，因为加大了投料量，在电源、水冷及炉压监控上，采用了多种安全保障措施和安全装置，电气上做到全程自动控制和数据交换、温度自控、等径自控和安全报警等。直拉单晶炉要大直径化、设备控制高度自动化，保证生产效率，降低成本，得到单晶参数一致、可靠。为了提高单晶的内在质量或者某方面参数的特殊要求，也出现了磁控直拉单晶炉。

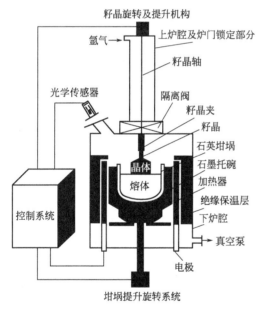

图3-15　直拉单晶炉装置结构示意

3.1.2.1　机械部分

（1）炉体

直拉单晶炉炉体包括主支架、主炉室、副炉室等部件。炉体各部位冷却良好，能够保证热场不受干扰，提供了晶体稳定旋转和平稳上升，保证结晶界面始终处在同一个位置上。炉体主支架由底座和立柱组成，是炉子的支撑机构。主炉室和副炉室是单晶生长的地方，提供一切单晶生长的必要条件，如良好的真空度和氩气保护、合适的热场等。

主炉室是炉体的心脏，有炉底盘、下炉筒、上炉筒以及炉盖组成，均是由不锈钢焊接而成的双层水冷结构，用于安装生长单晶的热场、石英坩埚及原料等。底盘固定在底座平面上，中心孔是坩埚轴的定位基准，孔下端与坩埚轴驱动装置密封连接，整个坩埚驱动装置安装在炉底下面的平面上。坩埚轴上安装托杆和石墨托碗。炉底盘上设有两个铜电极和一个温

光伏硅晶体材料的制备、表征及应用技术

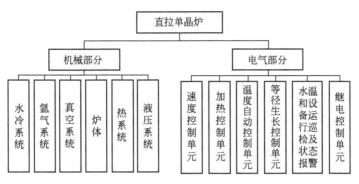

图 3-16　直拉单晶炉的结构

度传感器。两个铜电极均装有绝缘保护套,上端安装加热器,下端与水冷电缆连接。冷却水由铜电极下部的水套引入。石墨电极装在铜电极上部。炉盖上设有翻板阀,可通过它隔离主室和副室。炉盖为椭圆封头型结构,上面与隔离阀连接。左侧有一个圆形双层水冷结构的观察窗,在观察窗上装有CCD测径系统。拉晶时观察窗上放置镀金玻璃,用于反射炉内的红外热辐射。右侧有一个圆形双层水冷结构的窗口,是二次加料装置的预留口,拉晶时也应放置镀金玻璃。炉盖与上炉筒之间、下炉筒与炉底盘之间均有定位,以保证每次合炉的准确性。上炉筒上设有两个红外线测温仪的测温口,用于测量加热器温度。下炉筒用螺钉紧固在炉底盘上,设有两个对称分布的真空抽气口,交汇后与主真空管道相连。通过电动推杆能使炉盖以上的部分进行升降及旋转,用于取晶棒或开启炉盖,方便清理工作。

副炉室包括副炉筒、籽晶旋转及提升机构、软轴提拉室、精密蜗轮蜗杆减速器及晶升伺服机组等部件,是单晶硅棒的接纳室。副炉室上设有氩气进气口,在抽空状态下,副炉室靠自重达到密封效果。副炉室上设有真空抽气口以及真空压力表等。炉筒上部设有观察孔,用于观察籽晶夹头、调整夹头极限位置以及调整充气环。在炉筒上还设有放气阀,有特殊情况需要放气开炉时,可以打开放气阀进行放气。籽晶旋转及提升机构是提供籽晶的旋转及提升的动力和控制系统,由旋转轴、支承座、滑线环组件、磁流体密封座及旋转直流无刷电机系统组成。直流无刷电机系统通过多楔带实现籽晶轴平稳转动,旋转密封为磁流体密封。籽晶旋转机构设有两组滑线环用来提供籽晶提升机构的电能及传递电信号。在籽晶提升机构中,提升直流无刷电机经过精密的蜗轮蜗杆减速器带动卷线辊筒,卷线辊筒传递扭矩并支承重量。卷线辊筒由牵引螺纹螺母实现平移,保证籽晶软轴始终在对中位置。卷线辊筒的平移又带动限位杆,实现籽晶软轴的极限限位。籽晶旋转及提升机构的电机均采用直流伺服编码器反馈,能精确显示晶体长度或籽晶夹头的位置。籽晶旋转速度一般为 2～40r/min,快速升降可达 800mm/min,慢速为 0.2～10mm/min。隔离阀用于维持炉室内的局部压力、温度等工艺条件,关闭此阀后就可以打开副室,装卸籽晶或取出单晶棒。隔离阀阀芯及阀体均为双层水冷结构,阀上设置观察窗,便于观察拉晶时的情况。坩埚的驱动装置是提供坩埚的旋转及上升的动力和控制系统。坩埚的升降由直流无刷电机驱动精密滚珠丝杠副转动,使坩埚轴平稳运动、无爬行抖动。坩埚轴的旋转是由直流无刷电机通过减速器、多楔带驱动坩埚轴旋转。坩埚轴为双层水冷式结构,在坩埚轴的下部设有水冷旋转接头。坩埚轴的旋转密封采用磁流体密封,升降密封采用不锈钢波纹管密封以减少运动阻尼,使坩埚轴运动平稳、灵活可靠。坩埚轴的转速度范围为 2～20r/min,降速度范围为低速 0.02～1.00mm/min,高速 160mm/min。

（2）真空系统

真空系统负责对主、副炉室抽真空,减压拉晶时负责排气,分主炉室真空系统和副炉室真空系统两部分。主炉室真空系统主要包括主真空泵、电磁截止阀、除尘罐、安全阀、真空计、真空管道及控制系统等。主泵与主炉室之间用波纹管连接，以减少振动传递。主真空泵与炉体之间设有隔震沟和隔断墙，用来隔离真空泵的震动和噪声。主炉室真空系统配备除尘器，对排气中的粉尘起到过滤作用，保护机械泵。除尘器内的过滤网要定期清理，使排气畅通。定期更换真空泵油，换下的旧油可经过沉淀、过滤、除水后进行再利用。副真空系统用来对副炉室抽真空。在拉晶过程中，有时需要关闭主、副室之间的隔离阀，打开副室更换籽晶或者取出晶体，然后再关闭副室，这时必须对副室进行抽真空。副炉室真空系统除了没有除尘罐外，与主炉室真空系统机构类似。

主室、副室的抽空管道上都设有高、低真空检测系统，同时测量上、下炉体真空度。拉晶过程中必要时应进行真空检漏。冷炉极限真空应达到 3Pa 以下，单晶炉泄漏率应该低于 3Pa/10min。新炉验收时可先抽空到极限值，关闭主真空阀 1h 后，再看真空压力感测器读数上升值，应小于 6Pa。

（3）氩气系统

氩气系统包括液氩储罐、汽化器、气阀、氩气流量计等部件。现在普遍采用液氩储罐来盛装液态氩，液态氩经蒸发器蒸发后，成为气态氩，由不锈钢管道输运到单晶炉现场。经过总进气阀、气体流量计、调节阀进入副炉室上端或者观察窗等部位。氩气系统配套有高性能的流量计，能实现氩气流量的自动化控制。

（4）水冷系统

水冷系统包括总进水管道、分水器、各路冷却水管道以及回水管道，由循环水系统来保证水循环正常运行。进水管上装有总阀门、电接点压力表和分水器。电接点压力表既能监测水压大小，又是控制开关，当水压超过设定值时会报警。各主要冷却部位均设有水温开关，随时检测冷却水温。炉体冷却水温度保持在 35℃ 左右，高温煅烧时也不能超过 45℃，达到 50℃ 时就会自动报警。冷却水采用下进上出的方式，充满整个冷却部位。总水进来后，分配到几个分水器，再分支流入各冷却部位，最后流入回水汇流器，集中进入总回水回到循环水池中。因为循环使用，水温会逐渐升高，可用水冷机、冷却塔等散热降温。每天要补充一定量的软水，以补偿冷却塔造成的水量损失。

水冷系统的正常运转十分重要，必须随时保持各冷却部位的水路畅通。当水温过高时，特别是主炉室水温过高或者局部因水垢堵塞造成水温过高，轻者会影响成晶率，重者会烧坏炉体部件，造成巨大损失。因此，水冷循环应使用软化水，既防止水结垢又降低成本。对循环冷却水的质量要求一般如下：酸碱度 pH＝6.0～8.0；钙、镁化合物 $<150\mu g/g$；电导率 $<150\mu S/cm$；氯离子（Cl^-）$<100\mu g/g$；硫酸根离子（SO_4^{2-}）$<200\mu g/g$；碳酸碱（$CaCO_3$ 等）为 $15\sim60\mu g/g$；流量 280～320L/min（含电源的冷却水）；进水压力 0.3～0.35MPa；进出水压力差 0.2MPa 以上且排水无障碍；进水温度 25～30℃。其中，氯离子浓度过高会造成窄缝腐蚀，碳酸碱浓度过高则会造成结垢。

3.1.2.2 电气部分

电气系统主要包括电源系统以及控制系统。直拉单晶炉主电源采用三相交流供电，电压为 380×（1±10%）V，50Hz。经变压器三相全波整流后，形成低电压、大电流的直流电源作为主加热功率，要求具有谐波补偿、无谐波污染，无大功率变压器损耗功率，脉动率 RMS<3%，拉晶纹波小。在电源控制系统中，电源装置采用高精度 CPU 控制板进行独立控制，配备 LC 装置抗高谐波，提高功效比，节省电耗。

拉晶全过程采用 PLC 控制，利用带触摸屏计算机与 PLC 进行实时数据交换，采用视窗形式操作软件，用户界面良好、简单易操作。通过荧幕随时可以显示硅单晶棒拉制过程中的各种参数，如长度、直径、转速、拉速及温度控制等，提前发现炉内问题，避免事故。有的单晶炉还具有双荧幕显示，可以通过备用荧幕监视拉晶状态，在屏幕重启的情况下不影响自动拉晶控制。控制系统配套有 CCD 相机，自动测量晶棒直径，采用直径控制系统 M-ADC 保证直径精度。单晶炉运行过程中的电压、电流、功率、温度、晶体直径、坩埚位置和转速、晶体位置和转速等全部数据及其变化的历史均可以电子文档的形式记录，方便拉晶结束后分析参数，实现生产档案管理。控制计算机可以配备单相 UPS 电源装置，在外部停电时保护计算机和程序、进行数据备份、提升籽晶和坩埚以及将硅棒和熔硅分离。

单晶炉控制系统主要包括速度控制单元、加热控制单元、温度自动控制单元、等径生长控制单元、水温和设备运行巡检及状态报警单元、继电控制单元等部分。

速度控制单元对晶升、埚升、晶转和埚转的速度进行控制，采用稀土永磁式伺服电机作为动力，直流伺服编码器反馈。伺服电机额定转速时驱动电压较高，而单晶炉又使用在低速段，所以需要将籽晶快速和慢速电源分开。籽晶快速电源采用＋50V，慢速采用＋30V，并且采用开环控制。使用快速按钮时，通过继电器自动断开晶升控制系统和测速机，提高晶升速度。晶升系统也采用稀土永磁式伺服电动机作动力，系统通过两级蜗轮蜗杆进行减速。籽晶钢丝绳缠绕在提拉头的绕丝轮上，晶升时绕丝轮正向转动，将钢绳往轮上绕；下降时，绕丝轮反向转动，将钢绳往下放。钢丝绳具有足够的长度，保证在炉内的有效行程满足拉晶的需要。埚升和晶转速度也是采用稀土永磁式伺服电动机作动力，通过减速器控制埚升速度和转速。

加热控制单元中，温度传感器从加热器上取得的信号与等径控制器的温度控制信号叠加后进入欧陆控制器。通过和设定值相比较，温度的误差信号通过放大及 PID 调节，从欧陆控制器输出到相加器，在相加器内与加热器电压反馈信号叠加，以控制电网波动对加热器电压的影响。从相加器输出的信号进入触发器，改变整流板上可控硅的导通角，控制加热器电压。

水温和设备运行巡检及状态报警单元可以对单晶炉各路冷却水温进行实时检测。当其中某路冷却水水温超过 50℃时，该路指示灯亮并发出报警声，提示工作人员及时排除故障。直拉单晶炉还可以对设备运行中的异常状态进行检测，异常发生时相应的指示灯亮并发出报警声，称为状态报警，例如重锤上限位、坩埚上下限位、加热器过流、欠水压等都设有状态报警。

继电控制单元包括液压系统继电控制、真空机组继电控制及无水、欠水继电控制三个部分。液压系统继电控制的作用是为了启动炉盖和炉筒。真空机组的继电控制是用来启动真空泵。当真空泵启动时，电磁阀自动打开抽空管道，对炉室抽空；反之，停止真空泵时，电磁阀自动关闭抽空管道以保持管道内的真空状态。继电电磁阀是关键部件，要求动作灵活、开关自如。无水继电控制的作用是在未通水时切断送电加热，而水压超过设定的上限指针后，接通加热继电器进行加热操作。欠水继电控制则是在欠水状态下进行报警、控制。一般当水压降至上限指针以下时，可以正常进行操作，甚至降至设定的下限指针以下时，还可进行操作，但是会发生欠水报警，应及时检查和处理。

温度自动控制单元一般是将控制功率和温度反馈相结合。在保温罩侧面有一个开孔，对应炉膛上的测温孔。测温孔安装辐射温度传感器，可监测保温罩内侧的石墨圆筒壁的温度，从而控制拉晶温度。现在的温度控制主要通过设定拉速来实现温度自动控制。控制系统根据一段时间的平均拉速和工艺设计拉速的差来控制温度的升降及幅度。

等径生长控制单元一般用光学传感器取得弯月面与亮环的辐射信号作为直径信号，如图3-17 所示。在生长界面的周边附近，熔体自由表面呈空间曲面，称弯月面。弯月面可以反射坩埚壁等热辐射，形成高亮度的亮环。当坩埚中液面位置发生变化时，直径信号即亮环与

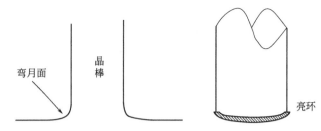

图 3-17　弯月面与亮环

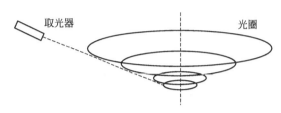

图 3-18　晶体直径信号与液面位置

晶体直径之间的关系也会变化，如图 3-18 所示。直拉单晶过程中通过埚跟比或随动比（埚升/晶升）来控制液面的位置。可根据直径信号的变化，通过调整籽晶拉速来达到直径控制的目的。

气体自动控制主要控制炉内压力和气体流量。炉内压力一般为 10～20torr（1torr＝133.322Pa），氩气流量一般为 60～150slpm（指常温常压状态下标准升/分）。控制柜包括以报警灯、主操作屏、状态指示面板、手动按钮和 CCD 图像。报警灯是在情况异常时发出声光报警；主要操作在主操作屏上进行；状态指示面板指示各电磁阀状态；手动按钮则是用来进行手动机械提升操作的；CCD 图像显示相机的图像及取样范围。

3.1.2.3　热系统

直拉单晶炉的热系统是为了熔化硅料并保持在一定温度下进行单晶生长的整个系统，如图 3-19 所示。热系统的部件主要包括石墨加热器、石墨托碗、导流筒、保温筒、坩埚托盘、坩埚轴、炉底护盘等。热系统的各个部件主要是采用耐高温的高纯石墨和碳毡材料加工而成。石墨碳素材料从制成原理分成等静压、挤压和模压三种，而等静压又会根据不同企业分成不同牌号。热场关键部件如石墨加热器、石墨托碗、导流筒等原则上是必须要求采用等静压材质的。中国目前生产加热器的厂家很多，所使用的材料也多是日本和德国的石墨碳素材料，部分使用国产的材料。由于加热系统长期使用在高温下，所以要求石墨材质结构均匀致密、坚固、耐用、变形小；无孔洞，气孔率≤24%；无裂纹；弯曲强度 40～60MPa，颗粒

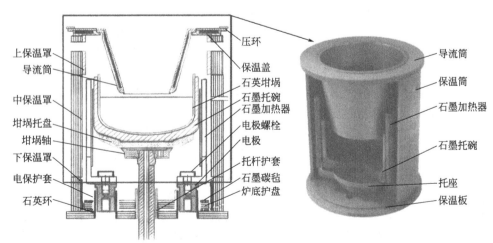

图 3-19　热系统示意及其外观

光伏硅晶体材料的制备、表征及应用技术

度 0.02～0.05mm，体积密度 1.70～1.80g/cm³；灰分≤1×10⁻⁴ (100ppm)，金属杂质含量少，一般检测值在 10⁻⁴％～10⁻⁶％数量级。

加热器是热系统中最重要的部件，温度最高时达到 1600℃以上，采用等静压成型法（CIP）生产的高纯石墨加工件。电流通过电极传到加热器，利用电流穿过加热器产生的热量，达到熔融多晶硅和持续提供热量的作用。加热器形状为直筒式，分为两组半圆筒，纵向开缝分瓣，形成串联电阻。两组半圆筒并联，形成串、并联回路。两组加在一起的总瓣数为 4 的整倍数，因此常用的加热器有 16 瓣、20 瓣、24 瓣或 28 瓣等。图 3-20 是一个倒立的石墨加热器外观，脚上显示了两个电极上的连接孔，是用来连接石墨电极的。

图 3-20　倒立的石墨
加热器外观

单晶炉用石英坩埚放置在石墨托碗中，多晶硅原料放置在石英坩埚中。石墨托碗是用来盛装石英坩埚的，它的内径加工尺寸要和石英坩埚的外形尺寸相配合，同时石墨托碗本身必须具有一定的强度，来承受硅料及坩埚重量。硅料熔化完以后，石英坩埚的高度应该高于石墨托碗的高度约 10～20mm。如果石英坩埚低于石墨托碗，容易造成掉渣，影响成晶率。石墨托碗分为上体和下体，上体又有两瓣合体和三瓣合体的区别。两瓣合体平分为两条缝，三瓣合体则等分三条缝，其外观如图 3-21 所示。从节约成本、使用方便来说各有所长。托杆以及托座共同组成了托碗的支撑体。为了防止托碗倾倒，要求托碗和下轴结合牢固、对中性良好，在下轴转动时，托杆及托座偏摆度≤0.5mm。托座可以用一个或者两个以上的部件组成，部件数的增减可以调节托碗支撑体的高度，以保证熔料时有合适的低坩位，拉晶时有足够的坩升随动行程。

图 3-21　石墨托碗外观

保温材料主要起为热场保温、降低功耗的作用，一般在炉体四周和炉底分布。好的保温设计不仅可以延长部件的使用寿命，还可大大降低制造成本。保温罩由保温罩内筒、外筒、面板及支撑环（托盘）组成，内、外筒之间整齐地包裹着石墨毡。托盘放置应平稳，不能径向窜动或转动，同时保证保温罩内壁、外壁垂直并对中。保温盖一般由两层环状石墨板之间夹一层石墨毡组成，内径的大小与加热器内径相同，平稳地放在保温罩面板上。下保温筒和下保温碳毡组成了托碗的底部保温系统，它的作用是加强坩底保温，提高坩底温度，减少热量散失。为了防止发生坩埚破裂，硅料渗出烧坏部件，对炉底、金属电极、抽气口以及托杆都设置了保护板、保护套，如电极柱、炉底护盘及炉底碳毡等防漏部件，以免熔融的多晶硅熔液直接漏到炉底对单晶炉造成损坏。

石墨电极的作用是平稳地支撑加热器并通过它对加热器加热，因此要求电极厚重、结实

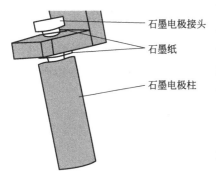

图 3-22　石墨电极的连接方式

耐用。石墨电极与金属电极和加热器的接触面要光滑、平稳，保证接触良好，通电时不打火。石墨电极的设计样式各异，图 3-22 中的石墨电极由石墨电极接头、石墨电极柱、石墨纸共同组成的，石墨纸的目的是保证良好接触，防止打火。

导流筒也称为热屏，导流筒主要是用来隔断热场内部和外部，使外部的温度大大小于内部，从而起到加快单晶拉速的作用。此外，导流筒也有导流的作用。导流筒外观见图 3-23，内外导流筒里的空隙里需要填充碳毡，以增加隔热作用，降低功率，增加晶棒的冷却速度。

图 3-23　导流筒外观

加热器、石墨电极和石墨托碗要求用细结构高纯石墨加工。为了降低成本，其他部件可用粗结构高纯石墨，但是结构疏松、气孔多的不能使用。碳/碳复合材料是一种新型保温材料，可以根据用户需要加工成型为整体保温筒，代替石墨毡，保温性能好、耐高温，不产生纤维，强度大、重量轻、安装方便。

单晶炉热系统的尺寸可以按照所用石英坩埚的直径大小来划分。目前国内热系统从 $\Phi 12 \sim 28$ in 都有，以 $\Phi 18 \sim 22$ in 居多，相应的装料量比较如表 3-4 所示，不同规格热系统坩埚装料量有所差异。

表 3-4　不同规格热系统坩埚装料量比较

系统规格/in	16	18	20	22	24
坩埚直径/in	16	18	20	22	24
坩埚高度/in	12	14	15	15	15
晶体直径/in	$\Phi 5 \sim 6$	$\Phi 6$	$\Phi 6 \sim 8$	$\Phi 8$	$\Phi 8 \sim 10$
装料量/in	45	60	95	130	160

3.1.2.4　直拉单晶炉的工作环境

直拉单晶炉是用于进行单晶硅生长的精密设备，为了保证产品质量以及设备的正常运转，对工作环境有一些特殊的要求。

对于周边环境，要求工厂周围气候适宜、空气湿度小、风沙少，邻近没有其他工业排放的烟雾、粉尘及有毒、有害和腐蚀性气体。环境要安静，没有严重的震动传递到设备处，避免拉晶时引起液面颤动。水源要充足、水质好，保证有足够的水量供冷却炉体用。电源线路可靠，一般配置双回路供电系统，要求供电网络的接地系统采用三芯五线制或三芯四线制供电，进行抗电磁干扰等谐波治理。电源电压稳定，波动值符合设备要求，电源质量符合国家

光伏硅晶体材料的制备、表征及应用技术

供电标准。除了有计划地停电外，不能发生停电事故。三废（废水、废气、废物）处理系统对各种酸、碱、有机溶剂及有毒气体的排放不允许出现任何的处理停顿状态。

对于室内环境，单晶炉安装房间高度要满足吊装维修要求。例如，装料量在90kg的炉型安装高度要求7.5m以上。炉体周围要设置防震隔离带，安装地基要稳固、可靠。室内有空调设施，温度控制在22～25℃左右，相对湿度60%～70%，空调、排风24h连续运行。工作室内设备摆放合理，符合安全要求，照明充足、柔和。半导体工厂对工作室都有一定的洁净度要求，设备表面、墙面、桌面清洁无灰尘，保持卫生，工作人员必须穿戴好工作服、工作帽、工作鞋等劳保用品。

3.1.3 自动硅料清洗机

自动硅料清洗机是一个全自动的处理设备，具有大型触摸屏显示，清洗工作全过程由PLC控制。该设备主要由上料台、清洗部分、机械手、烘干部分、抽风系统及电控部分组成。清洗作业员将装满待腐蚀硅料的清洗篮放置在进料台上，清洗篮根据设定的程序自动依次送到各工位，对硅料进行清洗、干燥，再由链条传输到出料工位上，由作业员将清洗篮取出。

以苏州聚晶科技有限公司的JK-CS-GLL自动硅料清洗机为例。该设备清洗对象为多晶边皮、顶料、片料、埚底料及原生多晶料等，生产能力为160kg/h。清洗篮外形有效尺寸为L730mm×W410mm×H200mm，每篮可清洗40kg硅料。设备主要由上料台、清洗部分、移载机械手、旋转机构、抽风系统及电控部分组成。欲处理工件装篮放在上料台上，通过链条传送，经上料位置上料，经过机械手传输到各清洗槽进行处理，输入下料位后将已经处理过的工件进行人工转移。硅料清洗工艺流程如图3-24所示，对应的工艺参数见表3-5。

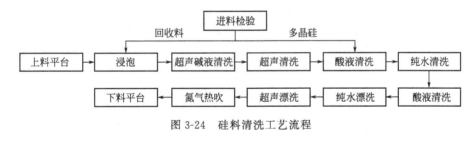

图3-24　硅料清洗工艺流程

表3-5　硅料清洗工艺参数

槽体编号	工序名称	处理方式	介质	温度	时间	加热功率
1	浸泡	鼓泡＋快排＋旋转	纯水	RT	5min	
2	超声碱液清洗	2.4kW/40kHz超声波,鼓泡＋旋转	NaOH	50℃±5℃	5min	9kW
3	超声清洗	2.4kW/40kHz超声波,鼓泡＋旋转	纯水	50℃±5℃	5min	9kW
4	酸液清洗	鼓泡＋旋转	HF＋HNO₃	RT	50s	
5	纯水清洗	鼓泡＋旋转＋溢流	纯水	RT	30s	
6	酸液清洗	鼓泡＋旋转	HF＋HCl	RT	60s	
7	纯水漂洗	鼓泡＋旋转＋溢流	纯水	RT	5min	
8	超声漂洗	2.4kW/40kHz超声波,鼓泡＋旋转＋溢流	纯水	RT	90s	9kW
9	氮气热吹		N_2	70℃	60s	14kW

该设备为室内放置型，机械手平移速度为10～16m/min，环境要求空气温度5～40℃，

相对湿度<90％。采用 PLC 控制，彩色触摸屏操作，具备参数检测及报警功能、低水位保护功能，可以自动、手动转换。不同的槽体由于要求不同，采用材质也有差异。1＃、3＃和 9＃槽采用 2mm 厚的 SUS316 不锈钢材；2＃、5＃、7＃和 8＃槽采用 PP-N 材质；4＃和 6＃槽则采用 PVDF 材质。

3.2　直拉单晶硅的生长技术

直拉单晶法（Czochralski，简称 CZ）是把原料多晶硅块放入石英坩埚中，在单晶炉中加热融化，再将籽晶浸入熔液中。在合适的温度下，熔液中的硅原子顺着籽晶的硅原子排列结构在固-液界面上形成规则的结晶，成为单晶体。把籽晶旋转向上提升，熔液中的硅原子会在前端形成的单晶体上继续结晶，并延续其规则的原子排列结构。若结晶环境稳定，可以周而复始的形成结晶，最后形成一根圆柱形的原子排列整齐的硅单晶锭。单晶拉制过程始终保持在高温、负压的环境中。直拉法的基本特点是工艺成熟，便于控制晶体外形和电学参数，投料量大，调整热场方便，容易获得较为合理的径向和轴向温度梯度，适于生长大直径单晶；主要缺点是难以避免来自坩埚和石墨加热器等装置的沾污，只能生长中、低阻单晶，碳、氧含量高。

图 3-25 为直拉法制备单晶硅的工艺流程图。由图可以看出，备料工序包括原辅材料的腐蚀、清洗等，拉晶工序则包括拆炉、装炉、抽真空、熔料、引晶、放肩、转肩、等径生长、收尾、降温及停炉，其主要工艺过程见图 3-26。煅烧是为了清洁热系统，特别是对于新的石墨件或热系统，必须采用高温煅烧来保证单晶硅的正常生长，因此煅烧也属于拉晶工序的一部分。

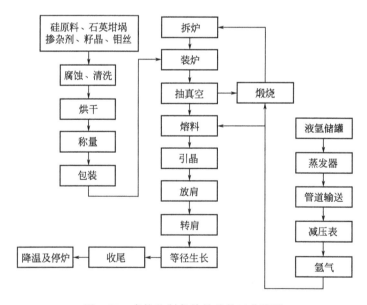

图 3-25　直拉法制备单晶硅的工艺流程

3.2.1　原辅料的准备

直拉单晶硅的原辅材料是指多晶硅原料、石英坩埚、掺杂剂、籽晶以及钼丝、氩气等。由于单晶硅为高纯材料，对其原辅料的纯度、特性都有一定的要求，因此这些材料除氩气外

光伏硅晶体材料的制备、表征及应用技术

冷却 ← 拆炉、清扫 → 安装热场 → 装料 → 化料

收尾 ← 等径 ← 转肩 ← 放肩 ← 引晶 ← 稳定

图 3-26 拉晶的主要工艺流程

都要进行腐蚀、清洗处理，这就是原辅材料的准备过程，简称备料。备料工作应由备料中心根据产品规格提前将原辅材料准备好，准确称量多晶硅和掺杂剂，并进行洁净包装。坩埚、籽晶、钼丝等也需要洁净包装。填好生产指令单，核对无误后将所有备好的原辅料一并送到拉晶岗位。

硅料、石英坩埚、籽晶以及母合金等在使用前，都要进行腐蚀、清洗、烘干等工作。免洗多晶料、免洗坩埚可以直接使用，不用再处理。还原多晶料的纯度一般在 9N 以上，区熔头尾料或者直拉头尾料的纯度也是相当高。目前，太阳能电池要求多晶料纯度在 6N 以上，这些原料可以直接使用。实际上，生产、加工、运输、环境、器具以及人为因素等都会给硅料带来污染，如油迹、汗迹、黏胶、手印、唾沫、水蒸气、空气中的各种尘埃以及工艺过程中器具带来的沾污等，所以在装炉以前应该进行必要的腐蚀和清洗工作。腐蚀、清洗的目的是除去运输和硅块加工中在硅料表面留下的污染物。

3.2.1.1 硅原料的清洗

硅的熔点为 1420℃，沸点为 2355℃，化学性质稳定，几乎不溶于所有的酸，但能溶于 HNO_3 和 HF 的混合溶液。化学反应时，HNO_3 起氧化作用，纵向深入硅内；HF 起络合作用，横向剥离氧化层。采用这两种酸的混合液能够进行硅料的腐蚀，其化学反应式为：

$$Si + 2HNO_3 \rightleftharpoons SiO_2 + 2HNO_2$$
$$2HNO_2 \rightleftharpoons NO + NO_2 + H_2O$$
$$SiO_2 + 6HF \rightleftharpoons H_2SiF_6 + 2H_2O$$

综合上述反应，得到总反应

$$Si + 2HNO_3 + 6HF \rightleftharpoons H_2SiF_6 + NO_2 + 3H_2O$$

因此，腐蚀、清洗过程采用 HF 和 HNO_3 的混合溶液。还原炉中取出的多晶硅经破碎成块后，用 HF 和 HNO_3 的混合溶液进行腐蚀，再用纯净水清洗直到呈现中性为止，烘干后备用。混合酸液中 HF 和 HNO_3 浓度分别为 40% 和 68%。控制好 HNO_3 和 HF 的比例是很重要的。混合酸液中 HNO_3 比例偏大有利于氧化，HF 的比例偏大有利于 SiO_2 的剥离。若 HF 的比例偏小，则有可能在硅料表面残留 SiO_2。一般 HF：HNO_3＝1：5（体积比），可以根据实际情况做适当调整。当 HF：HNO_3＝1：3～1：5 时，反应速度较快，适合温度较低的冬、春季使用；当 HF：HNO_3＝1：6～1：8 时，反应速度慢，适合夏、秋季使用。具体操作条件应根据室温及操作工艺灵活应用，调整体积比。腐蚀时间要根据硅料表面污染程度的不同而决定，污染程度深，腐蚀时间长。清洗所用纯水的纯度要求电阻率＞12MΩ·cm，浮渣一定要漂洗干净。

腐蚀、清洗前必须将附在硅原料上的石墨、石英渣及油污等清除干净。硅原料上的油迹可用有机溶剂，如清洗剂浸泡去除，用水冲干净后再进行腐蚀，具体过程如下：将破碎好的硅料装入氟塑胶篮内，再放入配制好的腐蚀液中，硅料不能露出液面。当开始冒黄烟（NO₂ 气体）时，用氟塑胶棒进行翻动。当腐蚀液中冒出大量黄烟时，证明反应最激烈。等1～2min 后迅速将装有硅料的氟塑胶篮从腐蚀液中提出，立刻放入高纯水桶中，浸入水下并在水中晃动，清除残留酸液。清洗后将塑胶篮提出来，用高纯水冲洗几次，装入不锈钢盘内。盘内垫有四氟塑胶薄膜，盘底有很多小孔利于排水。放入超声波清洗槽内，并让高纯水缓缓流过硅料，进行超声振动清洗。30min 后用 pH 试纸检查，如果呈中性说明酸液已去除干净，就可以送入红外烘箱中进行干燥。烘干后的硅料应按大小搭配进行称量，装入清洗干净的塑料袋中备用。需要注意的是清洗后的硅料应及时包装，不宜停留在水中浸泡过长时间。

腐蚀好的硅料，表面乌亮，没有灰蒙蒙的痕迹，即氧化现象，也没有水迹斑痕等。如果发现个别灰蒙蒙的氧化硅料，应该挑出来重新腐蚀。在腐蚀大量硅料时，提出料篮时间较长，容易氧化。可加入足量 HNO₃，减缓反应速度，或降低腐蚀液的温度。当大量黄烟消散后再提出料篮放入纯水中就不会发生氧化现象。

3.2.1.2 石英坩埚、籽晶和掺杂剂的准备

石英坩埚若为已清洁处理的免洗坩埚，则拆封后可直接使用，否则也必须经过腐蚀清洗后才能使用。坩埚可以先用毛刷及洗洁精清洗内、外表面的附着物及尘埃后再进行腐蚀。石英坩埚由 SiO₂ 组成，它和 HF 起化学反应，作用原理为：

$$SiO_2 + 4HF \longrightarrow SiF_4 + 2H_2O$$

$$SiF_4 + 2HF \longrightarrow H_2SiF_6$$

生产上采用 HF：HNO₃＝1：10（体积比）腐蚀石英坩埚，加入 HNO₃ 的目的是为了减缓反应速度。一般腐蚀时间控制在 2～3min，不可太长。为了方便和节约成本，可以用腐蚀硅料后的腐蚀液浸泡坩埚，不断滚动 2～3min 后，即可用纯水冲洗干净送入烘箱烘干，再用塑料袋封装备用。现在使用的坩埚基本都是免洗坩埚，直接拆封使用即可。

所用的籽晶也必须经过腐蚀清洗后才能使用。

高纯元素掺杂剂如 Sb、B、P 和 HF、HNO₃、HCl 的化学反应机理与硅相似。可采用少量封装进行腐蚀，腐蚀后盖紧瓶盖。如果因长时间不用，表面氧化，可用 HF：HNO₃＝1：7～1：10 的混合酸进行腐蚀，也可用浓盐酸浸泡腐蚀约 20～30min。掺杂剂的腐蚀、清洗过程要严格控制，不能让掺杂剂的碎块、微粒进入烘盘、坩埚以及有关器皿中。一旦不慎混入硅料中会造成意外掺杂，引起电阻率混乱，甚至反型。

硅在常温下能和碱起作用生成硅酸盐，放出氢气，所以也可以用 10%～30% 的 NaOH 溶液腐蚀硅料、籽晶以及母合金，时间约 10min，反应机理如下：

$$2Si + 2NaOH + 4H_2O \longrightarrow NaSiO_3 + 5H_2$$

无论采用酸腐蚀还是碱腐蚀，为了保证原料纯度，都要求酸和碱的纯度要高。表3-6 列出了常见的化学试剂级别，硅料腐蚀清洗过程使用的酸和碱一般采用二级或三级试剂。

光伏硅晶体材料的制备、表征及应用技术

表 3-6 常见的化学试剂级别表

级别	代号	标签颜色	用途
一级品	GR	绿色	精密分析和高级研究
二级品	AR	红色	定性、定量化学分析
三级品	CR	蓝色	一般定性、定量化学分析
四级品	LR	黄色	一般化合物制备和实验

HCl、HNO_3、王水、HF 对人体有很强的腐蚀性和毒性，这些酸液溅在皮肤上引起严重烧伤，尤其是 HF 烧伤的伤口难以痊愈，会对骨骼造血、神经系统、牙、皮肤等产生毒害。HCl、HNO_3、王水的蒸气以及它们在反应过程中的产物，如 HCl、SO_3、SO_2、NO_2、N_2O_5、Cl_2、HF 等气体，对人的眼、鼻、喉都有强烈的刺激作用和不同毒性。因此，使用这些化学药品时必须戴上橡皮手套和口罩，在通风橱内的塑胶容器中进行。皮肤上溅着 HCl、HNO_3 等，应立即用大量自来水冲洗，再用 5％的碳酸氢钠溶液冲洗。皮肤被 HF 烧伤，立刻用大量自来水冲洗，再用 5％碳酸氢钠溶液洗，还要用二份甘油和一份氧化镁制成的糊状物敷上，或用冰冷的饱和硫酸镁溶液洗，严重的应送到医院治疗。总之，在进行腐蚀时要特别谨慎，做到安全操作，严防发生事故。

除此之外，硅的固态密度为 $2.33g/cm^3$，液态时为 $2.5g/cm^3$，由液态变为固态时，体积稍有增加。因此，拉晶完毕后坩埚内剩余的液态硅结晶体积会膨胀，有时会胀裂坩埚。硅的质地坚硬，碰撞时易碎裂，碎块棱角锐利，要小心伤手。

3.2.2 直拉单晶硅的工艺过程

3.2.2.1 热系统的安装与调整

热系统在安装前，应检查各部件质量并仔细擦抹干净，去除表面浮尘，整个炉室也要擦拭、清扫。热场的安装顺序一般是自下向上、由内到外安装。石墨电极分左右两只，安装时，左右对齐，处在同一水平面上，不能倾斜，同时要和托杆对中。放上加热器后，加热器的电极孔和下面电极板的两孔应能对准。如果相差较大，需要检查原因进行修理或调整，不能强行撑开或者收缩加热器的两极来达到安装目的，会造成加热器变形。

安装热场要确保热场的对中、水平，加热器和坩埚之间、加热器和保温筒之间及石英护套和石墨电极距离应该适中。确保各处连接中的石墨纸无误，拧紧电极石墨螺丝和中轴螺丝。在安装过程中，要求整个热系统对中良好、同心度高。对中顺序为：首先托碗与坩埚轴对中，保证托碗平正，转动同轴度＜1.0mm。后续的对中均是以托碗对中为基准进行的，因此仔细调整托碗对中是很重要的。然后，加热器与托碗进行对中，最后保温罩、保温盖与加热器对中。对中过程中可以径向移动，但是不能转动，否则取光孔和测温孔对不准。下保温板和电极之间的间隙前后要一致，不可大意造成短路打火。

新的热系统必须在真空下煅烧 10h 后在减压状态下再煅烧 10h 才能投入使用，使用中的热系统每拉晶 5～8 炉后也要煅烧一次。不同热场煅烧功率有所不同，一般要和熔料温度一致或稍微高一点。目前普遍采用较大的热场，氩气流量比较大，炉膛内壁比较干净，煅烧的时间和间隔周期可灵活掌握。

成晶率和节能效果往往和设备的优良程度以及管理水平等综合因素相关联，各厂家有所差别。目前，各单晶硅厂家使用的热场都是比较成功的，一是因为石墨毡保温，总厚度达100mm 以上，保证了径向温度梯度尽可能小的条件；二是因为热场大，使用的坩埚一般都在 250mm 以上，保温罩、保温盖的口径也相应增大，有充分的纵向散热功能，保证了晶体纵向温度梯度足够大的条件，同时加强托碗底部的保温效果，保证了熔体中的纵向温度梯度比较大的条件。从 1.1.2 的分析可以看出，这种热场成晶率高，有利单晶从头到尾进行无位错生长，不必进行过多的调整。

由于保温系统口径和晶体直径的增大，晶体的纵向温度梯度和加热器上部的径向温度梯度有时会造成"过大"的情况，容易造成转肩后不久出现位错，发生掉苞、断棱现象。一般需要对热场进行如下调整。a. 增加热屏。在保温盖上加一个保温圈，有的吊一个保温筒，有的使用了导流筒，也称作热屏。热屏内径和保温盖孔径相同，如果影响取光孔取信号，可开一个小口。一般的热场内罩比加热器高 20mm，适当的将保温罩再增高 20～30mm，也可以补偿口径增大带来的不利影响。b. 改变热场结构，调整温度梯度。适当提高引晶埚位，增加纵向温度梯度和径向温度梯度；增加保温层的总厚度，减小熔体径向温度梯度；增加一层保温盖，减小径向温度梯度，增加纵向温度梯度；增加加热器和托碗的厚度，减小熔体径向温度梯度。此外，氩气流量的大小、炉内压力的高低、晶体直径的不同，都会影响到温度梯度。采用这样的手段用来补偿晶体直径过大造成的变化。

3.2.2.2 拆炉、装料

拆炉的目的是为了取出晶体，清除炉膛内的挥发物，清除电极及加热器、保温罩等石墨件上的附着物、石英碎片、石墨颗粒、石墨毡尘埃等杂物。拆炉过程中要注意不能带入新的杂物。拆炉前必须戴好口罩，穿戴好工作服、工作帽等劳保用品，准备好拆炉用具，包括无尘布、无水乙醇、砂纸、扳手、高温防护手套、除尘吸头、台车等。拆炉前还必须查看炉内真空度，了解上一炉的设备运转情况，然后按以下步骤进行操作。

（1）取出晶体

拆炉时会经常取出炉内部件，有的部件几乎每次拆炉都要取出，有的则根据开炉次数或内件的挥发情况决定是否取出。取出顺序一般为了操作方便，按照由上而下的方式取出。为了防止烫伤，要戴好高温防护手套。拆炉过程中，首先要记下拆炉前的炉内真空度，从副室充氩气入炉膛。注意充气速度不能过快，防止气流冲击晶体，产生摆动。充气到炉内压力为大气压时关闭充气阀。有时为了节约氩气，也可以充入空气替代。然后，升起副室（含炉盖）到上限位置后，缓慢旋转至炉体右侧，降下晶体，将晶体小心降入运送车内并加装绑链，最后用钳子在缩颈的最细部位将籽晶剪断，晶体就取下来了。因为晶体较烫，可将运送车放至安全处，等晶体冷却后再送去检测；也可以将晶体放置在 "V" 形槽的木架上让其自然冷却。注意不能放在铁板或水泥地面上，否则会由于局部接触面传热太快而产生热应力，造成后面切片加工过程中出现裂纹和碎片。

取出晶体后，注意观察炉内挥发物的厚薄、颜色、分布以及是否有打火迹象或其他异常现象。如果没有异常就可以把主室升起到上限位，旋转至炉体左侧。从上而下按顺序一件一件取出热屏、保温盖、热屏支撑环，放在不锈钢台车上，再取出石英坩埚、埚底料、石墨托碗及托杆。用钳子夹住石英坩埚上沿提起取出并将余下的石英坩埚碎片也取出，装入石英收集箱内。埚底料取出后放入底料收集箱中，并标明炉次。每次拆炉后，都要例行检查同轴度，既可保持与热场的对称性又能避免短路打火。

（2）清扫

清扫的目的是将拉晶或煅烧过程中产生的挥发物和粉尘用打磨、擦拭或吸除等方法清除干净。清扫过程中注意不要引起尘埃飞扬，不然会污染工作现场，同时有害身体健康，违背文明生产的原则。

首先清扫内件，使用砂纸、无尘布擦拭所有取出内件上的挥发物，并用吸尘器吸去浮尘、碳毡屑、石英等杂物颗粒。可以用压缩空气吹出一些窄缝中的粉尘。擦拭过程中，注意不要碰坏部件，不要让粉尘进入下轴空隙中。然后清扫主炉室和副炉室，一边用砂纸打磨主炉室内壁和炉盖上厚重处的挥发物，一边用吸尘器吸去尘埃，防止飞扬扩散。用浸有无水乙醇的无尘布将内壁、炉底金属面及密封面擦拭干净，注意不要漏擦观察孔等狭窄的地方，擦几遍直到无尘布上没有污迹。在清扫杆上缠上浸有无水乙醇的无尘布，擦净副室炉壁及副室下面的炉盖、喉口、隔离阀以及窥视孔玻璃等部位。降下软轴，取出籽晶，将籽晶夹头也擦拭干净。最后清扫排气管道。拆开排气管道，用吸尘管吸去管内粉尘，同时用专用工具对炉底排气口进行疏通清扫，把粉尘驱赶到吸尘管处。确认管道畅通后，将端盖擦净安装回原位。

由于大量的氩气由机械泵排出，挥发出来的粉尘会带入机械泵，影响机械泵的使用寿命，有的设备在机械泵的前面加了一级"除尘器"，将大部分粉尘阻挡下来。因此，每拉几炉单晶就要将除尘器的内壁、丝网上的粉尘吸除干净，否则影响抽空和排气，甚至在拉晶中发生断棱、变晶等现象。

（3）组装

组装加热系统和保温系统原则上是后取的先装、先取的后装，即从下而上按与取出的相反顺序逐件完成。如果组装中途发现漏装或错装，必须拆除重来，既耽误时间又耗费精力。所以拆炉时应按先后顺序有条不紊地存放在台车上。在组装过程中，要一边安装一边检查炉底部件、托杆、加热器部件和保温系统是否正常。

（4）装炉

组装完毕检查无误后就可以装炉了。装炉是指装入石英坩埚等所有拉晶必需的原辅材料，为拉制单晶做好准备。原辅材料都是经过严格清洗、烘干的，所以要戴上无尘纯净手套，始终注意不能让手、衣物等直接接触原辅料。

首先将石英坩埚开封，戴上无尘纯净手套，例行检查石英坩埚质量，无伤痕、裂纹、气泡、黑点以及石英碎粒等为合格坩埚。把坩埚放入石墨托碗内，要求比石墨托碗高出 10mm 左右，安放平正、对中，稳定可靠。转动坩埚并升至合适位置以便装入硅料。接着将多晶硅原料及掺杂剂放入石英坩埚内，掺杂剂的种类由电阻的 N 或 P 型决定。直拉单晶硅装料的基本步骤见图 3-27。首先在底部铺碎料，然后铺大块料，最后用边角或小块料填缝。硅料

底部铺碎料　　　　大块料铺一层　　　　边角或小块料填缝

严禁大块料挤坩埚　　装一些大块料　　最上面的料和坩点接触

图 3-27　直拉单晶硅装料基本步骤

装完后，用吸尘管吸去硅料碎屑。装好的硅料呈现中间高、边沿低的"山"形。装料中途不能让手指等直接接触硅料，口罩、帽子必不可少，防止唾沫、头屑、头发等进入坩埚内。硅料放在坩埚内要稳定，不能滚动，大小搭配，互相之间既不过紧又不松散。需要注意的是，一边装料一边要检查硅料中是否有夹杂异物、表面是否氧化、有无水迹等。装入大半以后，上面的硅料不能紧贴坩埚壁，最好为点接触，留有小间隙，避免硅料熔化时发生挂边现象。容易倾斜滑动的硅料要让四周邻近的硅料棱角制约，防止滑动。严禁大块料挤压坩埚。

掺杂剂放入前应核对生产指令单，无误后才可以加入坩埚。通常掺杂剂是在硅料铺至一半高度的时候加入的，然后在其上面继续装剩余硅料。掺杂剂轻细，注意在打开包装时不能散落，要全部放入坩埚中，否则会影响单晶电阻率的准确性。

最后安装籽晶，选定与生产产品相同型号、晶向的籽晶，固定在籽晶轴上。装籽晶有两种情况：一种是在没有热屏的情况下，可以在合炉后马上装籽晶；另一种是在有热屏的情况下，需要在熔料完毕后通过籽晶轴将热屏吊下去安装好，然后籽晶轴升至副炉室取出吊钩后再安装籽晶。安装籽晶时，核对型号、晶向无误后把重锤擦干净，绑上籽晶，通过向下试拉检查捆绑是否牢固，然后装在副炉室的钢丝绳上即可。

（5）合炉、清场

降下坩埚到熔料位置，盖上热屏支撑环，按热屏安装说明将热屏挂好。用无尘布浸乙醇擦净闭合处上、下炉室的法兰和密封圈，将副炉室旋向正位，平稳下降放在主室上。整理、清扫装料现场，清洁炉体和地面卫生并将所有用具物归原处。

3.2.2.3 晶体生长

直拉单晶硅的晶体生长过程主要包括抽真空、化料、稳定、引晶、缩颈、放肩和转肩、等径生长及收尾几个过程，如图 3-28 所示。

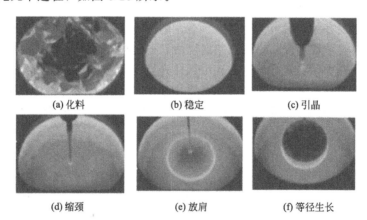

| (a) 化料 | (b) 稳定 | (c) 引晶 |
| (d) 缩颈 | (e) 放肩 | (f) 等径生长 |

图 3-28　直拉单晶硅的晶体生长过程

（1）抽真空、化料和稳定

合炉完毕就可以抽真空、通氩气。通常采用氩气气氛减压拉单晶，通入氩气结合真空泵的抽气，形成一个减压气氛下的氩气流动。氩气流带走高温熔融硅挥发的氧化物，以防止氧化物颗粒掉进硅熔液，运动到固-液界面，破坏单晶原子排列的一致性。将氩气从副室上端引入炉内，同时用机械泵从主室下部排出，炉内压力保持在 12～20Torr。对炉室进行抽真空时使用真空压力感测器监测真空度，一般在 20～30min 内真空度可达 5Pa 以下。如果不符合拉晶标准，要进行真空检漏工作。为了避免气流对流量计冲击过大造成零点漂移，在打开氩气阀门时，要控制流量由小到大逐步接近工艺规定值，一般在 $50\sim100L/min$。真空达到要求后开启电源向石墨加热器送电加热升温至 1420℃以上，将硅原料熔化。

加热前，应检查电气柜上的各控制旋钮，将其回到零位。打开计算机电源检查拉晶工艺参数是否正确，然后再送上加热电压。第一次升压至 20V 左右，5min 后再升压至 40V 左右，此时转动坩埚观察炉内情况，硅料基本红透后再次确认未见异常状况才可以加热到熔化功率。不同大小的热场和装料量熔化功率和熔料时间是不同的，一般为几十到一百多千瓦，加热电压在 $45\sim60V$ 左右，电流约 $1500\sim2500A$ 左右。

熔化过程中，要随时观察是否有硅料挂边、搭桥等不正常现象，如果有就必须及时处理。熔料时温度要适中，即不能过高也不能过低。温度太低熔化时间加长，影响生产效率；温度过高会导致坩埚严重变形，炉壁、炉底过分受热产生变形，且硅蒸气大量聚集容易拉弧造成过流而发生事故。此外，温度过高加剧了熔硅与石英坩埚的反应，促进石英中的杂质进入熔硅，影响单晶质量。温度太高，反应过于剧烈甚至会发生喷硅现象。

升至高温以后，坩埚底部附近最高温处的硅料开始熔化，能观察到硅料慢慢往下垮塌，熔液不断淹没硅料，固态硅越来越少。当剩一小块硅料未熔化时，就可以把功率降到引晶功率，调整埚转并将坩埚升至引晶位置。熔化完后观察液面，如果液面干净，没有浮渣、氧化皮等现象，埚壁光亮，没有硅料溅起附在埚壁上，液面平静，炉膛内没有烟雾缭绕的迹象，就说明熔料过程是正常的。

（2）引晶和缩颈

对于直拉单晶硅，化料后要进行引晶，确保单晶的生长。在引晶前首先要确定坩埚位置和引晶温度。对一个新的热场来说，选取坩埚位置以及判断引晶温度有一定难度。

一般选取引晶埚位就是选取液面的位置，生产中可使液面在加热器平口下 $50\sim70mm$ 之间试拉单晶。热场不同，晶种、装料量不同，其埚位都会有变化，这要由生产实践决定。首次试炉时可以多选几次埚位尝试引晶。坩埚位置过低，热惰性大、温度反应慢，引晶拉速不容易提上去。放肩时要么不易长大，要么一长大就生长很快；坩埚位置过高，引晶时拉速可以提得很高，但是不容易缩颈排除位错，肩部放大后容易出现断棱现象；坩埚位置适当，引晶操作容易，温度反应较快，缩颈一段后单晶棱线清晰。肩部放大时不快不慢、自然生长，棱线对称、完好，宽面平滑、光亮、大小一致。这样的坩埚位置符合纵向温度梯足够大、径向温度梯度尽量小的条件，符合单晶硅生长的要求。热场使用一段时间后，由于 CO 等的吸附，热场性能会改变，埚位也应该做适当的调整。

通过上述方法选好埚位、调准坩埚转速后，就要判断引晶温度。1400℃下熔硅与石英反应生成 SiO，可以借助 SiO 排放的速率，即反应的速度快慢来判断熔硅的引晶温度。也就是说，通过观察坩埚壁处液面的起伏情况来判断熔硅的引晶温度。温度越高，反应越激烈，埚边液面起伏越厉害。温度过高，埚边的液体频繁地爬上埚壁后又急忙掉下，起伏剧烈，需要逐渐降温；温度过低，埚边的液体平静，几乎不发生爬上、落下的现象，则应逐渐升温。无论升温还是降温，都要求幅度不能过大。等温度反应过来后，再观察起伏情况，确定下一步的调整措施。如果埚边的液体慢慢爬上，爬不动时又缓缓落下，说明温度基本合适，可以试引晶。将生长控制器从手动状态切入自动状态，再次核对引晶埚位是否正确，就可以进行引晶过程。引晶的晶转和埚转根据工艺具体要求而定。快速降籽晶到液面上方 $10\sim15mm$ 处等待几分钟，减少籽晶与熔体的热冲击。若无异常现象，就可以降下籽晶接触液面进行熔接，观察液面和籽晶接触后的光圈情况，进一步调整引晶温度。图 3-29 为不同引晶温度下出现光圈的情况。温度偏高时，籽晶一接触液面，马上出现很亮、很刺眼的光圈，籽晶棱边出现尖角，光圈发生抖动甚至熔断，无法提高拉速进行缩颈。温度偏低时，接触后不出现光圈，籽晶不但没有被熔解还出现结晶向外长大的现象。温度合适时，接触液面后，慢慢出现柔和、圆润的光圈，无尖角产生，既不会长大也不会缩小而发生熔断。

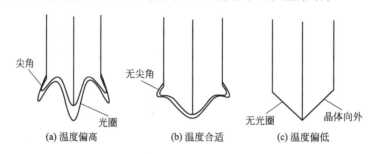

图 3-29 不同引晶温度下出现光圈的情况

籽晶熔接好以后稍微降低温度就可以开始进行缩颈。缩颈的目的是为了消除位错。籽晶在加工过程中会产生机械损伤，这些损伤在拉晶过程中就会产生位错。在晶种熔接时由于籽晶和熔体的热冲击也会产生位错。硅中位错的滑移方向为（111）面<110>方向，它与<100>或<111>晶向都成一夹角，攀移面垂直于滑移面。在缩颈过程中，位错线与生长轴呈一个交角，位错能够一边攀移一边延伸到籽晶表面而终止，只要缩颈够长位错便能长出晶体表面，产生零位错的晶体。

<100>方向生长的单晶生长方向与滑移方向成 $35°16'$，要想将位错移出细颈，其长度和直径比值最少为 $\cot 35°16'=1.41$，即晶颈长度理论上应该要达到晶颈直径的 2 倍。如果为<111>方向生长的单晶，则生长方向与滑移方向成 $19°28'$，$\cot 19°28'=2.83$，即晶颈长度理论上应该为晶颈直径的 3 倍。在生产实践中晶颈长度可按下式计算：

$$L=D\tan\theta=D\tan 19°28'\approx 10D \tag{3-1}$$

式中，L 和 D 分别为缩颈长度和缩颈直径；θ 是棱位错线与<110>晶向（滑移方向）之间的夹角。理论上晶颈长度一般在晶颈直径的 10 倍以上，实际操作时还应酌情处理。

良好的缩颈从外观看，细颈应均匀、修长，没有糖葫芦状，直径 3~5mm，长度 70~100mm。细颈上的棱线对称、突出、连续，没有时隐时现、忽大忽小的现象。<111>晶向有时还能观察到有规则的生长条纹（苞丝），说明位错已经消除。

全自动单晶炉采用自动引晶，如果特殊情况需要手动引晶，则要求细颈长度大于150mm，直径 4mm 左右，拉速 2~5mm/min。

（3）放肩和转肩

长完细颈之后，要降低温度与拉速使晶体的直径渐渐增大到预定的直径大小，这一过程称为放肩，目的就是为了让晶体生长到预定直径。此阶段功率降幅的大小由缩颈时的拉速大小和缩细的快慢来决定。如果引晶时拉速偏高且不易缩细，说明温度低，可以降温少一些；反之，如果拉速较低又容易缩细，说明温度较高，可以多降一点。放肩时一般按照作业指导书规定的晶转、埚转、温度值和拉速值进行自动放肩。如果遇特殊情况出现温度偏高或偏低现象，应及时报告工程师或主管。

放肩开始时观察 CCD 图像，会发现籽晶周围的光圈先在前方出现开口并往两边退缩。随着直径的增大，光圈退缩到直径两边并向后方靠去。放肩过快时，可适当提高拉速和温度；反之，则降低温度和拉速。温度反应过来后，再适当调整放肩速度，保持圆滑、光亮的放肩表面。可以通过观察放肩时的现象来判断放肩的质量：放肩好时，棱线对称、清楚、连

光伏硅晶体材料的制备、表征及应用技术

续，平面平坦、光亮，没有切痕，角度合适；放肩差时，线模糊、断断续续，平面的平坦度差、不够光亮，有切痕，说明有位错产生，放肩角过大。放肩角度必须适当，如果角度太小，则晶冠部分较长，晶体实收率低；角度过大，容易造成熔体过冷，严重时产生位错和位错增殖，甚至变为多晶。一般放肩角控制在 $140°\sim160°$ 之间，称为放平肩。

放肩直径要及时测量，以免来不及转肩而使晶体直径偏大。在平放肩的过程中，放大速度很快，必须及时监测直径的大小，当直径约差 10mm 接近目标值时，校正 CCD 上的晶体直径读数与实际值一致，提高拉速到 $3\sim4mm/min$，进入转肩。这时会看到原来位于肩部后方的光圈较快地向前方包围，最后闭合。为了转肩后晶体不会缩小，可以预先降点温，这样等放肩完温度也差不多反应过来。光圈由开到闭合的过程就是转肩过程。在这个过程中，晶体仍然在长大，只是速度越来越慢，最后不再长大，完成转肩。转肩的作用是控制直径，使晶体由横向生长变向纵向生长。如果转肩速度控制量恰到好处，就可以让转肩后的直径正好符合要求。

（4）等径生长

长完细颈和肩部之后，借着拉速与温度的不断调整，可使晶棒直径维持在预定值的 $\pm$ 2mm 之间，这段直径固定的部分称为等径部分，单晶硅片就取自于等径部分。直径控制和温度控制都切入自动状态以后，晶体的整个等径生长过程就可以交给计算机来控制，同时可以打开记录仪，画出有关曲线。如果设备运转正常，设定的拉速曲线和温校曲线合理，人机交接时配合得好，晶体的等径生长是可以正常进行到尾部的。在自动控制等径生长过程中，如果要直接修改某些参数，如拉速、转速、埚跟速度、温度等，可以进入自动模式下的手动干预菜单，点击相应的项目界面进行修改，但是修改幅度不能太大。在拉晶正常后去除修改值，就不会影响正常程序。

在等径生长过程中，有时会发生晶体长出宽面或变方的情况，这时应及时升温，让拉速降下来。变形厉害时，要切入手动进行人工干预。当直径和拉速符合当前的设定曲线时，再切入自动。这种情况一般是由于转肩前降温过多或者升温曲线不合适、跟速不准引起的。

等径生长过程是晶体生长的主要阶段，需要观察埚位是否正常、晶棒是否晃动、晶棒有无扭曲、CCD 的工作状态是否正常、真空状态是否正常、各冷却水是否正常、晶体是否断棱等。

埚位指的是导流筒下沿和液面的距离。在直拉单晶硅等径过程中，要求硅熔液的液面位置不变。一般通过埚跟比（也称为随动比，指埚升/晶升）来控制液面的位置。通过观察导流筒下沿和它在熔液中倒影的距离就可以判断埚位。通常有一定经验的人才能正确地判断埚位的高低。晶体直径偏大或小，或埚跟比不合适都会出现埚位异常。如果出现埚位异常，需要确认晶体直径、埚跟比参数是否正常。如果两者都在正常范围内，则应报告工程师或主管，确认是否坩埚传动机械问题。

如果出现晶棒晃动，即晶棒的中心没有在熔液的中心而是在熔液中摆动的现象，可能的原因有埚位太高、上下对中或水平有问题和提拉头动平衡有问题。此时应根据实际情况，报告主管或工程师，适当降低晶转或埚转，停炉之后检查对中、水平情况和提拉头动平衡。晶棒扭曲出现 S 型，其可能的原因有熔液径向温度低、上下对中和水平有问题、埚位太低、氩气流动不均匀或籽晶阻尼套有问题。出现这种现象应该首先观察扭曲程度，适当提高埚位。如果扭曲较严重，退出自动进行手动拉晶，适当降低拉速、增加补温，并使直径适当增大。待扭曲情况改善后把直径变回正常，重新进入自动。停炉之后再查找扭曲的根本原因。

操作工需要经常查看 CCD 状态，观察相机工作是否正常，见图 3-30。相机取样范围需要有一定的余量，以防止晶棒出现晃动和扭曲时相机失控。直拉单晶炉的压强一般在 12～

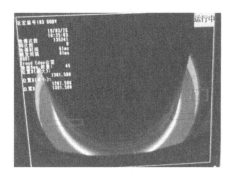

图 3-30 等径生长时的 CCD 状态

20Torr，全自动炉会根据设定压强自动调整真空蝶阀开度，使炉内真实压强接近于设定值。冷却水对单晶炉的正常运行起着非常重要的作用。各单晶炉都有冷却水异常报警，但员工还需要经常用手试炉子法兰处的温度，一旦出现异常及时报告。

晶体硅等径生长时，在保持硅晶体直径不变的同时，要注意保持单晶硅的无位错生长。等径过程中有两个重要因素可能影响到晶体的无位错生长。

① 单晶硅径向的热应力

单晶硅中的径向温度梯度随半径增大而呈指数变化，导致晶体硅内部存在热应力；同时晶体硅离开固-液界面后冷却时，晶体硅边缘冷却得快，中心冷却得慢，也加剧了热应力；如果热应力超过了位错形成的临界应力，就形成新的位错。

② 单晶炉内的细小颗粒

从晶体硅表面挥发的 SiO_x 气体在炉体的内壁冷却，形成 SiO_2 颗粒，如果这些颗粒不能及时排出炉体，会掉入硅熔体，最终进入晶体硅，破坏晶格的周期性生长，导致位错的产生。

从晶体在炉内的外观可以判断晶体是否为无位错。<100>单晶会有四条轴对称的"棱线"，<111>单晶会有三条轴对称的"棱线"。在生长过程中，一旦四条中一条或几条棱线消失，意味着单晶变成了多晶，直拉单晶过程失败，称为单晶断棱。全自动单晶炉不会出现断棱的报警，因此操作工需要经常观察单晶状况，出现断棱时要及时处理。根据已经生长的晶体长度及经济效益，综合考虑处理方式，包括回熔、提起取出后拉第二支或收尖重引晶拉第二支等。回熔时，适当降低坩埚位置，升温后再降下晶体。注意晶体插入熔体时不要碰着埚底，否则可能会使籽晶折断，造成事故。

在晶体生长状态下，固-液界面处存在着径向和纵向温度梯度，即存在着热应力；晶体在结晶和冷却过程中，又会产生机械应力。当外界应力超过了晶体的弹性应力时，位错就会产生，以释放其外界应力。当固-液界面为平直界面时，热应力和机械应力都最小，有利于晶体的无位错生长。当固-液界面呈凹形时，晶体外围比中心先凝结。中心部位凝结时，因外围已凝结而使其体积的膨胀没有足够的空间扩张，造成晶体内机械应力过大而产生位错。因此，晶体在生长过程中常在下半部产生位错。在自动控制状态下，设定一个合理的拉速控制曲线是非常重要的，特别是在接近尾部，液面已降至坩埚底部的圆弧以下时，液体的热容量减小较快，必须注意提升功率和降低拉速，否则无位错生长将被破坏。

熔体的对流对固-液界面的形状会造成直接的影响，而且还会影响熔体及晶棒内的杂质浓度分布。硅熔体的对流形式见图 3-31，有五种基本形态，包括由温度梯度造成的自然对流、由晶轴旋转引起的强迫对流、由坩埚旋转引起的强迫对流、由熔体表面的温度梯度造成的表面张力对流和外加磁场及电场引起的对流。在这五种对流形态相互作用下，熔体流动在系统里变得相当复杂。

一般的直拉系统里，热源是由坩埚侧面的加热器件所提供的，造成熔体的外侧温度比中心轴高，底端比液面温度高。底部的熔体会借由浮力往上流动，这种对流方式称为自然对流。随着自然对流驱动力的增加，熔体内的对流形态出现不稳定性，导致温度及流动速度随时间变动。自然对流的程度可由格拉斯霍夫（Grashof）常数（G_r）来判断。

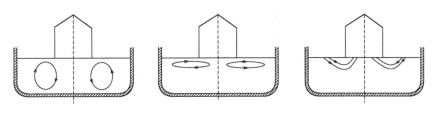

(a) 热源温度梯度引起的自然对流　　(b) 表面张力引起的对流　　(c) 晶轴生长引起的对流

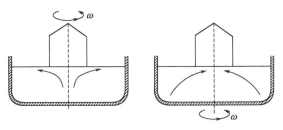

(d) 晶轴旋转引起的强迫对流　　(e) 坩埚旋转引起的强迫对流

图 3-31　硅熔体的对流形式

$$G_r = ag\Delta T \frac{d^3}{V_k^2} \tag{3-2}$$

式中，a 为液体热膨胀系数；d 为坩埚内径或液体深度；ΔT 为熔体内最大温度偏差；V_k 为液体动力黏滞系数；g 是重力加速度。由于 $G_r \propto d^3$，坩埚内径 d 越大，液体越深，液面越大，自然对流程度越大，甚至会形成紊流，影响单晶的正常生长。对硅而言，$G_r = 1.56 \times 10^4 \Delta T d^3$，临界值为 10^5。在目前热场条件下可达 10^8，所以必须依靠其他的对流来加以抑制，才能使晶体生长稳定。

在直拉过程中，熔体温度的不对称性可以靠着晶轴和坩埚旋转进行强迫对流来改善。晶轴旋转会使紧临固-液界面下的熔体往上流动，再借由离心力往外侧流动，而造成一个强迫对流区。晶体转动产生的强迫对流与自然对流作用相反。由晶体转动引起的液体流动程度，可由瑞洛尔兹（Reynolds）常数 R_e 来描述：

$$R_e = \frac{\omega_s r^2}{V_k} \tag{3-3}$$

式中，r 为晶体半径；ω_s 为晶体的转速。在液面宽而深的情况下，晶体转动引起的流动，只能在固-液界面下的区域内起作用，其他区域仍主要受自然对流影响。当液面变小、深度变浅时，晶体转动的作用就越来越大，自然对流的影响就越来越小。如果 R_e 超过 3×10^5，则晶体转动也会造成紊流。对 $\Phi 8in$（$1in = 25.4mm$）的晶体而言，要达到 3×10^5，晶转要在 $20r/min$ 以上。

坩埚的旋转将使得坩埚外侧的熔体往中心流动，不仅可以改善熔体内的热对称性，也促使熔体内的自然对流形成螺旋状的流动路径，而增加径向温度梯度。坩埚转动影响程度由泰勒（Taylor）常数（T_a）来判定：

$$T_a = \left(\frac{2\omega_c h^2}{V_k}\right)^2 \tag{3-4}$$

式中，ω_c 为坩埚转速；h 为熔体深度。

当晶转和埚转的方向相反时，引起熔体中心形成一圆柱状的滞息区。在这个区域内，熔体以晶转和埚转的相对角速度做螺旋运动，在这个区域外，熔体随坩埚的转动而运动。熔体的运动随晶转与埚转速度不同而呈现出复杂的状况。若晶转埚转配合不当，容易出现固-液界面下杂质富集层的厚度不均匀，造成晶体内杂质分布的不均匀。

由液面的温度梯度所造成的表面张力差异而引起的对流形态，称为表面张力对流。表面张力对流在低重力状态及小的晶体生长系统中，才会凸显其重要性。

（5）收尾

晶体等径生长到尾部，剩料不多的情况下要进行收尾工作。如果不收尾，直接将晶体提高脱离液面，由于热应力的作用，提断处会产生大量的位错并沿着滑移面向上攀移。位错攀移使单晶等径部位"有位错"而需要被切除，降低了单晶的成晶率，特别是大直径单晶，其损失是不能忽视的。因此，单晶拉完必须收尾成锥形，让无位错生长维持到结束，锥形尖端脱离液面时热应力降低，即便产生位错，其攀移的长度也很难进入等径部位。因此，收尾是提高产品实收率的重要步骤。

收尾太早，剩料太多，造成浪费；收尾太晚，容易断苞，位错向上攀移，合格率降低。因此，判断收尾的时间很重要。什么时候进行收尾可以根据晶体长度和重量来判断，有经验的拉晶人员通过观察剩料的多少也能判断收尾的时机。收尾时，将计算机切入手动，停埚升、提高拉速，同时利用温度控制自动升温，共同作用使晶体收细并保持液体不结晶。收尾有快收和慢收两种方式，各有所长，如图 3-32 所示。慢收尾容易掌握，不易断棱，但是需要时间较长；快收尾时间短，但是容易断棱，难度较大。两种方法均要求收尖，防止位错攀移到等径部位。收尾后将生长的晶体升至副炉室中，待冷却。

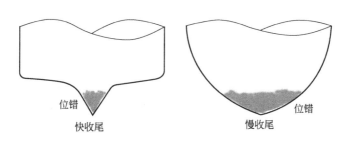

图 3-32　慢收尾和快收尾

3.2.2.4　冷却和拆炉

停炉之后，必须冷却一定时间，然后进行取棒和开炉操作。取晶棒的动作要稳，防止籽晶突然断裂，热场部件也要轻拿轻放。开炉后晶棒和石墨部件的温度还比较高，要小心烫伤。剪断籽晶时要确保晶棒落实，并且一手按住重锤，防止籽晶线向上跳动而脱槽。剪籽晶后的断面须磨平，以防伤人。图 3-33 为常用的取棒、开炉工具。冷却后拆炉进行下一炉长晶，完成一次生长周期。

　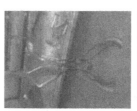　

(a) 双层热场车　　　　　(b) 取导流筒工具　　　　　(c) 取石墨坩埚工具

光伏硅晶体材料的制备、表征及应用技术

(d)拧加热螺丝工具　　　(e)取加热器工具

图 3-33　常用的取棒、开炉工具

3.2.3　拉速、温度曲线及坩升速度的计算

不同规格、型号的单晶硅，其生长工艺条件是不一样的。一般来说，在拉速方面，轻掺杂的比重掺杂的快一些、小直径比大直径快一点；在晶转方面，重掺杂比轻掺杂快一点。有时还采取变晶转、变坩转的工艺方法来达到一些特殊要求。

3.2.3.1　坐标长度的计算

直拉单晶炉的拉速、温校曲线都是以晶体生长的长度为坐标来设定的。设备转入自动拉晶后，会以长度为坐标，自动按设定的拉速、温校、转速等曲线进行控制。不同装料量、不同直径的单晶，坐标长度不同，必须进行计算，采用的公式如下：

$$L = \frac{W}{\frac{1}{4}\pi D^2 \rho} = 547 \times \frac{W}{D^2} \qquad (3\text{-}5)$$

式中，L 是坐标长度，mm；D 为晶体直径，mm；ρ 是硅的密度，2.33g/cm^3；W 是晶体重量，W＝装料量－坩底剩料量。

坐标长度是把整个晶体重量，包括收尾部分都按等径计算的。实际上如果从转肩开始计长，晶体的等径实际长度不超过以上计算的坐标长度就应该进入收尾程序了，所以用此长度作为拉速、温校的坐标长度足够用了。

3.2.3.2　拉速曲线的设定

拉速曲线的设定应该满足单晶硅生长的特点，即拉速应该是从头到尾逐渐下降的。拉速曲线是匀速下降还是变速下降，哪一段快一点，哪一段降慢一点或者哪一段不降，全由工艺设计来定。不同的设定对单晶的内在质量，如电阻率、断面电阻率均匀性都有不同的影响。例如某型号单晶炉的生长控制器，设置了 20 段控制区域，可供设定拉速曲线选用。设晶体长度 1400mm，晶体直径 Φ156mm，工艺要求头部拉速为 2.0mm/min，尾部拉速定为 1.0mm/min。如果设计晶体坐标长度等分为五段，每段 280mm 长，每段拉速降 0.2mm/min，那么五段总计降了 1.0mm/min，正好符合工艺的要求。设计数据如表 3-7 所示，这条匀降速曲线画在坐标图上，就是一条直线，如图 3-34 中 A 所示。图中 B 为一条非匀速下降的拉速曲线，它为一条折线，设计数据如表 3-8 所示。从图 3-34 中可以看出，两条拉速曲线的降速率是不同的，根据不同的工艺要求可以设计出不同的拉速曲线，而自动控制的目标

表 3-7　拉速曲线设计方案（一）

分段	L00	L01	L02	L03	L04	L05
分段长度/mm	0	240	300	300	280	280
累计长度/mm	0	240	540	840	1120	1400
设定拉速/(mm/min)	2.0	1.8	1.6	1.4	1.2	1.0
设定降速 SL/(mm/min)	0	−0.2	−0.2	−0.2	−0.2	0

表 3-8　拉速曲线设计方案（二）

分段	L00	L01	L02	L03	L04	L05
分段长度/mm	0	200	240	200	320	440
累计长度/mm	0	200	440	640	960	1400
设定拉速/(mm/min)	2.0	2.0	1.9	1.7	1.4	1.0
设定降速 SL/(mm/min)	0	−0.1	−0.2	−0.3	−0.4	0

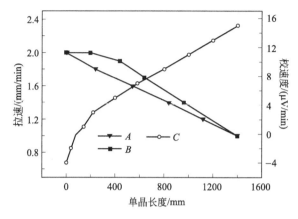

图 3-34　拉速、温校曲线

就是要使实际拉速尽量符合这条曲线，满足工艺要求。利用坐标图来设计、分析曲线的走势比列表更直观、更方便。

3.2.3.3　温校曲线的设定

电子器件在不同的温度下性能有差异，采用一些措施抑制这种差异的影响就是温度补偿。对于硅单晶的拉制来说，采用不同的拉速曲线，其等径过程会受到温度的影响，因此需要进行温度校正，即温度补偿。从转肩到拉晶完毕为了维持单晶硅的等径生长，温度校正的规律一般符合先降温，然后升温并逐渐加快的过程。降温和恒温的晶体不长，但是必不可少。配合图 3-34 中的拉速曲线 A 设计温校曲线，由于其拉速为匀速过程，则温度补偿也呈线性。将温较曲线设计数据列入表 3-9 并绘制温校曲线，见图 3-34 中的曲线 C。如果是配合 B 拉速曲线，需要调整温校曲线。使用中要根据具体情况进行修改，逐步完善温校曲线。晶转、埚转的设定方法与拉速、温校的设定方法相同，不再赘述。

表 3-9　温校曲线设计方案

分段	L00	L01	L02	L03	L04	L05	L06	L07	L08	L09	L10
分段长度/mm	0	40	40	60	80	180	180	220	200	200	200
累计长度/mm	0	40	80	140	220	400	580	800	1000	1200	1400
温校速度/(μV/min)	−4	-2	0	1	3	5	7	9	11	13	15

3.2.3.4　埚升随动

晶体在生长过程中，由于液态不断地转化为固态，液面在坩埚中的位置不断下降，造成固-液界面的温度梯度发生变化，给单晶生长带来困难。如果液面下降 1mm，让坩埚上升 1mm，则液面在热场中的相对位置就没有变化，固-液界面稳定，有利于单晶生长。所以，当转肩完成进入等径生长时，应及时开启埚升并给予一定的上升速度，以保持液面在热场中的相对位置不变，称为埚升随动。埚升随动速度偏小，液面会下降；埚升随动速度偏大时，液面又会逐渐上升；只有埚升随动合适，才能使液面位置不变。在相同时间内生长出的晶体质量等于埚升随动补充的液体质量，液面位置就不会变化。根据这个原理，计算生长出的晶体质量：

$$W_S = \frac{1}{4}\pi\phi^2 St\delta_S \tag{3-6}$$

式中，S 为晶体拉速；t 为生长时间；δ_S 为固态 Si 密度；ϕ 为晶体直径，mm。

补充的液体质量为：

$$W_L = \frac{1}{4}\pi\phi'^2 S't\delta_L \tag{3-7}$$

式中，S' 为坩埚随动速度；δ_L 为液态 Si 密度；ϕ' 为坩埚内径，mm。让 $W_S = W_L$，化简后得：

$$\frac{S'}{S} = \frac{\phi^2\delta_S}{\phi'^2\delta_L} \tag{3-8}$$

固态 Si 的密度 $\delta_S = 2.33\text{g/cm}^3$，液态 Si 密度 $\delta_L = 2.5\text{g/cm}^3$，代入式(3-8) 可得埚跟比为：

$$\frac{S'}{S} = 0.932\frac{\phi^2}{\phi'^2}$$

所以坩埚随动速度

$$S' = 0.932\frac{\phi^2}{\phi'^2}S$$

由于晶体直径的测量可能产生误差，晶升、埚升实际值与显示值也可能有误差，在按计算值投入自动后，坩埚跟随速度可做适当修正以便更好地符合实际情况。绝大多数晶体生长自动控制系统可以将单晶直径从头到尾控制在 ±1mm 之内。

随着直拉单晶炉的发展，很多炉型采用了全自动控制工艺，有的从抽真空开始，有的从引晶开始交给计算机操作。所有的拉速曲线、温度补偿曲线（即温校曲线）等工艺参数都已事先设定好，重复性好。可以将好的控制程序拷贝到其他同类型单晶炉上进行优化。多台设备还可以同时集中监控，减少人工投入，降低成本。

3.2.4 异常情况及处理方法

在直拉单晶工艺过程中，有时会发生以下异常情况，需要及时、正确地处理，将损失减小到最小。

3.2.4.1 挂边或搭桥

如果装料间隙较大，会增加料的总高度或者没有装成"山"形，坩埚上壁接触硅料较多。熔料时，没有及时下降埚位或者下降埚位不够，会造成埚底部和中部的料已熔化而上面不够熔化的温度，只能软化后在硅料的挤压下粘在埚壁上，造成挂边、搭桥。小块料挂边，在径向长度不大的情况下，可以不用处理。如果径向长度较大，在拉晶过程中会黏附上很多挥发物，掉入坩埚中会破坏单晶生长，必须及时处理。

出现挂边与搭桥的现象时，可以通过降低埚位、转动坩埚，将挂边处转至热场中温度较高的一方（一般在两边电极的方位）升高功率，让挂边处硅料迅速熔化。注意观察液面动态，如果发现液面有"开埚"迹象时，可多充入些氩气，减少排气量，增加炉内压力，防止"硅跳"。

3.2.4.2 坩埚裂缝

熔料时或者拉晶过程中，发生坩埚裂缝要及时进行处理。熔料时发生埚裂应该立即降温停炉，否则一旦漏料将造成事故，损失严重。拉晶时发生埚裂，要区别情况分别对待：如果裂纹深入液体中，应立即降温停炉；如果裂纹未深入液体，可以维持现状，观察发展趋势，如果裂纹不再前进，单晶就保住了。需要降温停炉时，要将坩埚升至最高处，防止结晶后坩埚炸裂，胀破加热器。如果已经发生漏料又未及时发现，会造成坩埚既无法转动也无法升降，只能维持现状。此时严禁强行转动和升降坩埚，可以在结晶完毕后保持一定温度，让硅料慢慢降温，尽量不胀破加热器。

如果拉晶进程中未发现裂纹，但由于坩埚底部开裂也会造成漏料。有经验的拉晶者可以从液面高度的变化、直径控制的变化、托碗外形的变化等迹象判断出是否漏料。刚开始时漏料较慢，一旦托碗底都被熔料蚀穿就漏得较快，所以要及时发现妥善处理，否则漏料会烧坏部件造成重大损失。

3.2.4.3 突然停水、停电

单晶炉在开炉过程中，发生停水、但没有停电，则炉壁、炉盖、电极、坩埚轴会迅速升温，其他水冷部位也会升温。水温升高变成高压蒸汽，会冲破薄弱环节，如塑胶水管、窥视孔玻璃等部位；密封件在高温灼烧下变脆、烧焦，发生漏气，电极、埚轴、炉底等甚至被烧坏，损失惨重。因此，一旦发生水温报警、欠水报警，应立即排除故障保持水流畅通，若不能及时排除时，应停炉。发生停水时，设备的安全系统会自动切断加热电源。停水事故主要是循环水泵缺相或抽不上水等原因造成，这时应立即开启备用水泵供水；如果是停电引起的停水，备用水泵也没有电，这时应立即将备用自来水打开供水。

单晶炉在开炉过程中，发生停电但未停水事故，应根据炉内的现状和停电过程的长短，采取不同的方法和步骤进行处理，原则是将损失降到最低。瞬间停电后又立即送电的，应立即检查恢复停电前的工艺状态并进行干预，使工艺正常进行下去。如果晶体发生断苞，要根据长短区别处理。如果停电时间较长，先关闭真空间并手动摇柄将坩埚下降，使液面脱离晶体，同时关闭氩气阀。来电后，如果埚内液体刚结晶完，还没有危及坩埚时，可送电加热熔化硅料。已经提起的晶体，可根据不同长度或回熔、或取出。如果已经没有拯救的必要和可能，则按停炉程序进行停炉。

3.2.4.4 突然漏水、漏气

在拉晶过程中，如果窥视孔玻璃突然炸裂，冷却水会进入炉膛变成蒸汽。此时必须立即停加热器电压、停机械泵电源，然后将窥视孔进水管卡死不让水流进炉膛。旁边的操作人员应立即帮助处理，关小供水压力、关闭氩气阀门和真空阀。如果某个密封部位或某个薄弱环节，如波纹管等被烧坏，会造成大量漏气。空气进入炉膛，造成硅液氧化，这时立即停机械泵，避免大量高温气流经过抽空管道，烧坏管道及机械泵。接着停加热电源，关闭氩气阀门和真空阀。最后将各旋钮回零，关闭控制电源。这两种严重的漏水、漏气现象尽管是很少发生的，但是如果处理不善会造成很大的损失。

漏水后的整个炉膛、管道、机械泵、密封、阀门等处的水迹必须清理干净，用无水乙醇去除水并用热吹风机吹干。已沾水的石墨部件要烘干，氧化严重的丢弃，还能使用的也要用砂纸去除表面氧化层。漏气后的炉膛要清除挥发物，严重黏附的用细砂纸擦掉，现出光亮、平滑的金属面，重新安装机械、热场等后进行抽空、煅烧，保证真空度合格，各运转系统、电气系统合格后，可以进行生产。

一般性的漏水，会在加热后不久真空突然下降，多数发生在焊缝上，如窥视孔的矩形柜、喉口、炉膛上边沿焊缝等处。漏水点周围的颜色稍有差异，要仔细查找。可以在加大水压的情况下抽真空，然后观察疑点上是否会有小水珠渗出。确定漏水后，要排尽漏水点内的冷却水，并用同型号的焊条进行补焊。补焊后要清擦干净，通水检验，然后真空、煅烧检验，都没有发现漏水迹象时，才可以投入拉晶。

3.3 其他直拉技术

3.3.1 磁控直拉技术

在直拉单晶硅生长时，由于热起伏等原因，使得单晶硅中存在生长条纹。为了克服它，Chedzey 和 Hurle 提出了磁控生长技术，简称 MCZ 法，是在直拉法（CZ 法）单晶生长的基础上对坩埚内的熔体施加强磁场，使熔体的热对流受到抑制，如图 3-35 所示。除磁体外，主体设备如单晶炉等与直拉法设备无大的差别。

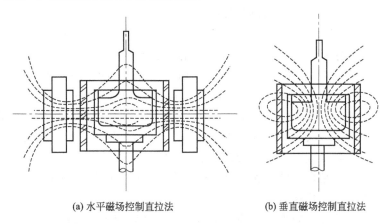

(a) 水平磁场控制直拉法   (b) 垂直磁场控制直拉法

图 3-35 磁控直拉技术

由于熔体中存在热对流，将导致在晶体硅生长界面处温度的波动和起伏，在晶体硅中形成杂质条纹和缺陷条纹；热对流加剧熔体硅与石英坩埚作用，使得熔体硅杂质中氧浓度增加，最终进入晶体硅中。半导体熔体都是良导体，对熔体施加磁场后，运动的导电熔体受到与其运动相反的洛伦兹力 F 的作用，使熔体硅在运动时受阻碍，最终抑制坩埚中熔体硅的热对流。加上磁场后，改变了整个熔体的流动状态及杂质的输运条件，使单晶可以在温度波动范围小、生长界面处于非常平稳的状态下生长。磁控直拉技术主要用于制造电荷耦合（CCD）器件和一些功率器件的硅单晶，也可用于 GaAs、GaSb 等化合物半导体单晶的生长。

横向磁场使得熔体硅中与磁场方向垂直的轴向熔体对流受到抑制，与磁场平行方向的熔体对流不受影响，即沿坩埚壁上升和沿坩埚的旋转运动减少，但径向流动不减少。横向磁场硅晶体内氧浓度低，均匀性好，但是磁场设置的成本高。纵向磁场则是在炉体外围设置螺线管，产生中心磁力线垂直于水平面，此时径向的熔体对流受到抑制，但是单晶硅的氧浓度高。为了克服上述两种磁场的弱点，发展出非均匀性磁场技术，其中"钩形"磁场应用为最广泛。该磁场是由两组与晶体同轴的平行线超导线圈组成，在两组线圈中分别通入相反的电流，从而在单晶硅生长炉产生"钩形"对称磁场。

MCZ法产生的磁致黏滞性控制了流体的运动,大大地减少了机械振动等原因造成的熔硅液面的抖动,也减少了熔体的温度波动。通过磁场控制熔硅与石英坩埚壁的反应速率,可以达到控制含氧量的目的。与常规CZ单晶相比,MCZ法制备的单晶最低氧浓度可降低一个数量级,有效地减少或消除杂质的微分凝效应,使各种杂质分布均匀,减少生长条纹,减少了由氧引起的各种缺陷。由于含氧量可控,晶体的屈服强度可控制在某一范围内,减小了硅片的翘曲度。硼等杂质沾污少,可使直拉硅单晶的电阻率得到大幅度的提高。氧分布均匀,满足了大规模集成电路和超大规模集成电路的要求。

磁控单晶硅的生长速度可以达到普通单晶硅的2倍,但是成本过高,因此主要应用在超大规模集成电路用大直径单晶硅的生产,在太阳能电池用小直径单晶硅的制备上基本不用。

3.3.2 连续直拉生长技术

为了提高生产率,节约石英坩埚,发展了连续直拉生长技术,主要是重新装料和连续加料两种技术。

(1) 重新装料直拉生长技术

通常,直拉单晶硅收尾后脱离液面完成晶体生长,晶体需要继续保留在炉内等到温度降低到室温后才打开炉膛,将单晶硅取出。留在坩埚内的熔硅冷却后,由于热胀冷缩导致石英坩埚的破裂,需要更换破裂的坩埚。同时需要清扫炉膛,然后重新装料。这个过程中需要较多的时间,而且更换高纯石英坩埚也增加了生产成本,所以重装料直拉单晶硅生长技术得到了发展。

所谓重新装料直拉生长技术指的是在收尾完成、取出单晶后将一根多晶硅原料棒通过籽晶杆吊入主炉室,然后升温熔化多晶硅原料棒,以补充拉制单晶损耗掉的原料。熔融完毕后,吊入籽晶,进行第二次单晶拉制过程。这一过程省去了多晶硅冷却和进、排气的时间,可以节约生产时间,降低成本。坩埚始终处于主炉室热场中,没有经过加热冷却,不会出现破裂,可重复使用。但是多晶硅棒和石英坩埚的腐蚀会引入杂质,特别是氧杂质浓度偏高。

(2) 连续加料直拉生长技术

在直拉单晶硅生长时,如果在熔硅中不断加入多晶硅和所需的掺杂剂,使得熔硅的液面基本保持不变,晶体硅生长的热场条件也就几乎保持不变,这样晶体硅就可以连续的生长。当一根单晶硅生长完成后,移出炉外,装上另一根籽晶,可以进行新单晶硅的生长。连续加料直拉硅单晶生长的技术包括连续固态加料、连续液态加料和双坩埚液态加料。

连续固态加料利用颗粒多晶硅,在晶体生长时直接加入熔硅中。连续液态加料晶体生长设备分为熔料炉和生长炉两个部分,熔料炉专门熔化多晶硅,可以连续加料,生长炉专门生长晶体,两炉之间有输送管,通过熔料炉和生长炉的不同压力来控制熔料炉中熔硅源源不断地输入到生长炉中,并保持生长炉中熔硅液面高度不变。双坩埚液态加料在外坩埚中放置一个底部有洞的内坩埚,两者保持相通,其中内坩埚专门用于晶体生长,外坩埚则源源不断地加入多晶硅原料,使得内坩埚的液面始终保持不变,

从晶体生长看,连续加料直拉生长技术可以节约时间、节约坩埚,还可保持整个生长过程中熔体的体积恒定,利于晶体生长。但是,晶体生长设备的复杂度大大增加,设备的成本增加。

3.3.3 液体覆盖直拉技术

液体覆盖直拉技术可以制备多种含有挥发性组元的化合物半导体单晶。主要原理是用一种惰性液体覆盖被拉制材料的熔体,在晶体生长室内充入惰性气体,使其压力大于熔体的分

解压力，以抑制熔体中挥发性组元的蒸发损失，这样就可按通常的直拉技术进行单晶生长。这种技术主要用于具有易挥发组分的单晶拉制，例如 GaAs 单晶，由于 As 的易挥发性，需要采用黏稠、透明的 B_2O_3 对熔体表面进行液封，抑制 As 组元的挥发损失。硅不易挥发，一般不采用此种技术。

3.4 直拉单晶硅的掺杂

3.4.1 杂质分布规律

熔体从一端开始凝固，逐步向前推移，直到所有的熔体凝固完毕，这就是定向凝固，也叫顺序凝固或者自然凝固。单晶硅、铸锭多晶硅、区熔单晶硅都属于定向凝固。定向凝固后，杂质沿晶锭的分布规律可表示为：

$$C_x = K_{eff} C_0 (1-G)^{K_{eff}-1} \qquad (3-9)$$

式中，C_x 为顺着凝固方向上距离为 x 处的断面上的杂质浓度；K_{eff} 是有效分凝系数；C_0 为熔体中原始杂质的浓度；$G=x/L$，表示长度分数；x 是生长界面在凝固方向上的距离。

假设某一直拉单晶硅晶体长度为 L，如图 3-36 所示，图中实线为已经完成结晶的部分，虚线表示尚未完成的晶体部分。该晶体掺磷，即 $k_0 = 0.35 < 1$。假设原始浓度 $C_0 = 1$，作杂质浓度与生长界面位置的图，可以得到一条指数曲线，头部杂质浓度低、尾部杂质浓度高，相应的电阻率也是头部高、尾部低。整支单晶从头到尾有 80% 的长度杂质浓度低于 C_0，即分凝效果显著。不同杂质分凝系数不同、掺杂量 C_0 不同，则浓度指数曲线 C_x 也不一样。

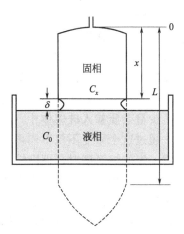

图 3-36　直拉单晶硅定向凝固示意

3.4.2 掺杂量计算

在半导体材料硅中，掺入痕量的非硅元素、合金或化合物，获得预定的电学特性的过程，就叫掺杂。为了获得预定的导电型号和电阻率而痕量掺入半导体中的物质，称为"掺杂剂"，通常为元素周期表中的Ⅱ、Ⅲ族或Ⅴ、Ⅵ族中的某一种化学元素。直拉单晶硅为超纯材料，在实际应用中需要有意掺入一定量的掺杂剂。加入的杂质元素决定了被掺杂半导体的导电类型、电阻率、少子寿命等电学性能。掺杂元素的选择必须以掺杂过程方便为准，又能获得良好的电学性能和良好晶体完整性。

3.4.2.1 掺杂元素的选择

掺杂元素多种多样，一般要根据导电类型和电阻率、固熔度、分凝系数、扩散系数、蒸发常数等进行选择。

（1）根据导电类型和电阻率的要求选择掺杂元素

将硅材料提纯到本征态的时候，它的电阻率达到 $3 \times 10^5 \Omega \cdot cm$ 以上，几乎是不导电的。但是硅对热、光、磁的作用很敏感，它的电阻率会迅速降低，载流子浓度迅速增多，人们利用这个特点制作成电子元件。由于制作器件的不同，要求直拉单晶硅的技术参数也不同，导电型号是其中之一。

在化学元素周期表中，硅处于原子序数 14 号位，属于Ⅳ族元素，外层价电子数为 4 个，与其他元素化合时特征价态为 4 价。当在硅中加入Ⅴ族元素后，该原子会替代硅原子，并贡献出 4 个价电子与周围的硅原子形成共价键结合，剩余的 1 个价电子成为自由电子，参加导电，称为电子导电，这种材料称为 N 型半导体。当在硅中加入Ⅲ族元素后，该原子会替代硅原子并贡献出 3 个价电子与周围的硅原子形成共价键，因为少了 1 个价电子，产生 1 个硅的悬挂键，形成一个带正电的空穴。邻近的电子过来填补这个空穴，又在邻近处形成一个新的空穴，相当于空穴在运动，参与导电，称为空穴导电，这种材料称为 P 型半导体。因为Ⅴ族元素可以贡献出 1 个电子参与导电，所以称这种杂质为"施主杂质"，也称为 N 型杂质。同理，Ⅲ族元素要接受 1 个电子才能参与导电，所以称这种杂质为"受主杂质"，也称为 P 型杂质。

制备 N 型硅单晶，必须选择Ⅴ族元素（如 P、As、Sb、Bi）；制备 P 型硅单晶必须选择Ⅲ族元素（如 B、Al、Ga、In、Ti）。杂质元素在硅晶体中含量的多少决定了硅单晶的电阻率。电阻率不仅与杂质浓度有关，而且与载流子的迁移率有关。当杂质浓度较大时，杂质对载流子的散射作用，可使载流子的迁移率大大降低，从而影响材料的导电能力。在生产工艺上按电阻率的高低分档，掺杂可以分为轻掺杂、中掺杂和重掺杂三档。轻掺杂适用于大功率整流级单晶；中掺杂适用于晶体管级单晶；重掺杂则适用于外延衬底级单晶。

（2）根据杂质元素在硅中熔解度选择掺杂元素

少量杂质掺入硅熔体中，会熔解在熔体内且扩散到整个熔体，但是掺杂量有一定的限度，超过这个限度不仅不能再熔解了，也无法生长成硅单晶。同理，当硅单晶中的某种杂质超过一定的熔解度时，即固熔度，也会产生杂质析出而破坏单晶生长。各种杂质元素在硅、锗中固熔度相差较大。采用大熔解度的杂质可以达到重掺杂的目的，不会使杂质元素在晶体中析出影响晶体性能。一般来讲，非硅杂质的原子半径和硅原子相比，相差越大，固熔度越小；外层电子数相差越大，固熔度越小。在生长单晶硅时，允许掺入的最大杂质量称为掺杂极限。

（3）根据杂质元素在硅中分凝系数选择掺杂元素

分凝系数小的杂质元素，在熔体生长晶体时难从熔体进入晶体，因此要使用 K_0 小的杂质进行重掺杂是不合适的。所以根据分凝系数来选择掺杂元素是很重要的条件之一。表 3-10 列出一些杂质元素在硅和锗中的平衡分凝系数值，从中可以看出，硼在硅中的 K_0 为 0.9，说明用分凝效应提纯不容易除去硅中的杂质硼；在锗中为 20，说明结晶时，大量的杂质硼进入固相锗，反而将液相锗提纯了，其他杂质不管在硅中还是在锗中都是 $K_0 < 1$，甚至远小于 1。

对于 P 型掺杂，由于 Al、Ga 和 In 在硅中的分凝系数很小，难以得到所需的晶体电阻率，所以很少作为单晶硅的 P 型掺杂剂。而 B 在硅中的分凝系数为 0.8，且它的熔点和沸点都高于硅，在熔硅中很难蒸发，是直拉单晶硅中最常用的 P 型掺杂剂。

对于 N 型掺杂，P、As 和 Sb 在硅中的分凝系数较大，都可以作为掺杂剂，各有优势，应用于不同的场合。P 是直拉单晶硅中最常见的 N 型半导体掺杂剂，重掺杂 N 型单晶硅常用 As 和 Sb 作为掺杂剂。相对而言，As 的分凝系数比 Sb 大，原子半径接近硅原子，掺入后不会引起晶格失配，是比较理想的 N 型掺杂剂。但是 As 及其化合物都有毒，会对人体和环境造成污染。

（4）根据杂质元素在硅中扩散系数选择掺杂元素

所谓扩散就是杂质原子、分子在气体、液体或固体中进行迁移的过程，一般是从杂质

光伏硅晶体材料的制备、表征及应用技术

表 3-10　杂质元素在硅、锗中的 K_0 值

元素	K_0		元素	K_0	
	在 Si 中	在 Ge 中		在 Si 中	在 Ge 中
硼	0.9	约 20	锌	约 1×10^{-5}	4×10^{-4}
铝	2×10^{-3}	0.073	铜	4×10^{-4}	1.5×10^{-5}
镓	8×10^{-5}	0.087	银	—	4×10^{-7}
铟	5×10^{-4}	0.001	金	2.5×10^{-5}	1.3×10^{-5}
钛	—	4×10^{-5}	镍	2.5×10^{-5}	3×10^{-6}
磷	0.35	0.08	钴	8×10^{-6}	10^{-6}
砷	0.3	0.02	钽	10^{-7}	5×10^{-5}
锑	0.04	0.003	铁	1.5×10^{-4}	3×10^{-5}
铋	7×10^{-4}	4×10^{-5}	氧	$0.5\sim1.0$	—
锡	0.02	0.02	碳	0.07	
钙	1×10^{-3}	—	锰	10^{-5}	—

浓度高的地方向浓度低的地方迁移。在气体中迁移快，液体中次之，固体中最慢。当杂质进入硅熔液之后，会扩散到整个熔体内，这是杂质的扩散效应。在制作器件的过程中，往往要向芯片中扩磷、扩硼或者其他杂质，就要关注杂质的扩散效应。

考虑到整个半导体器件的热稳定性和半导体器件制造工艺，特别是高温工艺如扩散、外延等，要求硅单晶中掺杂元素的扩散系数要小一些。否则高温扩散制作器件时，衬底的杂质同时会以反扩散方式进入外延层中，影响杂质的再分布，对器件电性能不利。

设在 z 方向上单位长度 Δx 内的杂质浓度变化为 ΔC，那么当 $\Delta x \to 0$ 时，浓度梯度可以用 dC/dx 来表示，那么在单位时间内，在垂直于 z 方向上的单位面积中，扩散杂质的原子数 J 可以表示为：

$$J = -D\frac{dC}{dx} \tag{3-10}$$

式中，D 为扩散系数，cm^2/s；"—"表示扩散的方向与杂质浓度增加的方向相反。扩散系数是温度的函数，随着温度上升呈指数增加。在硅中，属于快扩散杂质元素的有 H、Li、Na、Cu、Fe、K、Au、He、Ag、S；属于慢扩散杂质元素的有 Al、P、B、Ga、Ti、Sb、As、Bi 等，可根据不同需要进行选取。

（5）根据杂质元素的蒸发常数选择掺杂元素

由于单晶制备有时在真空条件下进行，在晶体生长过程中气液相之间处于非平衡态，杂质的挥发变得更为容易。杂质元素的挥发往往会造成熔体中杂质量的变化，这是掺杂过程中应加以考虑的因素。常以蒸发的速度常数和时间常数来描述蒸发效应。由于掺入的杂质量往往很少，可以认为杂质蒸发符合理想气体规律。在一定温度下，在杂质的平衡蒸发条件下，根据气体分子运动论，可以推算出单位时间内，某杂质从熔体单位面积上蒸发出来的原子数与熔体中杂质浓度之比，并用 E_v 来表示，称为杂质的蒸发速度常数。在一定温度和真空条件下，单位时间内从熔体中蒸发出的杂质数量 N 与熔体表面积 A 以及熔体中的杂质浓度 C_L 成正比，当浓度较低时上述参量间的关系可表示为：

$$N = EAC_L \tag{3-11}$$

式中，A 为熔体蒸发表面积；C_L 为熔体中杂质浓度；E 为杂质蒸发速度常数，cm/s。

E 的数值越大，说明该杂质越容易蒸发，反之亦然。熔硅中的杂质锑、砷、铟、镓最容易蒸发；而硼、铜、铁则最难以蒸发。

熔体中的杂质浓度 C 会由于不断蒸发而随着时间 t 的加长而逐渐下降，同时，如果单位重量熔体所铺开的表面积 A/W 越大，蒸发越快，浓度下降就快些。所以，杂质浓度随着时间的变化率 dC/dt 为下面的形式：

$$dC/dt \propto -CA/W \tag{3-12}$$

同时它应该和杂质蒸发速度常数成正比，于是等式变为

$$dC/dt \propto -ECA/W$$

由此求得

$$C = C_0 e^{-E\frac{A}{W}} \tag{3-13}$$

式中，C_0 为某种杂质的初始浓度；C 为某种杂质在经过时刻 t 后的浓度。也就是说，当熔体的蒸发时间恰好等于 W/AE 时，这种杂质在熔体中的浓度恰好只有初始浓度的 $1/e$，即 $1/2.72$（约为 $1/3$）。将这个时间称为杂质的蒸发时间常数，并用 E_t 来表示，即 $E_t = W/AE$。显然，蒸发时间随杂质种类、熔体质量、蒸发面积的不同而有所变化。以区熔硅棒为例，一些杂质在特定条件下的蒸发时间常数各不相同。锑蒸发得最快，降到初始浓度的 $1/e$ 只需要 0.2min，砷和铟需要 3min，镓需要 12min。这些杂质掺入硅熔体中要采取一些特殊措施来保证合格的电阻率，利用蒸发去除这些杂质比较容易。然而像铁需要 10h，硼需要 50h，难以用蒸发效应去除掉，此时杂质的分凝效应就显得很重要。

掺杂元素的选择除上述因素外，还要考虑掺杂元素原子半径的影响。杂质元素的原子半径与硅原子半径之差是影响晶体完整性的重要因素之一，应尽量选用与硅、锗原子半径相似的杂质元素作为掺杂剂。

3.4.2.2　掺杂方式及掺杂量的计算

因为不同的杂质，有不同的蒸发系数、扩散系数和分凝系数，不同的工艺，如直拉法、区熔法、定向凝固法等，所掺杂的方式方法不一样，掺入杂质的量也应考虑诸多因素，包括原材料中的杂质含量、杂质的分凝效应、杂质在真空中的蒸发效应、在生长过程中坩埚或系统内杂质的污染等。考虑了以上影响因素后才能正确计算加入单晶内的杂质量。然而，这些影响因素的大小是随材料的生长工艺而变动的，必须针对具体问题具体分析。

（1）纯元素掺杂

在生长 $10^{-2} \sim 10^{-4}\,\Omega \cdot cm$ 重掺单晶时，可以采用纯元素掺杂，如高纯锑、高纯磷、高纯 P_2O_5、高纯硼或高纯 B_2O_3。在装入多晶硅料前将纯元素直接放入坩埚里，这时多晶中的原始杂质浓度、蒸发效应可不考虑，只考虑分凝效应，如果原材料较纯，则材料的电阻率 ρ 与杂质浓度 C_S 有如下关系

$$\rho = \frac{1}{C_S q \mu} \tag{3-14}$$

式中，μ 为电子或空穴迁移率；q 为电子电荷。对于拉出单晶的某一位置 g 的电阻率和熔体的杂质浓度 C_0 有如下关系：

$$\rho = \frac{1}{q \mu C_0 (1-g)^{-(1-K)}} \tag{3-15}$$

表示了电阻率沿晶锭长度方向之变化。由于高纯原材料本身的杂质相对于掺入的杂质量可以忽略不计；又假定杂质并不蒸发，在生长过程中也没有污染，则：

$$M = \frac{WAC_0}{dN_0} = \frac{1}{q\,\mu\,\rho\,(1-g)^{-(1-K)}} \tag{3-16}$$

式中，W 为装料量，即多晶硅重量，g；d 是硅的相对密度，g/cm³；K 为杂质的分凝系数；M 是掺杂元素重量，g；A 为掺杂元素原子量；N_0 是阿伏伽德罗常数。

通过控制掺杂剂的浓度，可以控制单晶硅的电阻率和载流子浓度，因此计算掺杂量也可以用化学元素周期表和硅中杂质浓度和电阻率的关系。硅中杂质浓度和电阻率的关系如图 3-37 所示，是根据硅中掺入杂质磷和硼而建立的，适用于掺杂剂浓度 $10^{12} \sim 10^{21}$ cm⁻³（电阻率 $0.0001 \sim 10000\Omega \cdot$ cm）掺硼硅单晶和 $10^{12} \sim 5 \times 10^{20}$ cm⁻³（电阻率 $0.0002 \sim 4000\Omega \cdot$ cm）掺磷硅单晶。图中换算基本数据的试样都假定是非补偿的，对于明显补偿的试样这一换算不适用。对于硼或磷之外的掺杂硅单晶，在浓度小于 10^{17} cm⁻³ 的掺杂范围内换算预期有足够的准确性，超过这个范围换算会存在较大差异。

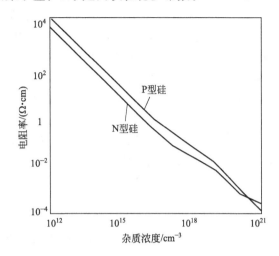

图 3-37　硅中杂质浓度和电阻率的关系

直拉法拉制硅单晶的气氛有正压氩气、减压氩气和真空三种。在不同的气氛下，掺杂剂的蒸发情况不同。在实际生产中，掺杂剂在硅熔体中的蒸发会直接影响直拉单晶硅的掺杂浓度。由于多晶硅的熔化和直拉单晶硅的晶体生长都需要一定时间，随着多晶硅的熔化和晶体生长的进行，蒸发系数大的杂质会不断地从硅熔体的表面蒸发，导致硅熔体中的相关杂质的浓度不断降低，此时实际单晶硅中的杂质浓度要低于计算值。

在直拉单晶硅中的掺杂量还受原料和石英坩埚质量的影响，特别是太阳能电池用直拉单晶硅，常常使用微电子工业用单晶硅的头尾料，其本身就已经掺杂，这些原料中的杂质浓度会对直拉单晶硅的最终掺杂有影响。

（2）母合金掺杂

在生长大于 $0.1\Omega \cdot$ cm 的轻掺杂硅单晶时，若用纯元素掺杂，因为用量小，天平称量会有较大误差，所以将纯元素掺入硅熔体中生长成重掺级硅单晶用来作为母合金掺杂。这样用量虽大，但掺入的杂质元素却少，误差也小。母合金可以是单晶或多晶，通常在单晶炉内掺杂拉制，测量单晶电阻率后，将电阻率曲线较平直部分依次切成 $0.35 \sim 0.40$mm 厚的片，再测其电阻率，由图 3-37 中查出相应的杂质浓度，作为掺杂量计算时的依据。清洗后编组包装顺次使用。母合金中杂质的含量用母合金浓度表示，其大小可通过试拉单晶头部电阻率求出，计算公式如下：

$$(W+M)C_x = K_0 M C_m$$

即

$$M = W\frac{C_x}{K_0 C_m - C_x} \tag{3-17}$$

式中，W 为多晶硅重量，g；M 为掺杂量，g；C_x 为硅单晶头部的杂质浓度，可以由电阻率-杂质浓度曲线查得；C_m 为母合金杂质浓度。

对直拉单晶计算掺杂量是容易的，但实际结果和目标电阻率会有差异。在不同的气氛下，掺杂剂的蒸发情况不同。实际生产中，掺杂剂在硅熔体中的蒸发会直接影响直拉单晶硅的掺杂浓度。此外，由于多晶硅、坩埚来源不同，各批料的质量波动较大，由拉晶系统引入的沾污也不相同，误差很大。实际单晶硅中的杂质浓度要低于计算值。也就是说，除了没有使用有效分凝系数 K_{eff} 外，还有很多工艺因素无法计算，需要对掺杂量进行修正。

以真空下拉制 N 型中、高阻单晶掺杂量估算为例，其掺杂量确定步骤如下。

① 进行空白试验，测母合金电阻率，根据电阻率-杂质浓度曲线确定载流子浓度 $N = C_{S1}$，此时的 C_S 是多晶硅料、坩埚和系统等引入的沾污共同影响数值。确定熔体中来源于原料和坩埚的杂质浓度 $C_{L1} = C_{S1}/K$。

② 用同样的方法求对应于所要求电阻率的试拉单晶硅的杂质浓度 C_{S2}，理论上熔体中的杂质浓度 $C_{L2} = C_{S2}/K$。

③ 求熔体中实际杂质浓度 C_L。试拉单晶与母合金同型号时，$C_L = C_{L2} - C_{L1}$；试拉单晶与母合金不同型号时，$C_L = C_{L2} + C_{L1}$。

④ 考虑杂质的蒸发作用，最初加入杂质后熔硅内的杂质浓度应为

$$C_{L0} = C_L \exp\left(-\frac{EA}{V}t\right) \tag{3-18}$$

式中，E 为蒸发系数，cm/s；A 为熔体蒸发表面积，cm^2；V 为熔硅体积，cm^3；t 为拉晶时间，s。

⑤ 最后确定需要加入母合金的质量：

$$M = WC_{L0}/C_m \tag{3-19}$$

从图 3-37 中可以看出，当目标电阻率上下相差不大时，每条曲线近乎呈正比例上升，所以在装料量不变时，掺杂量与电阻率成反比，可用下式进行修正，既简单又适用。

$$\frac{M_1}{M_2} = \frac{\rho_1}{\rho_2} \qquad M_2 = M_1\frac{\rho_1}{\rho_2} \tag{3-20}$$

式中，M_1 和 M_2 分别为修正前和修正后的掺杂量；ρ_1 和 ρ_2 分别为修正前和修正后的目标电阻率。母合金浓度不变，要求的目标电阻率不变，那么不同的装料量和需要的掺杂量成正比：

$$\frac{W_A}{W_B} = \frac{M_A}{M_B} \tag{3-21}$$

式中，W_A 和 W_B 分别为 A 炉和 B 炉的装料量；M_A 和 M_B 分别为 A 炉和 B 炉的掺杂量。在装料量不变、目标电阻率不变，仅仅改变了母合金浓度时，掺杂量和浓度成反比：

$$\frac{M_a}{M_b} = \frac{C_b}{C_a} \tag{3-22}$$

式中，M_a 和 M_b 为改变母合金浓度前和改变母合金浓度后的掺杂量；C_a 和 C_b 是原来用的母合金和新启用母合金的浓度。如果用料很杂，可以分开计算。实际操作中可以在拉晶时先拉一段小单晶，提高到副室取出后送检测，再酌情进行修正。电阻率低了可以加料，高了可以补掺。

习　题

1. 名词解释：母合金、坩位、随动比、断棱、温度补偿、蒸发系数、磁控生长技术。
2. 石英坩埚在使用之前需要进行哪些处理以便用于直拉单晶硅？

3. 简述直拉单晶硅的晶体生长过程并说明哪些步骤可以消除或减少位错。

4. 直拉单晶硅生产过程中如何判断引晶温度？

5. 直拉单晶硅生产过程中，如何观察其晶体直径并对其进行控制？

6. 等径过程中有可能产生位错，如何判断是否产生位错，其产生的可能原因有哪些？

7. 假设石英坩埚内径为 450mm，要拉制直径 350mm 的直拉单晶硅，某段晶体拉速设定为 2.0mm/min 时，坩埚的随动比应该为多少？

8. 现拉制 N 型硅单晶，要求拉出在 $g=1/3$ 处、$\rho=2\Omega \cdot cm$ 的硅单晶 100g，所用原材料是区熔提纯的高纯硅，问需要掺入杂质磷的质量为多少？（已知磷在硅中的分凝系数 $k=0.36$，电子迁移率为 $4000cm^2/V \cdot s$）。

第二部分　铸造多晶硅

　　熔融的单质硅在过冷条件下凝固时，硅原子以金刚石晶格形态排列成许多晶核，如果这些晶核长成晶面取向不同的晶粒，结合起来就形成多晶硅。与单晶硅相比，多晶硅的材料利用率高、能耗小、制备成本低，且其晶体生长简便，易于大尺寸生长。但是，多晶硅含有晶界、高密度的位错、微缺陷和相对较高的杂质浓度，其晶体的质量明显低于单晶硅，从而降低了太阳能电池的光电转换效率。本部分阐述了定向凝固理论，介绍了多晶硅铸锭的工艺、设备及其杂质和缺陷。

第4章　多晶硅铸锭基础理论

4.1　定向凝固生长原理

定向凝固成形技术是伴随高温合金的发展而逐渐发展起来的，是在凝固过程中采用强制手段，在固态和未凝固熔体中建立起特定方向的温度梯度，使熔体沿着与热流相反的方向凝固，以获得具有特定取向柱状晶的技术。定向凝固的热流是单向的，很好地控制了凝固组织的晶粒取向，消除横向晶界，其性能是各向异性、晶间杂质少、组织致密，所得到的材料综合性能提高很多，有利于定向凝固技术的广泛应用。

定向凝固理论的研究主要涉及定向凝固中固-液界面形态及其稳定性，固-液界面处相变热力学、动力学，定向凝固过程晶体生长行为以及微观组织的演绎等，包括成分过冷理论、界面稳定动力学理论、线性扰动理论、非线性扰动理论等。下面主要介绍常用的成分过冷理论和界面稳定动力学理论。

4.1.1　成分过冷理论

成分过冷理论是 Chalmers 等人针对单相二元合金凝固过程中界面成分的变化提出的，随着工业的发展及新材料的产生，这一理论也逐渐被应用于硅晶体、激光晶体、红外晶体等人工功能晶体的定向凝固过程。

图 4-1(a) 为合金固液两相相图。合金冷却时，由于溶质在固相和液相中的分凝系数不同，溶质原子随着凝固的进行被排挤到液相中，在固-液界面液相的一侧堆积溶质原子，形成富集层。从图 4-1(b) 可以看出，随着离开固-液界面距离的增大，溶质浓度逐渐降低。图 4-1(c) 为无成分过冷条件下的实际温度 T_a 和平衡凝固温度 T_L 分布情况。由图可以看出，如果沿距离各点的实际温度都高于平衡液相线温度，即便固-液平界面上由于不稳定因素而鼓出固相，也会由于过热的环境将其熔化继续保持平面界面。反之，如果实际温度低于平衡液相线温度，如图 4-1(d) 所示，会变成过冷的情况，这种过冷是由于成分变化引起的，称为成分过冷，和单纯由于温度引起的过冷有所区别。从图 4-1(d) 可以看出，在实际温度低于平衡液相线温度的区域称为成分过冷区。此时在平界面上由于不稳定因素形成固相突起后，因处于过冷环境，不可能发生熔化，破坏了平面界面。

讨论单向凝固过程中溶质在液相中的分布时，如果只考虑液相中溶质扩散的情况下，溶质在液相中的浓度随时间变化包括扩散引起的变化和固-液界面推进引起的变化两项，稳态

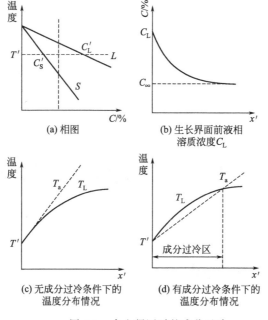

(a) 相图　　　　　　　(b) 生长界面前液相
　　　　　　　　　　　　　溶质浓度 C_L

(c) 无成分过冷条件下的　　(d) 有成分过冷条件下的
　　温度分布情况　　　　　　温度分布情况

图 4-1　合金凝固时的成分过冷

C'_S—温度 T' 下的平衡固相的溶质质量分数；C'_L—温度 T' 下的平衡液相的溶质质量分数

下根据边界条件推导固-液界面前沿液相中的溶质分布，可以得到公式：

$$C_L = C_0 \left[1 + \frac{1-K}{K} \exp\left(-\frac{v}{D_L} x \right) \right] \tag{4-1}$$

式中，C_L 为液相溶质浓度；C_0 为合金成分；K 为溶质分配系数；v 为生长速率，即界面推进速度；D_L 为溶质液相扩散系数；x 为距离固-液界面的位置。

由式（4-1）对距离 x 求导可得固-液界面一侧液相中的溶质原子浓度梯度：

$$\left(\frac{dC_L}{dx} \right)_{x=0} = -\frac{v}{D_L} C_0 (1-K) \tag{4-2}$$

当平界面处于平衡时：

$$\left(\frac{dT_L}{dx} \right)_{x=0} = m_L \left(\frac{dC_L}{dx} \right)_{x=0} \tag{4-3}$$

式中，T_L 为合金的液相线温度；m_L 为合金的液相线斜率。如果没有过冷，界面液相中的实际温度梯度 $G_{TL} \geqslant (dT_L/dx)_{x=0}$，即

$$G_{TL} \geqslant \left(\frac{dT_L}{dx} \right)_{x=0} \tag{4-4}$$

将式（4-2）和式（4-3）代入式（4-4），得

$$\frac{G_{TL}}{v} \geqslant \frac{m_L C_0 (1-K)}{D_L} \tag{4-5}$$

因为在固-液界面处液相中总是有一层液体不受对流影响，所以不管存不存在对流式（4-5）都适用。

多元系的单相合金像二元合金一样，只要温度梯度足够高，凝固速率足够小，就可以平界面凝固。Coates 等人在忽略溶质元素相互作用对各自扩散系数影响的条件下，推导出如下平界面稳定性判据：

光伏硅晶体材料的制备、表征及应用技术

$$\frac{G_{TL}}{v} \geqslant \frac{m_{Lm}C_{Lm}(1-K_m)}{K_m D_{mm}} - \frac{m_{Ln}C_{Ln}(1-K_n)}{K_n D_{nn}} \qquad (4-6)$$

式中，C_{Lm} 和 C_{Ln} 分别为组元 m 和 n 的液相溶质浓度；m_{Lm} 为 C_{Lm} 固定后的液相面斜率；m_{Ln} 为 C_{Ln} 固定后的液相面斜率；D_{mm} 为组元 m 溶质原子在液相中的自扩散系数；D_{nn} 为组元 n 溶质原子在液相中的自扩散系数；K_m 和 K_n 分别为组元 m 和 n 的平衡溶质分配系数。

对单相多元合金，通用式为

$$\frac{G_{TL}}{v} \geqslant - \sum_{i=1}^{n} \frac{m_{Li}C_{0i}(1-K_i)}{K_i D_{Li}} \qquad (4-7)$$

式中，m_{Li} 为组元 i 的液相线斜率；C_{0i} 为组元 i 的原始溶质质量分数；D_{Li} 为组元 i 的液相扩散系数；K_i 为组元 i 的溶质分配系数。如果液相面和固相面不是平面，K_m、K_n、m_{Lm} 和 m_{Ln} 都不是常数，计算就复杂了。温度梯度 G_{TL} 恒定时随着生长速度 v 的增加，平面的固-液界面变得不稳定。当 G/v 比值略低于 $m_L C'_L(1-K)/KD_L$ 时，将以胞状晶形式生长。随着 G/v 比值的进一步降低，则逐步转变为胞状枝晶，直至转变为发达的树枝晶。

成分过冷理论能成功地判定无偏析特征的平面凝固条件，避免胞晶或枝晶的生成。但是成分过冷理论只考虑了温度梯度和浓度梯度因素对界面稳定性的影响，没有考虑晶体生长过程中运动着的界面出现干扰的情况，而事实上干扰是不可避免的，例如非平面界面的表面张力、凝固时的结晶潜热及固相中温度梯度等。针对成分过冷理论存在的这一问题，Mullins 和 Sekerka 在 1964 年提出了界面稳定性动力学理论。

4.1.2 界面稳定性动力学理论（MS 理论）

界面稳定性动力学理论研究温度场和浓度场的干扰行为、干扰振幅和时间的依赖关系以及它们对界面稳定性的影响，总结出平界面绝对稳定性判据。

界面上出现任何周期性的干扰都可以考虑为正弦干扰。界面的稳定性取决于正弦波的振幅随时间的变化率。热量和溶质沿界面的扩散使温度和浓度分布趋于均匀，不利于固-液界面稳定。界面上出现的干扰会影响邻近的热量和溶质的扩散。一方面，干扰波长较大时，由于溶质界面的长程扩散不足，造成浓度分布不均匀，会使界面趋于稳定；另一方面，固-液界面出现的几何干扰又会通过界面能来影响界面的稳定性，干扰波长增大，频率减小，界面能将造成界面不稳定。因此，沿界面的扩散效应及界面能效应是对界面稳定性产生影响的互为矛盾的两个因素。

如果把固-液界面放在三维坐标上，设 z 指向液相而垂直于固-液界面，x 方向与固-液界面平行。在未受干扰的情况下，界面为等速运动的平面，在运动坐标系中其界面方程为 $z = 0$。在遭到正弦式几何干扰后，干扰的几何形状即界面方程为：

$$z = \varphi(t, x) = \delta(t) \sin(\omega x) \qquad (4-8)$$

式中，$\delta(t)$ 为正弦波的振幅；ω 为振动频率。设 $\dot{\delta} = \mathrm{d}\delta/\mathrm{d}t$，则振幅随时间的变化率为 $\dot{\delta}/\delta$。计算 $\dot{\delta}/\delta$ 的数值是一项繁杂的工作，这里不说明计算过程，仅介绍计算依据及其结论。

首先，温度场和溶质的扩散必须满足以下三个假设条件。

(1) 系统处于稳定状态，没有对流且固-液界面向前推进的速度 v 是一个常数，即

$$\nabla^2 C_L + \left(\frac{v}{D_L}\right)\left(\frac{\partial C_L}{\partial z}\right) = 0 \qquad \nabla^2 T_L + \left(\frac{v}{a_L}\right)\left(\frac{\partial T_L}{\partial z}\right) = 0 \qquad \nabla^2 T_S + \left(\frac{v}{a_S}\right)\left(\frac{\partial T_S}{\partial z}\right) = 0$$

式中，v 是界面向前推进的速度，为常数；T_L 和 T_S 分别是液相和固相中的温度；D_L 是溶质在液相中的扩散系数；$a_L = \lambda_L / c_L$ 是液体的热扩散率，$a_S = \lambda_S / c_S$ 是固体的热扩散率；λ_S 和 λ_L 分别是固体和液体的热导率；c_S 和 c_L 分别为单位体积液体和单位体积固体的比热容；C_L 是溶质在液体中的浓度。

（2）在距离固液界面几个波长的地方直至无穷远处，C_L、T_L、T_S 的情况与未产生波动的情况（$\delta = 0$）一样。

（3）固-液界面处必须满足以下两个边界条件。

① 固-液界面的温度应为：

$$T_i = mC_i + T_N$$

式中，m 为相图中液相线的斜率；C_i 为界面处的液相成分；T_N 为考虑了界面曲率作用的纯金属熔点。

$$T_N = T_m - T_m \Gamma k = T_m - T_m \Gamma \delta \omega^2 \sin(\omega x), \quad k = \delta \omega^2 \sin(\omega x)$$

式中，T_m 是纯金属在固-液界面为平面时的熔点；$\Gamma = \sigma / H$ 为表面张力常数；σ 为固-液界面的比表面能；H 为单位体积溶剂的结晶潜热；k 为固-液界面上某处的平均曲率，当界面为平面时，$k = 0$。

② 用热流计算的固-液界面推进速度应等于用溶质扩散计算的界面推进速度，即

$$v(x) = \frac{1}{H} \left[\lambda_S \left(\frac{\partial T_S}{\partial z} \right)_i - \lambda_L \left(\frac{\partial T_L}{\partial z} \right)_i \right] = \frac{D_L}{C_i (K_0 - 1)} \left(\frac{\partial C_L}{\partial z} \right)_i \tag{4-9}$$

式中，第一个等号后面为传热部分，包括固相传热和液相传热，第二个等号后面为传质部分。K_0 为溶质平衡分配系数。

通常，界面处的温度 T_i 与浓度 C_i 在考虑到界面具有正弦波形的情况下用式表示：

$$T_i = T_0 + a\delta \sin(\omega x) \qquad C_i = C + b\delta \sin(\omega x)$$

式中，T_0 与 C_0 分别为平界面时的液相温度和浓度。等式右边第二项是由于产生正弦波面进行的修正。a、b 为受界面波动频率、表面张力、浓度梯度、温度梯度等影响的函数，它们分别表示为：

$$a = mb - T_m \Gamma \delta \omega^2$$

$$b = \frac{2 G_C T_m \Gamma \delta \omega^2 + \omega G_C (g_S + g_L) + G_C [\omega' - (v/D_L)](g_S - g_L)}{2\omega m G_C + (g_S - g_L)[\omega' - (v/D_L)(1 - K_0)]}$$

式中，G_C 为 $\delta = 0$ 时溶质浓度梯度；$g_S = (\lambda_S / \bar{\lambda}) G_S$；$g_L = (\lambda_L / \bar{\lambda}) G_L$；$\bar{\lambda} = (\lambda_S + \lambda_L) / 2$；$G_L$ 为液相中的温度梯度；G_S 为固相中的温度梯度；$\omega' = [v/(2D_L)] + \{[v/(2D_L)]^2 + \omega^2 + P/D_L\}^{1/2}$ 为液相中沿固-液界面溶质的波动频率；$P = \dot{\delta}/\delta$。

根据上述边界条件，可以求出在界面上出现正弦波扰动的情况下，液相及固体中的浓度与温度分布。对它们求导后代入式（4-9），整理后即得：

$$v(x) = \left(\frac{\bar{\lambda}}{H} \right)(g_S + g_L) + \left(\frac{\bar{\lambda}}{H} \right) \times \omega [2a - (g_S + g_L)] \delta \sin(\omega x) \tag{4-10}$$

由式（4-3）可得：

$$v(x) = v_0 + \frac{\mathrm{d}}{\mathrm{d}t}[\delta(t) \sin(\omega x)] = v_0 + \dot{\delta} \sin(\omega x) \tag{4-11}$$

式中，v_0 为不产生正弦波（$\delta = 0$）情况下的界面推进速度，式（4-11）右边第一项和第二项分别对应式（4-10）右边第一项和第二项，因此可得：

光伏硅晶体材料的制备、表征及应用技术

$$\frac{\dot{\delta}}{\delta}=\left(\frac{2\bar{\lambda}}{H}\right)\times\omega\left[\,a-\frac{1}{2}(g_{\text{S}}-g_{\text{L}})\right]$$

将 a 值代入并加以整理后得：

$$\frac{\dot{\delta}}{\delta}=\frac{v\omega}{(g_{\text{S}}-g_{\text{L}})[\omega'-(v/D_{\text{L}})(1-K_0)]+2\omega mG_{\text{C}}}\{-2T_{\text{m}}\Gamma\omega^2[\omega'-(v/D_{\text{L}})(1-K_0)]$$
$$-(g_{\text{S}}+g_{\text{L}})[\omega'-(v/D_{\text{L}})(1-K_0)]+2\omega mG_{\text{C}}[\omega'-(v/D_{\text{L}})]\}\qquad(4\text{-}12)$$

固-液界面的稳定性取决于 $\dot{\delta}/\delta$ 的符号，如果符号为正，波动增长，界面是不稳定的；反之，符号为负，波动衰减，界面是稳定的。式(4-12)中分母的第一项中 $g_{\text{S}}>g_{\text{L}}$；$\omega'-(v/D_{\text{L}})$ $(1-k_0)$ 中 $\omega'>v/D_{\text{L}}$，$(1-k_0)<1$，第二项中溶质浓度梯度 G_{C} 与液相线斜率 m 的正负符号总是相同的，因此分母在任何时候都是正值。$\dot{\delta}/\delta$ 符号的正负就只取决于分子。对式(4-12)的分子进行因式分解将 $2[\omega'-(v/D_{\text{L}})(1-k_0)]$ 这一符号始终为正的公因子去掉，得出界面稳定性动力学理论的判据为：

$$S(\omega)=-T_{\text{m}}\Gamma\omega^2-\frac{1}{2}(g_{\text{S}}+g_{\text{L}})+mG_{\text{C}}\frac{\omega'-(v/D_{\text{L}})}{\omega'-(v/D_{\text{L}})(1-K_0)}\qquad(4\text{-}13)$$

函数 $S(\omega)$ 的正负决定着干扰振幅是增长还是衰减，从而决定着固-液界面的稳定性。由公式可以看出，函数 $S(\omega)$ 由三项组成：第一项是由界面能决定的，因为界面能不可能为负值，所以这一项始终为负值，界面能的增加有利于固-液界面的稳定，界面能趋向于使界面积缩小，而任何频率的干扰总是趋于使界面积增加，所以界面能对界面稳定性总是有贡献的。特别在高频短波长的干扰情况下，界面能的作用更为突出；第二项是由温度梯度决定的，若温度梯度为正，界面稳定；温度梯度为负，界面不稳定，这一点和"成分过冷"准则是一致的；第三项恒为正，表明该项总使界面不稳定。这一项是由 mG_{C} 和一个分式的乘积组成，前者表明固-液界面前沿由于溶质富集（或贫乏）出现了溶质浓度梯度，将使界面不稳定，符合"成分过冷"准则，后者表明溶质沿界面扩散对界面稳定性具有影响。

设想界面上由于干扰而出现了一个小凸起，如果扩散能使凸起前沿多余的溶质和放出的潜热及时排走，分散于整个界面，则凸起将会继续向前发展，造成界面不稳定；反之，沿界面扩散不足，则使界面稳定。要使凸起前沿多余的溶质能沿整个界面分布均匀，就要求溶质的扩散距离基本等于干扰的波长。低频长波可能出现扩散不足，所以会使界面稳定。在不考虑溶质沿固-液界面扩散及界面能的影响时，产生界面稳定性的条件简化为：

$$\frac{1}{2}(g_{\text{S}}+g_{\text{L}})>mG_{\text{C}}\qquad(4\text{-}14)$$

不等式左边：

$$\frac{1}{2}(g_{\text{S}}+g_{\text{L}})=\frac{\lambda_{\text{L}}G_{\text{L}}+\lambda_{\text{S}}G_{\text{S}}}{\lambda_{\text{L}}+\lambda_{\text{S}}}$$

不等式右边在稳定态时：

$$mG_{\text{C}}=m\frac{\text{d}C_{\text{L}}}{\text{d}x}=m\left[\frac{v}{D_{\text{L}}}C_{\text{L}}'(1-K_0)\right]=\frac{mv}{D_{\text{L}}}\cdot\frac{C_0(1-K_0)}{K_0}$$

为此，式(4-14)将变为：

$$\frac{\lambda_{\text{L}}G_{\text{L}}+\lambda_{\text{S}}G_{\text{S}}}{\lambda_{\text{L}}+\lambda_{\text{S}}}>m\frac{v}{D_{\text{L}}}\cdot\frac{C_0(1-K_0)}{K_0}\qquad(4\text{-}15)$$

如果固相和液相的温度梯度相等（$G_{\text{L}}=G_{\text{S}}=G$）、热导率相等（$\lambda_{\text{S}}=\lambda_{\text{L}}$），式(4-15)将完全变成"成分过冷"的判断式。因此，"成分过冷"理论是界面稳定性动力学理论的特殊形式。

MS 理论与成分过冷理论相比扩大了平界面的稳定区，这是由于它考虑到了界面能、结晶潜热及溶质沿固-液界面扩散对平面的稳定做出贡献。但是，在 G/v 值较大时，它却使稳定区稍有缩小，这主要是因为液、固相热导率之差值（$\lambda_L - \lambda_S$）变小及结晶潜热放出速度变小引起的，成分过冷理论没有考虑这种影响。MS 稳定性理论成功地预言了随着生长速度的增加，固-液界面形态经历从平界面→胞晶→树枝晶→胞晶→带状组织→绝对稳定平界面的转变。

MS 理论还隐含着另一种绝对现象，即当温度梯度 G 超过一临界值时，其稳定化效应会完全克服溶质扩散的不稳定化效应，这时无论凝固速度如何，界面总是稳定的，这种绝对稳定性称为高梯度绝对稳定性。但是这种理论只适合低溶质质量分数的情况，并且忽略了凝固速率对溶质分配系数的影响。

4.2 多晶硅的定向凝固

在定向凝固过程中，由于有多个形核点，所以凝固后晶体是由许多晶向不同、尺寸不一的晶粒组成的。在晶粒的相交处，硅原子有规则、周期性的重复排列被打断，出现大量的悬挂键，形成界面态，严重影响太阳能电池的光电转换效率。如果能有效控制铸造多晶硅的晶体生长过程，使晶粒沿着晶体生长的方向呈柱状生长，且晶粒大小均匀，尺寸大于 10mm，就可以有效降低界面的负面影响。通过定向凝固过程能够获得沿生长方向整齐排列的粗大的柱状晶组织，在后续的硅片切片过程中保证晶界和电池表面垂直，使晶界平行于电子流动的方向，可以减少晶界对多晶硅电池转换效率的影响。增大柱状晶尺寸、减少晶界数量也有利于提高转换效率。为了最大限度地提高电池转换效率，需要了解多晶硅的定向凝固特性。

4.2.1 平面凝固技术

纯金属通过定向凝固可以获得平面前沿，即随着凝固进行整个平面向前推进。随着溶质浓度的提高，会由平面前沿转为柱状结晶。对于金属，由于各表面自由能一样，生长的柱状晶取向直、无分叉。但是硅与一般金属不同，其不同晶面自由能不相同，导致表面自由能低的晶面优先生长，特别是由于存在杂质，晶面吸附杂质改变了表面自由能，所以多晶硅柱状晶生长方向不如金属的直且伴有分叉。

熔硅在凝固结晶过程中，通过控制结晶炉内的热场形成可控的单向热流，晶体生长方向与热流方向相反。合适的热场是多晶硅锭形成并获得优质大晶粒晶体的基本工艺条件。固-液界面是结晶生长前沿，在硅熔点（1422℃）附近存在的固-液界面区有可能出现凹型、凸型和平坦型三种不同的形状，影响到硅锭内晶粒尺寸、位错方向、杂质偏聚和热应力分布的情况。固-液界面的微观结构和移动过程决定了晶体的生长机制。多晶硅晶体凝固时，自坩埚的底部开始，在底部形核并逐渐向上生长。由于硅熔体和晶体硅的密度不同，地球的重力将会影响晶体的凝固过程，产生晶粒细小、不能垂直生长等问题，影响铸造多晶硅的质量。为了解决这个问题，需要进行热场设计，使得硅熔体在凝固时自底部开始到上部结束，其固-液界面始终保持与水平面平行，称为平面凝固技术。这样制备出来的铸造多晶硅硅片的表面和晶界垂直，可以使太阳能电池有效地避免晶界的负面影响。

获得定向凝固柱状晶的基本条件是在多晶硅凝固时，热流方向必须沿轴向方向且在固-液界面前沿应有足够高的温度梯度，避免在凝固界面的前沿出现成分过冷或外来核心，使柱晶的生长受到限制。另外，还应该保证单向散热，避免侧面坩埚壁形核长大，长出横向新晶粒。定向凝固的柱状晶生长方向总是与热流相反的。在柱状晶生长过程中，对其形状影响的主要因素是热量的传输，即热流的情况。以圆柱体为例分析热流与固-液界面形状的关系，见图4-2。对于单向热流，固-液界面是平直的，如果存在径向热流，则会使固-液界面出现上凸或下凹的现象。晶体生长过程中，固-液界面产生由外至内的径向温度梯度，则界面上凸进入热区，使得柱状晶向外发散；由内向外的侧向散热会使界面伸入冷区，出现界面下凹的情况，使得柱状晶向内侧切入，同样破坏了定向生长。因此，固-液界面形状是定向凝固最重要的技术参数指标之一，在凝固过程中需要调节各相关参数，尽可能使之成为平直界面，从而获得沿生长方向排列生长的柱状晶。

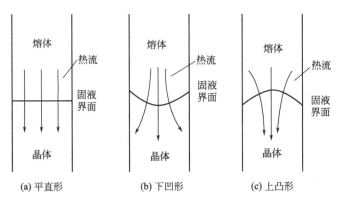

(a) 平直形　　　　　(b) 下凹形　　　　　(c) 上凸形

图 4-2　热流与固-液界面形状的关系

　　图4-3为不同热场情况下生长的铸造多晶硅铸锭的剖面图。多晶硅定向凝固过程中，在过冷度的驱动下首先在铸锭的底部形成细小的晶核，从图4-3中可以看出底部晶粒比较细小，到上部晶粒逐渐变大，直到横向互相接触后发生核心相互吞并。核心相互吞并有Ostwald吞并过程（气相转移机制）、熔结过程（表面扩散机制）和原子团的迁移（热运动机制）三种机制。较大的核心将吞并较小的核心而长大，其驱动力为颗粒自身表面自由能的

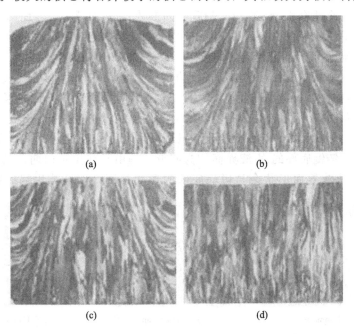

图 4-3　不同热场情况下生长的铸造多晶硅铸锭的剖面

降低。小核心中的原子具有较高的活度，平衡蒸气压较高。因此，小核心中的原子会蒸发，而大核心则会吸纳蒸发来的原子。这种大晶核吞并小晶核的机制为 Ostwald 吞并过程。表面扩散及热运动碰撞也能够促进晶核的互相吞并。当晶核长大到一定程度时，无法再相互吞并，此时沿着固-液界面向上生长，形成大尺寸柱状晶。

从图 4-3 可以看出，随着晶体生长的热场不断调整，晶粒逐渐呈现在与固液界面垂直的方向上生长。在图 4-3(a) 中，晶体在底部成核并逐渐向上部生长，但是很快铸锭的四周也有新的核心生成并从边缘向中心逐渐生长，造成晶粒的细化，部分晶粒生长的方向与底部水平面不垂直，说明固-液界面不是水平平直的。图 4-3(d) 中几乎所有的晶粒都是平行于晶体生长方向生长的，形成与水平面呈垂直状态的柱状晶，说明此时的固-液界面在晶体生长时一直是与水平面平行的。

4.2.2 凝固界面形态

在定向凝固过程中，固-液界面的形态通常分为平面状、胞状和枝状，其形态稳定性主要取决于定向凝固系统的温度梯度和固-液界面前沿的浓度梯度。在材料的凝固过程中，平面晶的生长是十分重要的，因为它可以在稳定生长的条件下获得成分均匀的材料。多晶硅柱状晶的形成不仅与生成机制、界面前沿的温度梯度、浓度梯度及生长动力学有关，还与固-液界面的形态有密切关系。根据成分过冷理论，固-液界面的形状主要取决于如下公式：

$$\frac{G}{v} \geqslant \frac{mC_0(1-K_0)}{DK_0}$$

式中，G 为固-液界面前沿液相中的实际温度梯度；v 为结晶速率；m 为相图中液相线斜率；D 为液相中溶质的扩散系数；K_0 为平衡分配系数。

在定向凝固过程中，通过精确控制固-液界面前沿处的温度梯度 G 和凝固速率 v，使 G/v 的比值满足公式，有助于获得平直的固-液界面，保证晶体生长方向垂直于凝固界面，抑制固-液界面前沿产生的成分过冷区，获得柱状晶组织，得到适合制备太阳能电池的多晶硅铸锭。根据成分过冷理论和 MS 理论，随着凝固参数 G/v 的减小，界面出现不稳定性，固-液界面形态经过平面状→胞状→胞/枝状→枝状→细胞状→绝对稳定性平面。非平面状的固-液界面形态将影响固-液界面前沿溶质的分布，最终影响铸锭提纯效果。

定向凝固过程中晶体沿着温度梯度的反方向生长，固-液界面与等温线一致，可以通过晶体的生长趋势判断出固-液界面的形状。图 4-4 是不同凝固速率下定向凝固多晶硅铸锭的纵截面宏观组织及固-液界面曲线，白色实线为不同晶区的分界线。该线与晶粒的生长方向垂直且处于晶粒的等高线处，为样品不同生长阶段的固-液界面曲线。由分界线可以看出，不同拉锭速度下的铸锭底部的固-液界面均为凹形，是由于在生长初期，晶体要在底部上异质形核，形成的固-液界面形状会与坩埚底部的形状相同，而石英坩埚底部为凹形。随着

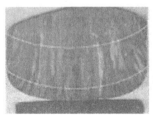  

(a) 0.23mm/min   (b) 0.16mm/min   (c) 0.12mm/min

图 4-4　不同凝固速率下定向凝固多晶硅铸锭的纵截面宏观组织及固-液界面曲线

光伏硅晶体材料的制备、表征及应用技术

拉锭速度由 0.23mm/min 减小到 0.12mm/min，顶部的固-液界面形状逐渐由凹形变为平面。经过定向凝固处理之后，多晶硅形成致密的柱状晶组织，其方向和凝固方向基本一致。如果随着定向凝固的进行，柱状晶发生倾斜，尤其是在试样的边缘部分，倾斜的厉害，且晶粒尺寸也变大，就说明固-液界面形状不再是平直界面。

同一固-液界面上的晶粒处于相同的温度梯度下，晶体的成分和晶粒尺寸基本相似。硅的电阻率主要是由成分、晶界以及缺陷决定，因此铸锭纵截面电阻率等值线的形状通常与固-液界面的形状相一致，从定向凝固多晶硅铸锭纵截面电阻率的分布图也可以反映固-液界面形貌，如图 4-5 所示。从图可以看出，电阻率等值线在铸锭底部密度较低，为凹形；在铸锭顶部，等值线密度较高，基本保持在平直线附近。由此可以判断在铸锭底部固-液界面为凹形，在铸锭顶部固-液界面的形貌由凹形变为直线。

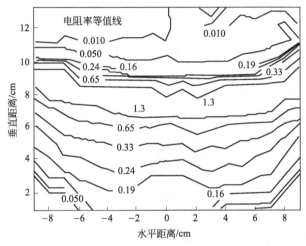

图 4-5　定向凝固多晶硅铸锭纵截面的电阻率分布

4.2.3　晶粒尺寸的控制

多晶硅的晶粒大小及形态与电池性能有着密切联系。粗大、均一的晶粒有利于得到高质量的硅片，提高电池转化率，这也是多晶硅铸锭生产中一直追求的目标。在工业生产中，铸造多晶硅的晶粒尺寸一般为 1～10mm，高质量的多晶硅晶粒尺寸平均可以达到 10～15mm，但均匀性通常不太好，还能发现晶粒尺寸小于 1mm 的细晶区。细晶区由于晶界过多，导致光伏性能变差。多晶硅铸锭晶粒形状和尺寸的控制在很大程度上取决于铸锭工艺条件，即晶体生长过程中的温度分布、凝固速度、固-液界面形状等。

晶粒的大小还与其处的位置有关。一般晶体硅在底部形核时，核心数目相对较多，晶体生长受限制，晶粒的尺寸较小。随着晶体生长的进行，大晶粒吞并小晶粒，会变得更大，小的晶粒逐渐萎缩，晶粒的尺寸逐渐变大。凝固过程中，坩埚壁散热较快，与中心部位相比温度相对较低，结晶时固-液界面与石英坩埚壁接触处的过冷度较大，会驱动新的晶核生成，导致在多晶硅铸锭的边缘产生一些相对较小、形状不是很规整的晶粒，称为低质量区域。铸造多晶硅晶锭周边的这些低质量区域，其少数载流子寿命较低，不能应用于太阳电池的制备，需要切除，即边皮料。这层区域的大小与多晶硅晶体生长后在高温的保留时间有关。通常认为晶体生长速率越快，这层区域越小，可利用的区域越多。这部分边皮料虽然不能制备太阳电池，但是可以回收使用。在回收边皮料时，会聚集越来越多的氮化物和碳化物，这些杂质会导致材料质量的下降。所以，在多晶硅晶体生长时需要尽量减少低质量的区域。

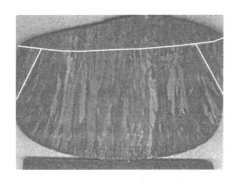

图 4-6　Bridgeman 法定向凝固
多晶硅典型纵截面照片

凸界面最大过冷度位于界面中心，驱动力最大，因此中间晶粒生长较快，坩埚壁处一旦形成细晶会被熔体溶解或中间大晶粒吞并。因此保持微凸向熔体的固-液界面有利于抑制细晶的生长，易于得到沿晶锭生长方向的柱状晶粒。如果固-液界面凹向熔体，则铸锭的边缘首先凝固，会保留细晶区，扩大低质量区域。图 4-6 是采用布里奇曼（Bridgeman）法定向凝固制备的多晶硅典型纵截面照片。从图可以看出，铸锭的纵截面组织由三部分组成：底部为细柱状晶区，平均晶粒宽度 0.1cm，生长方向垂直于坩埚底部；中段为粗大柱状晶区，平均晶粒宽度

0.5cm，最大宽度可达 1cm；顶部为细小的树枝晶区，平均晶粒宽度小于 0.1cm。定向凝固过程中，铸锭底部先拉出加热区，在底部和顶部之间产生温度梯度，底部在过冷度的驱动下迅速形成大量的细小晶核并沿着此温度梯度向上扩展，形成底部的细柱状晶区。随着晶体生长的进行，表面能较小的晶粒生长速度较快，产生横向生长，抑制了周围生长速度较慢的晶粒生长，能够长成粗大的晶粒。这些粗大的晶粒逆着温度梯度的方向继续生长而形成粗大的柱状晶区。随着晶体继续生长，液体中的杂质浓度逐渐升高，当界面前沿液体中的实际温度低于由溶质分布所决定的凝固温度时将产生成分过冷，晶粒偏离定向凝固的方向进行生长，在铸锭的顶部出现树枝状晶区。柱状晶和树枝晶之间的断层呈凹线状。硅锭侧壁晶粒生长方向略向铸锭轴心倾斜，纵截面上的组织整体呈现向中心收拢的趋势。

图 4-7 是直接凝固及简单定向凝固多晶硅样品的金相显微组织。由图可看出，直接凝固的铸造多晶硅晶粒较小，存在大量的晶界，且晶粒无规则生长，形状不规整；经过定向凝固处理后，沿着温度梯度的方向形成了垂直的柱状晶，且晶粒尺寸大于直接凝固的多晶硅。大晶粒使得晶界减少，柱状晶有利于后续处理切片时使晶界垂直于硅片表面，减少晶界对材料电学性能的影响。

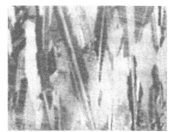

(a) 直接凝固　　　　　　　　　(b) 定向凝固

图 4-7　多晶硅样品的属相显微组织及简单定向凝固多晶硅样品的金相显微组织

习　题

1. 成分过冷是由什么原因造成的？它如何影响晶体生长形状？

2. 试分析界面稳定性动力学理论的判据，说明固-液界面的稳定性受哪些参数影响。

3. 在定向凝固时为什么要尽量保持平直的固-液界面？根据成分过冷理论的判据，如何得到平直的固-液界面？

4. 分析多晶硅铸锭的晶粒尺寸分布情况。

第5章　多晶硅铸锭

5.1　多晶硅铸锭技术简介

铸锭是将各种来源的硅料高温熔融后通过定向冷却结晶，使其形成硅锭。硅料被加热完全熔化后，通过定向凝固块将硅料结晶时释放的热量辐射到下炉腔内壁上，使硅料中形成一个竖直温度梯度。这个温度梯度使坩埚内的硅液从底部开始凝固，从熔体底部向顶部生长。硅料凝固后形成硅锭，经过退火、冷却后出炉。按照不同的传热和结晶面控制的原理，多晶硅铸锭定向凝固生长有以下四种方法：浇铸法、布里奇曼法、热交换法和电磁感应加热连续铸造法。

（1）浇铸法

浇铸法是在 1975 年由 Wacker 公司首创的，其过程是将硅料置于熔炼坩埚中加热熔化，然后利用翻转机械将其注入预先准备好的模具内进行结晶凝固，得到等轴多晶硅，基本原理见图 5-1。熔炼通常是在感应炉中进行，熔化的澄清硅液浇入一石墨模型中，石墨模型置于升降台上，周围用电阻加热，然后以一定的速度下降脱离加热区，形成由底部到顶部的温度梯度。

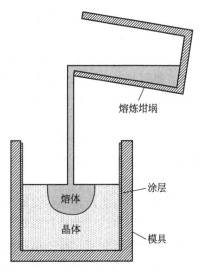

图 5-1　铸锭浇注法基本原理

浇铸法熔化和结晶在两个不同的坩埚中进行，可以实现半连续化生产，其熔化、结晶、冷却分别位于不同的地方，可以有效提高生产效率，降低能源消耗。但是，浇铸法熔融和结晶使用不同的坩埚，会导致熔体二次污染。此外，因为有坩埚翻转机构及引锭机构，使得其结构较复杂、炉产量较小。铸锭法生产多晶硅通常为等轴状，由于晶界、亚晶界的不利影响，电池转换效率较低。因此，浇铸法在国际上已经很少使用。

（2）布里奇曼法

布里奇曼法是由布里奇曼于 1925 年提出的一种定向凝固方法。传统布里奇曼法晶体生长的基本原理如图 5-2 所示。将高纯硅原料装入坩埚中，在具有单向温度梯度的布里奇曼长晶炉内进行生长。布里奇曼长晶炉通常采用管式结构，坩埚和热源在凝固开始时作相对位移，分为加热区、梯度区和冷却区。加热区的温度高于晶体的熔点，将坩埚置于加热区进行熔化并在一定的过热度下恒温一段时间，获得稳定、均匀的过热熔体。然后通过炉体的运动或坩埚的移动使坩埚由加热区穿过梯度区向冷却区运动。梯度区逐渐由加热区温度降低到冷却区，形成一维的温度梯度。坩埚进入梯度区后熔体就开始冷却。冷却区温度低于晶体熔点，坩埚进入冷却区后进行结晶，并随着坩埚的连续运动而持续冷却凝固。结晶界面沿着与其运动相反的方向定向生长，实现晶体生长过程的连续进行。

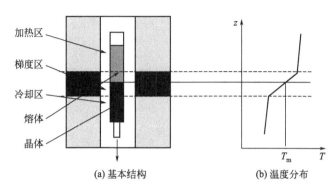

图 5-2　布里奇曼法晶体生长的基本原理

　　坩埚轴线与重力场方向平行，高温区在上方，低温区在下方，坩埚从上向下移动，是最常见的垂直布里奇曼法。另一种应用较为普遍的是水平布里奇曼法，其温度梯度方向垂直于重力场。垂直布里奇曼法有利于获得圆周方向对称的温度场和对流模式，使所生长的晶体具有轴对称的性质；水平布里奇曼法的控制系统相对简单，并能够在结晶界面前沿获得较强的对流，进行晶体生长行为控制。水平布里奇曼法有利于控制炉膛与坩埚之间的对流换热，获得更高的温度梯度。此外，也有人采用坩埚轴线与重力场成一定角度的倾斜布里奇曼法进行晶体生长。

　　布里奇曼长晶炉坩埚工作台需升降，下降速度必须平稳且底部需水冷，因此炉体结构比较复杂。其长晶速度受工作台下移速度及冷却水流量控制，可以调节。

　　（3）热交换法

　　目前国内外生产多晶硅锭的主流方法是热交换法，其基本原理如图 5-3 所示，在坩埚底板上通以冷却水或气流进行强制冷却，使熔体自下向上定向散热。坩埚和热源在熔化及凝固整个过程中没有相对位移，定向凝固所需的温度梯度通过热开关来实现。在坩埚底部设置一个热开关，熔化时热开关关闭，起到隔热、保温的作用；凝固开始时打开热开关，增强坩埚底部散热强度，进行冷却。多晶硅的长晶速度受坩埚底部散热强度控制，例如采用水冷，长晶速度就受冷却水流量及进出水温差控制。热交换法与布里奇曼法相比最大优点是炉子结构简单。定向凝固过程中要求单方向散热，径向不能散热，即径向温度梯度趋于 0。热交换法

图 5-3　热交换法基本原理

光伏硅晶体材料的制备、表征及应用技术

中坩埚和热源静止不动，随着凝固的进行热源会逐步向上推移，要保证无径向热流，温场的控制与调节难度比较大。且热交换法中硅锭的高度受限制，要扩大容量只能是增加硅锭的截面积。

布里奇曼法和热交换法均为直熔法，此法生长的铸造多晶硅质量较好，可以通过控制垂直方向的温度梯度使固-液界面尽量平直，有利于生长取向性较好的柱状多晶硅晶锭。而且这种技术所需的人工少，晶体生长过程易控制、易自动化。晶体生长完成后，一直保持在高温，相当于对多晶硅进行了"原位"热处理，降低其体内的热应力，使晶体内的位错密度降低。因此，业界广泛使用的多晶硅铸锭方法为直熔法。

实际生产所用结晶炉大多是采用热交换与布里曼相结合的技术。图 5-4 为一个热交换法与布里奇曼法相结合的结晶炉示意图。图中工作台通冷却水，工作台上设置一个热开关，坩埚位于热开关上。硅料熔融时，热开关关闭，保温隔热；凝固结晶时，打开热开关，将坩埚底部的热量通过工作台内的冷却水带走，形成温度梯度。与此同时，坩埚工作台缓慢下降，使凝固好的硅锭离开加热区，维持固-液界面有一个比较稳定的温度梯度。在这个过程中，要求工作台下降非常平稳，以保证获得平面前沿定向凝固。

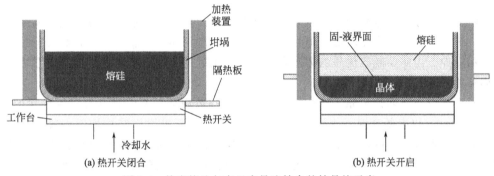

图 5-4　热交换法与布里奇曼法结合的结晶炉示意

（4）电磁感应加热连续铸造法

多晶硅电磁感应加热连续铸造法于 1985 年由 Ciszek 首先提出，而后在日本得到深入的研究并将其成功应用到工业生产中。电磁感应加热连续铸造过程中，颗粒硅料经加料器以一定的速度连续进入坩埚熔体中，通过熔体预热及线圈感应加热熔化，随下部硅锭一起向下抽拉凝固。硅液在熔融状态下具有磁性，外加极性相反的磁场会产生强大的推拒力，使熔硅不接触容器进行加热，在连续下料过程中被外部水冷套冷却结晶，实现过程的连续操作。由于硅在低温下电阻不满足感应加热的条件，所以坩埚底部需要加石墨底托进行预热启熔，加热到 700℃左右电阻满足要求后再完全采用感应加热。

电磁感应加热连续铸造法具有以下优点：a. 感应熔炼过程中，熔体与坩埚无接触或软接触，有效避免了坩埚对熔体的污染，多晶硅氧、碳杂质含量低；b. 采用感应加热，仅加热硅料，冷坩埚寿命长，可以重复利用，有利于硅锭制造成本的降低；c. 硅锭尺寸接近硅片要求，无须开方；d. 由于电磁力的搅拌作用及连续铸造，铸锭性能稳定、均匀，避免了常规铸锭过程中因杂质分凝导致的铸锭头尾质量差、需切除的现象，有利于材料利用率的提高；e. 连续铸造有利于生产效率的提高。

但是电磁感应加热连续铸造所得多晶硅锭晶粒较小，外围贴壁的晶粒尺寸小于 1mm，中间部分稍大，也仅 1～2mm，且大小不均匀，所得多晶硅晶内缺陷也较多，造成电池效率低。实际上对电池转换效率影响最大的不是高的杂质含量，而是晶内缺陷。

第5章　多晶硅铸锭

5.2　铸锭的主要原辅料及设备

5.2.1　原辅料

5.2.1.1　硅料

铸造多晶硅的原材料主要有半导体级的高纯多晶硅和微电子工业单晶硅生产的剩余料。微电子工业单晶硅生产的剩余料有质量相对较差的高纯多晶硅、单晶硅棒的头尾料、单晶硅生长完成后剩余在石英坩埚中的埚底料等。

与直拉、区熔晶体硅生长方法相比，铸造多晶硅对硅原料的不纯具有更大的容忍度，所以铸造多晶硅的原料更多地使用电子工业的剩余料，使得原料的来源可以更广，价格可以更便宜。单晶硅片制备过程中剩余的硅材料还可以重复利用，节省成本。通常只要原料中剩余料的比例不超过 40％，就可以生长出合格的铸造多晶硅。

5.2.1.2　坩埚

在铸造多晶硅制备过程中，可以利用方形的高纯石墨作为坩埚，也可以利用高纯石英做为坩埚。高纯石墨的成本比较低，但是会造成较多的碳污染和金属污染；高纯石英的成本较高，但污染少。因此要制备优质的铸造多晶硅，必须利用高纯石英坩埚，也是现在主要使用的坩埚种类。

方形石英陶瓷坩埚是多晶铸锭炉的关键部件。石英坩埚用来装载几百千克硅料的容器，且需要在 1450℃以上的高温下连续工作 50h 以上，因此要求坩埚结构均匀、致密，对其纯度、强度、外观缺陷、内在质量、高温性能，热震稳定性、尺寸精度等性能都有极其严格的要求。坩埚制品中的气孔呈微孔状均匀分布，可以提高制品的热震稳定性，增强石英陶瓷坩埚在铸锭过程中的抗炸裂能力，保证它在使用过程中的可靠性。

石英坩埚在制备铸造多晶硅时，硅熔体和石英坩埚长时间接触会产生黏滞作用。由于两者的热膨胀系数不同，在晶体冷却时可能造成晶体硅或石英坩埚破裂。除此之外，硅熔体和石英坩埚长时间接触，熔体会冲蚀石英坩埚，使多晶硅中的氧浓度升高。工艺上一般利用坩埚涂层附加在石英坩埚的内壁，不仅能解决黏滞问题，而且可以降低多晶硅中的氧、碳杂质浓度。除此之外，利用涂层还使得石英坩埚可能得到重复使用，达到降低生产成本的目的。涂层材料可以采用 Si_3N_4、SiC/Si_3N_4、SiO/SiN、BN 等。目前主要是用的涂层材料为 Si_3N_4 和 SiO/SiN。

使用坩埚前应采用超声波工艺对坩埚表面进行清洗处理，保证制品的纯度。还要对坩埚进行 Si_3N_4 喷涂，然后进行低温烘烤（约 90℃）后再进行高温烧结。

5.2.2　铸锭主要设备

5.2.2.1　多晶硅铸锭炉

多晶硅铸锭炉是铸锭过程中最核心的设备之一，采用定向长晶凝固技术将熔体制成硅锭。全自动多晶硅铸锭炉设计通常由钢结构平台及熔体、真空供气系统、电源供应与控制系统、加热隔热系统等组成。

（1）钢结构平台及炉体

钢结构部分分上下两层，中部三支腿支撑炉体以及驱动装置，外部四个立柱支撑整个钢楼面，侧面装有楼梯，楼层上部围有护栏，楼层下有承载电缆和冷却水管等的桥架系统。炉体如图 5-5 所示。整个炉体的中部为圆柱形，上下端呈球形，分内外两层，中间通有冷却水。从中部法兰面分上下两部分，上炉体由三个支腿支撑固定，下炉体则是由三个升降器控制。通过升降器使下炉体上下移动。当上下炉体闭合时，法兰面上的密封圈被紧压，同时合上锁紧装置，保证炉体的气密性。

图 5-5　多晶硅铸锭炉炉体

保温层升降系统是为了保证硅锭在长晶过程中能够保持良好的长晶速度。保证硅锭晶核形成的优良性，保证光电转化的高效性，是通过精密机械升降系统，并配备精确的位置、速度控制系统来实现的。

（2）加热隔热系统

加热系统是保持工艺要求的关键，其结构如图 5-6 所示。采用发热体加热，由中央控制器控制发热体，控制温度在一精度范围内，保证恒定温场内温度可按设定值变化。隔热笼在上炉体内，由上、下两层不锈钢框架组成，框架内衬有碳纤维隔热材料。隔热材料为平板状，便于安装与更换，整个框架可以上下移动。铜电极从炉体上方穿入，连接至加热部件。加热部件位于隔热笼内，由四组加热器组成，呈四方形。在下炉体内，用支撑杆支撑着双层隔热材料组成的隔热平台和特殊材料制作的热交换台，坩埚放置在热交换台上。

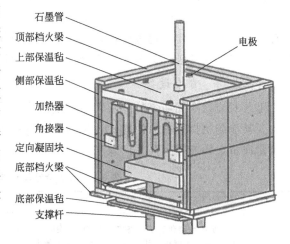

图 5-6　多晶硅加热系统结构

（3）真空、供气系统

抽真空系统保持硅锭在真空下进行一系列处理，要求在不同的状态下保持炉内真空压力控制在一定范围内。真空系统既要有抽真空设备，还要有灵敏的压力检测控制装置，保证硅锭在生长过程中处于良好的气氛中。真空系统由真空机组、安全阀及其他管路等附件组成，可以使炉内的压力迅速降至 0.005Mbar（1bar＝0.1MPa）。由比例调节阀等控制氩气进出量，空气压力控制阀使炉体与真空系统隔离。如果在冷却过程中需要通入氩气，可以通过一个独立的通道让氩气进入。

（4）水冷却系统

多晶铸锭炉冷却循环水分八路，通过管路分别流经炉体、电极和真空泵。冷却水管装在钢结构部件的后方支脚上，并配有传感器便于控制。升温后的水通过冷却塔进行热交换，并用水泵送回。

（5）电源供应与控制系统

控制系统分为上位机和下位机。上位机完成控制工艺的设置、控制过程的监控及各种反馈信息，如温度、水流量、隔热区位置、控制阶段等的显示、出现异常情况报警显示并统计和记录整个硅结晶过程的各种参量的变化情况，生成相应的图表。下位机以智能控制系统为主体，完成对温度的控制、真空度及氩气的压力控制、隔离笼的提升控制、多晶硅结晶的速度及冷却水流量等的检测。

测温系统是检测炉内硅锭在长晶过程中温度的变化，给硅锭长晶状况实时分析判断系统提供数据，以便使长晶状况实时分析判断系统随时调整长晶参数，使长晶处于良好状态；压力控制系统主要保证炉内硅锭在生长过程中，在一特定时间段内，使压力根据工艺要求保持在某一压力下，由长晶状况实时分析判断系统来控制；加热器电源系统包括大容量的变压器及控制单元，提供给加热体所需要的大电流电源；真空系统控制单元包括对真空机组、气体流量的控制及真空度检测；运动控制单元控制下炉体的升降运动及隔热区的提升等动作；供电单元系统包括总电源开关和控制柜内配电保护等；还有其他辅助系统，如熔化及长晶结束自动判断系统，通过测量装置检测硅料状态后自动判断硅料的状态，为控制系统提供数据，实时判断控制长晶状况；系统故障诊断及报警系统提供了系统故障自诊断功能，采用人机对话方式帮助使用者发现故障，及时排除故障，为设备安全可靠的运行提供了安全保障。

目前国内生产的铸锭炉都具备全自动控制功能，采用触摸式平板工业 PC 和进口 PLC 的智能化集散控制模式，实现监控与数据采集及人机交互功能，具有工艺参数编辑、过程监控、工况图显示、实时曲线显示、历史数据库管理、手动操作、系统维护、故障诊断、密码管理等功能，可以实现远程监控，操作简便、控制过程可视性强。采用多重安全技术防止硅液溢出时对设备的破坏甚至人身安全，全程自动报警，无须操作人员守候。

5.2.2.2 喷涂设备

随着对光伏产品质量的要求，坩埚喷涂普遍采用坩埚喷涂机器人替代人工喷涂。表 5-1 是人工喷涂与机器人喷涂的对比。从表中可以看出，机器人喷涂与人工喷涂相比不仅可以提高喷涂质量，还能够提高生产效率，降低产品成本。

表 5-1　人工喷涂与机器人喷涂的对比

项目	人工喷涂	机器人喷涂
喷涂质量	受员工情绪化和工作态度的影响，喷涂时间无法严格控制，喷涂力度也无法掌握，无法衡量喷涂效果	喷涂路径和时间都是事先将程序编好，按照程序和指令进行，不受其他因素干扰，能够标准化、固化和量化
喷涂温度	人工测量不能避免粗心现象，导致喷涂温度把控不严，漏测、误测温度数据，对喷涂质量造成较大影响	采用红外线测温仪自动测控温度，到达设定温度时自动控制喷涂操作，效率更高
氮化硅原料的利用率	喷涂房必须安装大量的排风设备排除漂浮的氮化硅粉尘，削减粉尘对人肺和眼部的伤害。对于氮化硅粉来说存在一定的浪费，且排风设备的运行影响喷涂效果	不需要装排风系统，漂浮的氮化硅粉还可以落在坩埚上，避免浪费。在封闭同温喷涂房内操作，效果更好

光伏硅晶体材料的制备、表征及应用技术

项目	人工喷涂	机器人喷涂
喷涂时间	喷涂时间无法严格控制,完成喷涂操作所用时间较长,一般完成一个坩埚喷涂要一个半小时左右	喷涂时间可以严格控制,固定化,喷一个坩埚约40min左右
劳动力成本	一个操作平台需两个人协同操作,加上前期加热升温时间,喷好一个坩埚要2h	一台机器人同时喷两个坩埚,只需一个人工进行监督操作。喷好两只坩埚需要90min
人身伤害	操作人员在密闭的喷涂房内进行操作,尽管穿有防尘服和面具口罩,但漂浮的氮化硅粉尘对人的肺部和眼部有一定的损害	人在密闭喷涂房外对机器人进行指令控制,避免了漂浮氮化硅粉尘对人体的伤害

喷漆机器人主要由机器人本体、计算机和相应的控制系统组成,液压驱动的喷漆机器人还包括液压油源,如油泵、油箱和电机等,其外观见图 5-7。多采用 5 或 6 个自由度关节式结构,手臂有较大的运动空间,并可做复杂的轨迹运动,其腕部一般有 2~3 个自由度,可灵活运动。较先进的喷漆机器人腕部采用柔性手腕,既可向各个方向弯曲,又可转动,其动作类似人的手腕,能方便地通过较小的孔伸入工件内部,喷涂其内表面。喷漆机器人一般采用液压驱动,具有动作速度快、防爆性能好等特点。

图 5-7　喷涂机器人外观

5.3　多晶硅铸锭工艺

铸锭多晶硅和直拉单晶都属于定向凝固过程,不过前者不需要籽晶。当硅料完全熔化后,缓慢下降坩埚,通过热交换台进行热量交换使硅熔液形成垂直的、上高下低的温度梯度,保证垂直方向散热。这一温度梯度使硅在埚底产生很多自发晶核,自下而上地结晶,直到整埚熔体结晶完毕,定向凝固完成。当所有的硅都固化之后,铸块再经过退火、冷却等步骤最终生产出高质量的铸锭。冷却到规定温度后,开炉出锭。

铸锭制备首先要备料,对多晶原料进行腐蚀清洗、对掺杂剂进行称量等,然后进行装炉、抽空、熔料等工艺流程,如图 5-8 所示。多晶硅铸锭主要分为坩埚喷涂、备料及铸锭三部分工序。

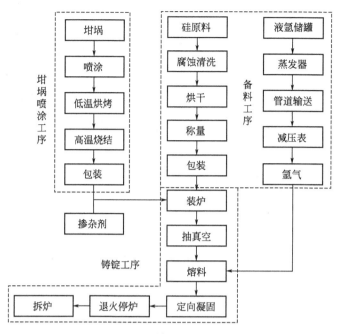

图 5-8 铸锭工艺流程

按照大锭开方后的晶砖数来分,铸锭炉目前主要为 G5 和 G6 炉型,也有少量的 G7 甚至 G8 炉型。常见规格铸锭炉可以生产的方硅锭尺寸见表 5-2。G5 铸锭指的是在开方时切割成 5×5 共 25 块 156mm×156mm 规格的硅块,同理 G6 为 6×6 共 36 块硅块。

表 5-2　常见铸锭炉可生产的硅锭尺寸

项目	G5	G6	G8
外部尺寸/mm	880×880×420	1040×1040×540	1380×1380×650
内部尺寸/mm	820×820×398	987×987×515	1330×1330×625
装料密度/(kg/dm³)	1.4~1.7	1.4~1.7	1.4~1.7
装料量/kg	400~470	700~850	>1500
工艺周期时间/h	50	75	95
单台月产能/MW	0.82	1.07	1.67
耗电(kW·h/铸锭)	4000	5500	6500
氩气/Nm³	60	70	80

注:数据与具体炉型和工艺有关。

5.3.1　坩埚喷涂

5.3.1.1　准备工作

首先用电子秤按照配比准确称取原辅料,包括氮化硅、纯水和硅溶胶,其中氮化硅粉的用量随着工艺时期及季节时期会有波动。先用量杯量取规定容积的纯水,如有要求使用硅溶胶,则在纯水中加入规定重量的硅溶胶,以不使溶液飞溅出来的最大速度搅拌 5min,搅拌均匀后加入规定重量的氮化硅粉,同样的方法搅拌均匀后可用于喷涂,喷涂过程中也要持续搅拌。将配好的氮化硅放于容器中。用尼龙网纱布网住木桶的口,把氮化硅轻轻倒入尼龙网

光伏硅晶体材料的制备、表征及应用技术

纱上，用塑胶勺子慢慢研磨使氮化硅能通过砂网砂眼，达到工艺要求的颗粒大小而落入小桶中，直至磨完为止。

取出已检查过的未喷坩埚，检查石英坩埚表面，干净无污染、无裂纹，同时内部划痕、凹坑、突起不能超过一定的范围。核对石英坩埚的尺寸，包括内外部尺寸、上边厚度、底部厚度等。坩埚底部厚度异常会引起铸锭热场工艺的变化。记下坩埚序列号，将坩埚放置在坩埚喷涂站中，用压缩空气吹扫坩埚表面，用百洁布蘸纯水擦拭坩埚表面，然后打开加热装置。当坩埚温度达到70℃时，取纯水加入研磨好的氮化硅，搅拌均匀备用，其过程如图5-9所示。

图 5-9　坩埚喷涂过程

5.3.1.2　开始喷涂

（1）人工喷涂

坩埚底边和侧边需要预先进行人工刷涂，待涂层凝结过后进行喷枪喷涂。涂层的量是一定的，刷涂次数不限。在喷涂坩埚侧壁的过程中需用挡板遮住坩埚底部，约为侧壁3/4的地方。每一次喷涂前，须用测温枪测量坩埚底部、侧面温度，所有温度必须控制在70～75℃内，温度可以通过加热器开关予以调节。当坩埚底部、侧面温度达到70～75℃时，可以开始喷涂。开始喷涂时，先试喷在一张纸板上，以保证喷出的液体在纸板上均匀分布。喷枪离所需喷涂表面垂直距离30～40cm。先喷底部，喷枪不间断地来回喷涂7～10次，其他表面来回喷涂3～5次，直至喷完所有氮化硅混合液。手拿喷枪喷射速度匀速，时间平均分配，每点停留时间不超过一秒，否则混合液会凝聚在一起，影响喷涂质量。

喷涂和刷涂过程中要均匀使液体凝聚，用手电筒照射检查涂层，必须满足均匀、无气泡、无脱落、无凸起、无裂缝等条件方为合格。如果有，用纯水洗掉，重新喷涂。每次完成喷涂，喷涂器具要清洗干净，至少清洗二次以上。氮化硅超细粉对人体危害很大，喷涂过程中必需开启抽风机排风，配戴专用高级防尘口罩。

（2）机器人喷涂

机器人喷涂程序主要分为控制机械臂的活动和控制喷涂吐出涂料过程两部分。首先应打开机器人控制电源，检查机器人是否在原点位置，如果机器人不在原点位置，将机器人移动到原点位置。然后打开喷涂控制箱电源，进入主画面，点击自动运行进入自动运行监控画面。在自动运行监控画面上设定喷涂次数、雾化、吐出量、开枪时间等参数后核对参数，选择配方号读取程序，检查完毕返回进入自动喷涂运行监控画面，运行程序。最后，当正常运行时，按下启动按钮机器人会立即开始工作，此时应远离机器人的运动范围，以免在机器人运动时对人员造成伤害。喷涂完成后，将机器人切换至示教状态，把喷枪及机器人外观清洁干净后关闭电源。

进入坩埚喷涂及操作区域一定要穿戴好工作服、劳保鞋、手套、全面罩等劳动防护用具，以确保健康不受伤害。要保证纯水的电阻率不低于 $17M\Omega \cdot cm$，喷涂的整个过程中开启排风设施。

5.3.1.3 坩埚烧结

将喷好涂层的坩埚放入烘箱内，先快速升温至设定温度保持几小时后，自然冷却至合适温度再开盖冷却，形成一层致密的、具有一定机械强度的保护涂层。

坩埚喷涂车间需要保持一定的温度，温度较低环境需在配比涂层时对纯水加热。原料的杂质浓度会影响铸锭炉的化料时间，导致铸锭炉在长晶等阶段出现异常，此时铸锭时间可能较一般工艺时间长 $2\sim4h$。底部氮化硅的量太少会导致无法顺利脱模，硅锭底部开裂；过量的氮化硅会覆盖住石英砂，导致引晶效果不明显，此时要在铸锭中做出适当的调整。

5.3.2 装料

5.3.2.1 坩埚装料

对多晶硅的原生硅料和回收料使用 PN 测试仪和电阻率进行分档分类，计算出需要的掺杂剂质量。形状不规则的片料或大块硅料在指定区域使用专用砸料箱进行破碎。装料时要戴上 PVC 手套和防护服，在推车上放一石墨板。将坩埚轻放在干净的石墨板正中后用吸尘器吸去石墨板上、推车上的灰尘，把坩埚推入装料室中。

开始装料时，注意轻拿轻放防止氮化硅涂层被破坏，大、小块料要尽量均匀，碎料用来填缝隙。首先把粒子状、粉末状的硅料轻轻铺好底部，不能扔、投，避免刮破喷涂层。然后放入较大块和较小块的混合料以清除空气和气泡。大块料摆放在底层，不要平铺叠在一起，也不要直接贴在坩埚边部，与坩埚内壁之间空出 $5cm\pm2cm$ 空隙，避免受热横向膨胀挤压坩埚。当装料装至整个坩埚高度 1/2 时，将掺杂剂均匀摆放在硅料表面。继续装料直到距坩埚顶部 $1\sim2in$（$1in=2.54cm$）处将硅料摆在中间位置以防掉落，直至装完。要注意上部避免装粉料或细小块料，尽量放块状料。在装料过程中，不能碰到坩埚内壁，发现涂层破坏要取出硅料，重新喷涂，直至符合要求再用。

用吸尘器吸去推车上、石墨板上的残留物质，在坩埚四边固定好石墨挡板。将石墨支撑板放在坩埚周围，将螺栓对准安装孔螺入且固定，直到完全围住坩埚。坩埚装料过程如图 5-10 所示。四边石墨挡板的边必须与石墨底板边相吻合，且石墨挡板与底板平面相互垂直。对边两挡板与坩埚距离保持一致，用手旋上螺丝，盖上薄膜，送往 DSS 铸锭区。

装料过程注意防尘，不能接触金属，轻拿轻放，不要碰坏喷涂层。操作硅料的手套必须是洁净的新手套，不能用手直接拿硅料，也不能用触摸过他物的手套来搬拿硅料，否则会造成二次污染。另外某些表面温度很高，有灼伤危险，在高温状态时，不要触摸加热器背部或周围表面。喷涂时，必须确保排风罩畅通。装完料后要及时清理装料车间，保持车间的无尘化。

图 5-10 坩埚装料过程

5.3.2.2　进炉装料

由于多晶铸锭炉内处于高温环境，在铸锭过程中会产生较多的氧化物粉末吸附于炉膛及炉壁上，因此投料前需要对多晶炉进行清理。清理的工具有吸尘器、无尘纸、酒精等。用行车或叉车将完成装料的坩埚及石墨底板装入多晶炉内。确保坩埚放置于炉膛中部，对硅料进行定位，测量四周石墨支承板相对 DSS-Block 边缘的凸边距离，四周凸边距离都控制在10.1mm±1mm，避免碰撞到炉膛内壁。

用一块干净的工业棉纸吸入酒精或异丙醇，在上下炉体接触面擦洗。擦洗过程中一次抹过去，无须反复来回地在表面上擦。擦洗后，在下炉体"O"形圈上稀薄地抹上一层真空油脂，在涂抹的过程中间隔地涂上米粒大小的油脂在"O"形圈上，间距为 10～15cm，再用干净手指轻轻滑抹涂匀。最后安装加热设备、隔热设备和炉罩。

5.3.3　长晶过程

首先抽真空，在真空状态下利用石墨加热器给炉体加热。先将加热器、坩埚板、隔热层、硅原料等表面吸附的湿气蒸发，然后缓慢加温使石英坩埚的温度达到 1200～1300℃。该过程约需要 4～5h。通入氩气作为保护气，使炉内压力基本维持在 400～600mbar 左右。逐渐增加加热功率，使石英坩埚内的温度达到 1500℃左右，硅原料开始熔化。熔化过程中一直保持 1500℃，直至化料结束。可以在中心观测孔观测是否融化完成。连续观测 3～5min，若没有硅料固体出现，程序才可以继续向后运行。该过程约需要 9～11h。

硅原料熔化结束后，降低加热功率，使石英坩埚的温度降低至 1420～1440℃硅熔点左右。然后石英坩埚逐渐向下移动或者隔热装置逐渐上升，使得石英坩埚慢慢脱离加热区，与周围形成热交换。同时，冷却板通水，使熔体的温度自底部开始降低。晶体硅首先在底部形成并呈柱状向上生长。生长过程中固-液界面始终保持与水平面平行，直至晶体生长完成。该过程约需要 20～22h。

晶体生长完成后，由于晶体底部和上部存在较大的温度梯度，因此晶锭中可能存在热应力。若直接冷却出炉，硅锭存在隐裂，在开方和线切阶段外力作用会使硅片破裂。所以，晶体生长完成后，晶锭保持在熔点附近2～4h进行退火，使晶锭温度均匀，以减少热应力。晶锭在炉内退火后，关闭加热功率，提升隔热装置或者完全下降晶锭，炉内通入大流量氩气，使晶体温度逐渐降低至室温附近。同时，炉内气压逐渐上升，直至达到大气压，最后除去晶锭。该过程约要10h。

在熔化和长晶阶段会出现熔化、中间长晶和边部长晶三次报警。铸锭过程中根据炉内出现不同情况可以手动调整，如适当延长长晶时间等。注意炉内的水电、气压。

5.3.4 铸锭出炉

硅锭冷却到一定温度后，对多晶炉进行泄压，然后通过开启炉体升降机构降下下腔体，使用专用叉车把晶锭、石英坩埚连同石墨坩埚一起取出。卸下石墨坩埚，敲碎石英坩埚，再用专用吊具吊起晶锭取出送往暂存处。

从炉体取出的硅锭由于温度过高，必须在空气中等待2h以上散热后，戴上绝热手套，依次把螺帽和石墨板拆开。当还剩相邻两块石墨板时需两名操作人员相互配合拆出石墨板，然后再把硅锭四周坩埚碎块清除。最后三人协作吊锭，一人负责按吊锭开关，一人负责复称，另一人拉锭。硅锭吊好之后，摆放整齐，并把复称重量统计好。吊锭时需注意应轻拿轻放，安全第一。

习　题

1. 试比较浇铸法、布里奇曼法、热交换法和电磁感应加热连续铸造法制备多晶硅铸锭的优缺点。

2. 多晶硅铸锭用石英坩埚为什么要涂一层SiN涂层？

3. 多晶铸锭炉的控制系统包含哪些控制部件，简述其功能。

4. 简述多晶硅铸锭的长晶过程。

光伏硅晶体材料的制备、表征及应用技术

第6章 铸造多晶硅中的杂质

铸造多晶硅的制备工艺相对简单、成本较低，控制杂质和缺陷的能力也较弱。与直拉单晶硅相比，它含有相对较多的杂质和缺陷，对太阳电池的效率有明显影响。所以，铸造多晶硅太阳电池的效率始终低于直拉单晶硅太阳电池。铸造多晶硅中，氧和碳是其主要的轻元素杂质。铸造多晶硅中的金属杂质也对材料和电池的性能有主要影响，是人们关注的重点。另外，铸造多晶硅还涉及氮、氢杂质。铸造多晶硅还具有高密度的晶界、位错以及微缺陷，这些都能成为硅材料少数载流子的复合中心，是铸造多晶硅太阳电池效率降低的重要原因。

6.1 铸造多晶硅中的氧

6.1.1 氧杂质的来源和浓度分布

氧是铸造多晶硅中的主要杂质之一，其浓度为 $10^{17} \sim 10^{18} \, \mathrm{cm}^{-3}$。铸造多晶硅的氧主要来源于两方面：一是来自原材料，铸造多晶硅的原料常常是微电子工业中的头尾料、埚底料等，本身就含有一定量的氧杂质；二是来自晶体生长过程。

氧由石英坩埚壁传到固-液界面而进入晶棒中的传输途径分为四个步骤：

① 石英坩埚壁与硅熔液之间的溶解反应。

$$SiO_2(s) \longrightarrow Si(l) + 2O$$

② 由石英坩埚壁产生的氧原子，受到自然对流的搅拌作用，而均匀分布于硅熔液内。

③ 随着对流运动而传输到硅熔液液面的氧原子，会以 SiO 的形态挥发掉。由于 SiO 的蒸汽压在硅的熔点温度约为 12mbar，超过 95% 的氧会挥发掉。

$$Si(l) + O \longrightarrow SiO(g)$$

④ 在固-液界面前端扩散边界层的氧原子，因为偏析现象进入晶棒。

在铸造多晶硅的制备过程中没有强烈的机械强迫对流，只有热对流。因此，硅熔体对石英坩埚壁的冲蚀作用减弱，溶入硅熔体中的总氧浓度有所降低；另一方面，仅有热对流的作用，氧在硅熔体中的扩散减少，输送减缓，输送到硅熔体表面挥发的 SiO 量也减少了。另外，为了减少熔硅和石英坩埚的作用，工业界常常在石英坩埚内壁涂覆 SiN 涂层，以阻碍熔硅和石英坩埚的直接作用，从而降低铸造多晶硅中的氧浓度。

氧在硅中的分凝系数为 1.25 左右，因此氧在铸造多晶硅的分布为先凝固部分的氧浓度高，后凝固部分的氧浓度低，即氧浓度一般从先凝固的晶锭底部到最后凝固的晶锭上部逐渐降低。晶锭底部的氧浓度可高达 $1.3 \times 10^{18} \, \text{cm}^{-3}$，随着晶锭高度的增加，氧浓度迅速降低，接近 $3 \times 10^{17} \, \text{cm}^{-3}$。由于晶体生长和冷却过程的不同，导致硅熔体与石英坩埚的接触时间、侵蚀程度不同，因此，不同方式制备的铸造多晶硅中的氧浓度也不同。浇铸多晶硅由于熔硅与坩埚接触在高温下时间短，中部和上部的氧浓度与直熔法相比较低。

多晶硅晶体生长系统中仅仅依靠热对流，氧在硅熔体中的扩散是不充分的，因此硅熔体中的氧分布是不均匀的，在靠近坩埚底部的硅熔体中，氧浓度会高一些。同样地，在坩埚壁附近氧浓度也会相对高一些。相对于中心部位而言，坩埚壁附近的硅熔体首先凝固，间隙氧浓度从边缘到中心也是逐渐降低的。在坩埚壁附近的晶体边缘，氧浓度达到 $1.4 \times 10^{18} \, \text{cm}^{-3}$，离开边缘 2cm 后，氧浓度迅速降低至 $3 \times 10^{17} \, \text{cm}^{-3}$ 以下。

为了降低氧浓度，在实际工艺中使用涂覆 Si_3N_4 等涂层的石英坩埚，使熔硅和石英坩埚实现物理隔离，可使多晶硅中的氧浓度大幅度下降。目前，优质铸造多晶硅中间隙氧浓度可以低于 $5 \times 10^{17} \, \text{cm}^{-3}$。

6.1.2 多晶硅中氧的存在状态

氧以过饱和间隙状态存在于直拉单晶硅中，形成 Si-O-Si 键合。间隙氧本身在硅中是电中性杂质，并不影响硅的电学性质。但是由于铸造多晶硅的晶体生长和冷却过程接近 50h，晶体生长完成后，在高温中停留较长时间，相当于经历了从高温到低温的不同温度的热处理，特别是晶体底部凝固较早的部分，其经历的热处理过程更长。因此，如果氧浓度较高，很容易在原生铸造多晶硅中产生氧施主和氧沉淀。

当直拉单晶硅在 300～500℃ 热处理时，会产生与氧相关的施主效应。氧施主效应具体表现为会产生大量的施主电子，使得 N 型硅的电阻率下降，P 型硅的载流子浓度减少，电阻率上升；施主效应严重时，甚至可以使 P 型晶体硅转化为 N 型晶体硅，这种与氧相关的施主就叫做热施主。由于铸造单晶硅的降温过程相对缓慢，使得氧热施主的形成不可避免，但由于热施主行为的复杂性，很多问题依然没有定论。

在合适的热处理条件下，氧在硅中析出，除了氧施主以外，氧析出的另一种形式是氧沉淀。在低温热处理时，过饱和的氧一般聚集形成氧施主；在相对高温热处理或多步热处理循环时，过饱和的氧就析出形成氧沉淀。热处理温度 600～1250℃ 时，硅中过饱和的氧析出形成氧沉淀，其主要成分就是 SiO_x。氧沉淀是中性的，没有电学性能，但是其体积为硅原子体积的 2.25 倍。在形成沉淀时，会从沉淀体中向晶体内发射自间隙硅原子，导致硅晶格中自间隙原子饱和而发生偏析，产生位错、层错等二次缺陷，对太阳能电池的性能产生极为不利的影响。影响多晶硅中氧沉淀的形成、结构、分布和状态的因素很多，主要有初始氧浓度、热处理的温度、热处理的时间和碳、氮及其他杂质原子的浓度、原始晶体硅的生长条件、热处理气氛、次序等。

初始氧浓度是决定氧沉淀的主要因素之一。氧浓度小于某个极限值时，氧沉淀几乎不产生，大于某个极限时大量产生。影响氧沉淀的另一个因素是热处理的温度。因为氧在硅中的固溶度随温度的下降而不断下降，所以，具有一定浓度的氧在不同温度时的过饱和度是不同的，这是氧沉淀产生的必要条件。氧沉淀形成过程也是形核与长大的过程，形核驱动力是氧在硅中的过饱和度，随温度下降而升高；长大的过程为氧的扩散过程，扩散系数随温度升高而升高。氧沉淀形成的本质实际上是过饱和的间隙氧原子向形核中心扩散的过程。

根据氧沉淀的形成过程，可将温度分为低温热处理（600～800℃）、中温热处理（850～

1050℃）和高温热处理（1100～1250℃）三个温度区间。在低温热处理时，间隙氧的过饱和度大，形核临界半径小，氧沉淀易于形核且沉淀密度大。但是由于温度较低，氧的扩散慢，所以氧沉淀的核心小。该温度区间又称为"氧沉淀形核"温度。在该温度区间，氧沉淀的形态主要是棒状，又称针状或带状，认为是 SiO_2 的高压相柯石英所构成。中温热处理时，氧的过饱和度大，扩散能力也强，氧沉淀的核心极易长大，氧沉淀量大增，此时的热处理温度区间又被称为"氧沉淀长大"温度。此时氧沉淀的形态主要是片状沉淀。高温热处理时，氧的扩散速率大，利于氧沉淀的形成和长大；但是，此时的氧过饱和度低，氧沉淀的驱动力弱，沉淀的临界形核半径大，所以实际生产的氧沉淀很少；而且热处理温度高，导致小于临界形核半径的氧沉淀核心会收缩，重新溶入硅基体中去，从而使氧沉淀的核心密度小，最终氧沉淀量较少。高温热处理产生的氧沉淀主要是多面体沉淀。实际的退火过程中，并不是只出现一种形态的氧沉淀，可能两种形态都会出现，只是其中一种占主要而已。为了消除原生氧沉淀，可以将多晶硅 1300℃ 左右热处理 1～2h 后迅速冷却。

在一定温度下，热处理时间是决定氧沉淀的重要因素。通常在高温形成氧沉淀时有三个阶段：氧沉淀少量形成，表现出一个孕育期；氧沉淀快速增加；氧沉淀增加缓慢，接近饱和。此时，间隙氧浓度趋近该温度下的饱和固溶度。氧沉淀形成时，晶体硅中的缺陷、杂质、掺杂剂都可能提供氧沉淀的异质核心影响氧沉淀的形成。

对于太阳电池直拉单晶硅及电池工艺而言，其常用热处理气氛有高纯的氩气、氮气、氧气、氨气等。其中氩气为惰性气体，化学活性很弱，对氧沉淀几乎没有附加影响，在实验室中往往被作为衡量其他气氛对氧沉淀影响的标准。纯氧化气氛（如干氧、湿氧）抑制氧沉淀，主要原因是氧化时在表面生成 SiO_2 层，有大量的硅原子从硅表面进入体内，导致氧沉淀被抑制。氮化气氛对氧沉淀有促进作用，这是因为硅氮化可能产生大量的空位扩散到体内，对氧沉淀有促进作用。

硅中的杂质原子对氧沉淀的影响也各不相同，C、H、B 等原子对氧沉淀的形成有明显影响。C 通过形成异质形核中心（C_i-O_i）或者作为催化剂改善氧沉淀的界面能来促进氧沉淀；H 形成与氢相关的聚合体来提供形核中心；B 则形成 B-O 复合体。

6.2　铸造多晶硅中的碳、氮和氢

6.2.1　铸造多晶硅中的碳

碳是铸造多晶硅中一种重要杂质。碳的主要由以下几个方面引入：a. 原材料来源复杂，除了高纯多晶硅还包括微电子用直拉单晶硅的头尾料，碳含量比较高；b. 熔硅过程中石墨坩托与石英坩埚之间的高温反应所生成的 CO 进入晶体生长区；c. 气体中微量的氧与水同石墨系统高温反应所生产的 CO 进入熔硅而引入；d. 由于铸锭炉密闭性差微量漏水、漏气把石墨器件高温氧化，形成的 CO 进去熔硅。整个系统的温度最高可达 1500～1550℃，以便能使硅在短时间内熔化，在这种条件下，石墨坩托与其支撑的石英坩埚外表面发生化学反应而生成 CO，这是碳杂质的主要来源。所以，铸造多晶硅中的碳含量常常是比较高的。

碳的分凝系数为 0.07，远小于 1，因此在铸造多晶硅凝固时，从底部首先凝固的部分开始到上部最后凝固的部分，碳浓度逐渐增加，在晶体硅的上部近表面处，碳浓度超过 $1 \times 10^{17} cm^{-3}$，甚至可以超过碳在硅中的固溶度（$4 \times 10^{17} cm^{-3}$）。因此在高碳的铸造多晶硅上部可以发现 SiC 颗粒的存在。碳在硅中的实际有效分凝系数还取决于晶体的生长速度，在高速生长时，其实际有效分凝系数大大增加，甚至接近于 1。在正常的生长速率下生长时，由于它的分凝系数很小，碳浓度在晶体中能形成微观起伏，造成碳条纹。

碳在硅中主要处于替位位置，属于非电活性杂质。由于碳的原子半径小于晶格中硅原子的半径，所以当碳原子处于晶格位置时会引入晶格畸变，碳浓度的增加造成晶格常数的减小。在器件制造过程中，由于氧沉淀、离子注入或等离子工艺而引入的自间隙硅原子能够被替位碳原子俘获，进行位置互换，也可能形成间隙态的碳原子。这些间隙碳原子在室温下也是可移动的，可以与替位碳原子、间隙氧原子、硼原子和磷原子结合，形成各种各样的复合体。

一般认为碳能促进氧沉淀的形成，特别是在低氧硅中，碳对氧沉淀的生成有强烈的促进作用。碳的原子半径比硅小，引起晶格畸变，容易吸引氧原子在其附近聚集，形成氧沉淀核心。碳吸附在氧沉淀和基体的界面上，还可以降低氧沉淀的界面能，起到稳定氧沉淀核心的作用。碳对氧沉淀和氧施主产生影响还有可能在于氧原子和碳原子在氧聚集的初期形成大量的 C-O 复合体。但是这个复合体的结构、性质还不是很清楚。

到目前为止，还没有直接的证据表明铸造多晶硅中的位错、晶界对碳的基本性质和沉淀性质有重大影响。

6.2.2　铸造多晶硅中的氮

由于铸造多晶硅在晶体生长时，容易引入高浓度的氧、碳杂质，对太阳电池的性能起破坏作用。而且，晶体冷却时，晶体硅和石英坩埚可能产生粘连，导致石英坩埚的破裂。所以，在制备铸造多晶硅用的石英坩埚或石墨坩埚内壁涂覆一层 Si_3N_4，以隔离熔硅和坩埚的直接接触。在晶体生长时，虽然 Si_3N_4 的熔点较高，不会熔化，但仍然有部分 Si_3N_4 可能溶解进入硅熔体，最后进入铸造多晶硅。氮仅仅来源于坩埚涂层，所以总的氮杂质的浓度不高，不是铸造多晶硅中的主要杂质，具有能够增加机械强度、抑制微缺陷、促进氧沉淀等特点。在晶体硅中，氮的分凝系数非常小，约为 7×10^{-4}，在铸造多晶硅晶体生长时在固相、液相中的分凝现象特别明显。氮浓度自先凝固的晶体底部到晶体上部逐渐增加。

氮在晶体硅中存在的主要形式是氮对，有两个未配对电子和相邻的两个硅原子以共价键结合，形成中性的氮对。氮对和晶体硅中的其他 V 族元素的性质不同，在硅中不呈施主特性，通常也不引入电学中心。仅有 1% 左右的氮原子在晶体硅中处于替位位置，其浓度低于 $1\times10^{13}\,cm^{-3}$，对硅材料和器件的性能影响极小，通常可以忽略。

晶体硅中氮的饱和固溶度较低，在硅熔点 1420℃ 时约为 $5\times10^{15}\,cm^{-3}$，当铸造多晶硅中的氮浓度超过固溶度时，有可能产生 Si_3N_4 颗粒或者存在于多晶硅的晶界上或者产生于固-液界面上。由于氮化硅颗粒的介电常数和硅基体不同，会影响太阳电池的性能。氮化硅颗粒在固-液界面上形成还会导致细晶的产生，增加晶界的数目和总面积，最终影响太阳电池的性能。

晶体硅中的氮在晶体生长或器件加工的热处理工艺过程中，可以和铸造多晶硅中的主要杂质氧作用，形成氮氧复合体，影响材料的电学性能。通常在晶体底部氮浓度很低，几乎探测不到氮氧复合体的形成；随着晶体的生长，氮浓度逐渐增大，氮氧复合体的浓度逐渐增大；最后，由于晶体上部氮浓度高，但氧浓度低，又逐渐降低。因此，铸造多晶硅中氮氧复合体的浓度主要取决于氧、氮浓度。氮氧复合体是一种浅热单电子施主，可以为晶体硅提供电子。但是，由于硅中氮的固溶度不高，所以晶体硅中的氮氧复合体浓度也不高，一般低于 $(2\sim5)\times10^{14}\,cm^{-3}$ 且可以消除。在大部分情况下，氮氧复合体对晶体硅的电阻率几乎没有

光伏硅晶体材料的制备、表征及应用技术

影响。

6.2.3　铸造多晶硅中的氢

早期氢气被用作区熔单晶硅生长中保护气的成分用来防止感应线圈和晶体之间出现电火花，抑制旋涡缺陷的产生。近 20 年来，氢主要用于和晶体硅中的缺陷和杂质作用，钝化其电活性，能够改善单晶硅和多晶硅的电学性能。铸造多晶硅由于存在大量的晶界和位错，对太阳电池的性能产生了严重影响。为了降低晶界、位错等缺陷的作用，氢钝化成为铸造多晶硅太阳电池制备工艺中必不可少的步骤，可以降低晶界两侧的界面态，降低晶界复合，也可以降低位错的复合作用，最终明显改善太阳电池的开路电压。

在铸造多晶硅生长时基本上不涉及氢杂质的引入，所以原生的铸造多晶硅中是不含氢杂质的。当铸造多晶硅在经历氢钝化时，氢原子就进入晶体硅内。通常，铸造多晶硅可以在氢气、等离子氢气氛、水蒸气、含氢气体或空气中热处理进行氢钝化。最常用的氢钝化工艺有两种：一是在混合气氛（20%氢气＋80%氮气）中，约 450℃左右对硅片进行热处理；二是在制备氮化硅的过程中，利用等离子态的氢对多晶硅的晶界起氢钝化作用。在现代铸造多晶硅太阳电池工艺中，氢钝化通常和 SiN 减反射膜的制备同时进行。

在室温下，氢在铸造多晶硅中很难以单独的氢原子或氢离子的形式存在，通常都是和其他杂质和缺陷作用以复合体的形式存在。这些复合体大多都是电中性的，所以氢可以钝化杂质和缺陷的电学活性。一般认为，在低温液氮或液氦温度，硅中的氢原子占据晶格点阵的间隙位置，以正离子或负离子两种形态出现，正离子氢在 P 型晶体硅的晶格中占据键中心位置，而负离子氢在 N 型晶体硅的晶格中占据反键中心位置。温度稍高一些，这两种离子氢可以结合起来，形成一个氢分子，它们可以被电子顺磁共振或红外光谱探测到。当含氢晶体硅在 200K 以上时，氢原子产生偏聚，与其他杂质、点缺陷或多个氢原子形成复合体或沉淀，在红外光谱中探测出的氢都消失。

与硅原子相比，氢原子的半径很小，一般认为氢在晶体硅中的扩散很快。当晶体硅在氢气中高温热处理时，氢原子极易扩散进入晶体硅。因为氢很容易和其他杂质或缺陷作用，所以铸造多晶硅中的杂质和缺陷都有可能对氢的扩散产生影响。在富氧的晶体硅中，氢扩散相对较慢，可能是氧或氧沉淀与氢结合，阻碍了氢的扩散；而在富碳的晶体硅中，氢扩散则较快；当氢和空位点缺陷结合时，它的扩散可能要比通常情况高几个数量级。

氢对于晶体硅中的主要杂质氧作用主要表现在两个方面：一是氢和氧作用能结合成复合体；二是氢可以促进氧的扩散，增强氧沉淀、氧施主的生成。如果在氢气中热处理，硅中氧沉淀和氧施主的浓度会比在氩气中热处理的要多。

铸造多晶硅中氢的最主要作用是钝化晶界、位错和电活性杂质的电学性能。在多晶硅中存在由各种杂质、复合体和缺陷引起的浅施主、浅受主和深能级中心，对少数载流子寿命等造成重要影响，导致晶硅和器件性能的下降。氢的掺入可以与这些杂质和缺陷作用，有效地钝化电活性，改善晶硅和器件的质量。氢钝化的效果是与硅中氢的外扩散和在缺陷处的沉积相关的。在沉积 SiN 薄膜时，有大量分子存在于 SiN 薄膜中。在沉积过程以及后续的热处理时，氢分子扩散到晶体硅中，在空位的帮助下分解为快扩散的氢原子。空位主要是由铝背场和电极制备时 Si 原子进入 Al 膜，生成 Al-Si 合金，从而在晶体硅体内形成一定量的空位。最后，氢原子与杂质、缺陷的未饱和的悬挂键结合，导致杂质、缺陷电学性能的钝化。一般认为氢与硅中浅施主结合，可以形成 D^--H^+ 中心；与浅受主结合，则形成 A^+-H^- 中心；与钴、铂、金、镍等深能级金属结合，形成复合体，去除或形成其他形式的深能级中心；在高浓度掺硼的单晶硅中，氢容易和硼原子结合，形成氢硼复合体（H-B）；还能与位错上的悬挂键结合，达到去除位错电活性的目的；也可以和空位作用，形成 VH_n 复合体；与自间隙原子结合，会产生 IH_2 复合体。

氢还可以钝化晶体硅的表面。硅表面含有大量的悬挂键，形成表面态引入复合中心，降低少数载流子的寿命。氢原子与悬挂键结合，可以消除表面态，改善材料的性能。

6.3 铸造多晶硅中的金属杂质和吸杂

6.3.1 铸造多晶硅中的金属杂质

6.3.1.1 金属杂质的来源

金属是硅材料中非常重要的杂质，对于铸造多晶硅，一方面多晶硅原料来源复杂，本身可能含有一定量的金属杂质；另一方面，为了降低成本，硅太阳电池的制备不在超净房中进行。因此金属的影响不能忽略。金属杂质的引入方式主要有三种方式：第一种是在硅片切片、倒角等制备过程中直接与金属工具接触引入的；第二种是在硅片清洗或湿化学抛光过程中使用不够纯的化学试剂；第三种则是在工艺过程中，使用不锈钢等金属材质的设备。

Cu、Fe 和 Co 等常见金属杂质由于在硅中的分凝系数一般远小于1，所以最后凝固的部分晶硅中金属杂质浓度较高；而在铸造多晶硅的底部，虽然根据分凝其金属杂质浓度应该较低，但是这部分晶体紧靠石英坩埚，石英坩埚中的金属杂质会污染到这部分晶体，所以晶体底部的金属杂质浓度也较高。因此金属杂质的浓度分别在上部和底部约10%以内的区域内最高，在中部的浓度较低。

还有一些金属，如 Zn、Cr 和 Ag 等其杂质浓度在晶体硅中自上部到底部基本相同，其原因到目前为止尚不是很清楚。可能是这类金属的扩散系数相对较小，在晶体硅中扩散相对较慢，从石英坩埚中得到的污染较少；也有可能是该类金属杂质在晶体硅中的浓度原本较小，在硅片制备过程中有相对多的金属污染出现在硅片表面上，导致晶体上部、底部测得的相关金属浓度基本一样。

6.3.1.2 金属杂质的形态

硅中的金属杂质一般以间隙态、替位态、复合体或沉淀的形式存在，存在形式主要取决于硅中过渡族金属的固溶度、扩散速率、热处理温度和冷却方式等基本的物理性质和材料或器件的热处理工艺。特别是铸造多晶硅中含有晶界、位错等大量缺陷，使得金属杂质易于在这些缺陷处形成金属沉淀，其对太阳电池性能的破坏作用更大。

（1）间隙态和替位态

一般情况下，如果某金属杂质的浓度低于该金属在晶体中的固溶度，会以间隙态或替位态形式的单个原子存在。对于硅中金属杂质而言，大部分金属原子以间隙态为主；如果某金属杂质的浓度大于其在晶体硅中的固溶度，则可能以复合体或沉淀的形式存在。在高温时，硅中金属浓度一般低于固溶度，主要以间隙态存在在晶体硅中。在低温时，硅中金属的固溶度较小，晶体硅中的金属是过饱和的。此时，晶体硅的冷却速率和金属的扩散速率起到主要作用。

如果高温热处理后冷却速率很快，而金属的扩散速率又相对较慢，金属来不及运动和扩散，将以过饱和、单原子形式存在于晶体硅中，为间隙态或替位态。一般而言，硅中金属是以间隙态存在的，如硅中的铁杂质等。此时的金属杂质是具有电活性的，形成了具有不同电荷状态的深能级，如单施主、单受主、双施主等，有时也会同时出现浅受主和浅施主的状态。实际上，即使金属以单个原子形态存在晶体硅中时，这些金属原子也是不稳定的，如施主-受主对，有些复合体也具有电活性。进一步低温退火时，这些复合体还会聚集，最终能形成金属沉淀。硅中金属的固溶度随温度降低迅速下降，而且不同温度或同一温度的不同金属的固溶度都不同，相差可达几个数量级。金属在硅中饱和固溶度最大的是铜和镍，其最大固溶度约为 $10^{18}\,cm^{-3}$。与磷、硼等掺杂剂相比，硅中金属杂质的固溶度很小，而硅中磷和硼的最大固溶度分别可达 $10^{21}\,cm^{-3}$ 和 $5\times10^{20}\,cm^{-3}$。铁、铜和镍是单晶硅中的主要金属杂质，其固溶度也相对较高。随着温度的降低，金属在硅中的饱和固溶度迅速减小，因此硅中金属大多是过饱和状态。

金属原子在晶体硅中的扩散一般以间隙和替位扩散两种方式进行。间隙扩散就是金属原子处于晶体硅的间隙位置，扩散时从一个间隙位置移动到另一个间隙位置。替位扩散则有空位机制和"踢出"机制。空位机制指的是金属原子逐次占据空位位置，促使空位移动到晶体的另一个位置或扩散到表面，达到金属原子迁移的目的。而"踢出"机制是金属原子逐次占据晶格结点，踢出一个自间隙硅原子，使之沉积形成位错、层错等缺陷或移动到表面，达到金属原子迁移的目的。显然，间隙扩散要比替位扩散快。而晶体硅中的绝大部分金属处于间隙位置，以间隙方式扩散，所以扩散速率很快，最快的扩散系数可达 $10^{-4}\,cm^2/s$。对于快扩散金属铜而言，在 1000℃ 以上仅数秒就能穿过 $650\,\mu m$ 厚的硅片。因此一旦晶体硅的某部分被金属污染，很容易扩散到整个硅片。

（2）复合体和沉淀

多种金属可以在硅中形成复合体，但是晶体硅中最常见且最重要的金属复合体是铁-硼对，其他复合体在晶体硅中非常少见。铁硼复合体的形成减少了硼掺杂的浓度，能对其余的硼原子起一定程度的补偿，导致载流子浓度降低，电阻率升高。通常，处于间隙态的铁原子可以方便地扩散，可以在晶格的 <111> 方向与硼结合，形成铁硼复合体。铁硼复合体是电活性的，能引入深能级。在 200℃ 以上热处理或在太阳光长时间照射时，铁硼复合体会重新分解，形成具有深能级的间隙 Fe 并有铁沉淀生成。

金属在晶体硅中的沉淀相结构主要取决于高温热处理的温度。一般对于硅中的过渡族金属，其沉淀相结构为 MSi_2，M 为相关金属，如 Fe、Ni、Co 等。铜沉淀是个例外，其沉淀相结构为 Cu_3Si。金属在冷却过程中形成沉淀，既可以是均质成核也可以是异质成核。实际纯金属中也总不可避免地含有一些杂质，金属熔化后，难熔杂质的细小质点将分布于液体中，液态金属结晶时，晶核往往优先依附于这些杂质的表面而形成。这种依附于液态金属中某些杂质点形核，叫做异质成核。均质形核也称自发形核、均匀形核等，指的是熔融金属仅因过冷而产生晶核的形核过程，即在均一的液相中，靠自身的结构起伏和能量起伏形成新相核心的过程。金属在硅中沉淀的密度和形态与其形核方式大有关系。例如铜沉淀的驱动力来源于自间隙铜的过饱和度，而阻力来源于相变时的应力以及自间隙铜沉淀的静电排斥作用。如果冷却速度快，驱动力大，均匀成核，就会形成片状铜沉淀。反之，冷却速度慢，会形成球状铜沉淀。

金属沉淀的密度和大小还与冷却速率、金属的扩散速率相关。对于快速扩散金属，在高温热处理后淬火，形成的沉淀具有高密度、小尺寸且没有特征形态的特点。化学腐蚀后，腐蚀坑大多呈点状，沉淀基本均匀地分布在体内；如果在高温处理后缓慢冷却，形成的沉淀一般密度小、尺寸大且有特定形态，在择优腐蚀后典型的腐蚀坑为棒状、十字状或星状。

金属沉淀可能出现在体内或表面,有时会同时出现在体内和表面,这取决于金属扩散速率、冷却速率和硅片样品的厚度。如果金属的扩散速率快,冷却速率慢,且样品不是很厚,金属就会沉淀在表面,如铜和镍金属;而对于扩散速率相对较慢的金属,他们往往沉淀在体内。铸造多晶硅中含有大量的晶界和位错,这些缺陷成为金属沉淀的优先场所,因此铸造多晶硅中的金属常常沉淀在晶界和位错处。

6.3.1.3 金属杂质对材料性能的影响

当金属原子以单个形式存在于晶体硅中时具有电活性,也是深能级复合中心,所以原子态的金属从两方面影响硅材料和器件的性能。一方面电活性影响载流子浓度,当其浓度很高时,就会与晶体中的掺杂起补偿作用,影响载流子浓度;另一方面原子态的金属对器件性能的影响更主要地体现在它的深能级复合中心性质上,其对硅中少数载流子有较大的俘获截面,导致少数载流子的寿命大幅度降低,并且金属杂质浓度越高影响越大。金属杂质浓度对少数载流子寿命的影响为:

$$\tau_0 = 1/v\sigma N \tag{6-1}$$

式中,τ_0 为少数载流子寿命;v 为载流子的热扩散速率;σ 为少数载流子的俘获面积;N 为金属杂质浓度,cm^{-3}。硅中少数载流子寿命与金属杂质的浓度成反比。

金属在晶体硅中更多是以沉淀形式出现。沉淀并不影响晶体硅中载流子的浓度,但是会影响载流子的寿命。金属沉淀对晶体硅和器件的影响取决于沉淀的大小、沉淀的密度和化学性质。金属沉淀出现在晶体硅内能使少数载流子的寿命减少,降低扩散长度,漏电流增加;金属沉淀出现在空间电荷区,会增加漏电流,软化器件的反向 I-V 特性,对太阳能电池的影响尤为重要;金属沉淀出现在表面,对集成电路来说,将导致栅氧化层完整性的明显降低,引起击穿电压的降低,但是对太阳电池的影响很限。

6.3.2 金属杂质的控制

金属杂质在硅片制备工艺和器件制备工艺中可能会污染硅片表面,一般是物理吸附或化学吸附,可以利用化学清洗予以去除。但是,如果硅晶体经历热处理,金属杂质就会扩散进体内,以各种形式存在,影响材料和器件的性能。

金属杂质能通过金属工具和晶体硅的直接接触污染晶体硅。如果夹持物是金属,金属杂质将会直接污染硅片表面。当夹持物的硬度超过硅材料时,还能在硅片表面引起划痕。在切片、倒角等硅片制造过程中,由于刀具、磨料等设备含有金属杂质,在硅片加工过程中金属杂质也能够污染硅片表面。在溶液中,金属杂质的电负性大小起决定性作用,硅材料本身的电负性为 1.8。当金属杂质的电负性大于 1.8 时,便容易吸附在硅片表面,如铁、铜和镍杂质;反之则不易污染硅片表面。电负性是元素的原子在化合物中吸引电子能力的标度。

另外,在硅太阳电池的制备工艺,包括化学腐蚀、绒面制备、磷扩散、背场制备、减反射膜沉积、金属电极制备等工艺步骤,会遇到来自气体和相关设备的金属杂质的污染。例如,当硅片在石英管内高温热处理时,金属加热体能辐射金属杂质,透过石英管、经保护气而污染硅片。另外,当设备的金属部件或金属内腔直接接触硅片或供气系统中使用铜部件,都可能引入金属杂质。

如果金属污染仅仅在表面,最可靠的去除方法是利用具有腐蚀性的化学清洗剂,除去表面近 1μm 的硅材料，基本上能消除金属污染的影响。但是，化学腐蚀会造成硅片表面的微观不平整或腐蚀坑。如果化学清洗剂不够纯，还可能引入新的金属污染。当金属杂质存在于体内时，可利用内吸杂的方法来解决。

吸杂技术在集成电路工艺中已经广泛使用。硅集成电路的制备工艺中可能会引入微量金属杂质，这些金属杂质在随后的工艺中能够沉积在硅片表面，造成集成电路的失效。通过吸杂技术能够去除器件有源区的金属杂质。所谓的"吸杂技术"是指在硅片的内部或背面有意造成各种晶体缺陷，以吸引金属杂质在这些缺陷处沉淀，从而在器件所在的近表面区域形成一个无杂质、无缺陷的洁净区。吸杂技术根据吸杂点位置的不同可以分为外吸杂和内吸杂两种。

内吸杂是指通过多步热处理工艺，利用氧在热处理时扩散和沉淀的性质在晶体硅内部产生大量的氧沉淀，诱生位错和层错等二次缺陷，造成晶体缺陷，吸引金属杂质沉淀。在硅片近表面，由于氧在高温下的外扩散，形成低氧区域，在后续的热处理中不会在此近表面区域形成氧沉淀及二次缺陷，使近表面区域成为无杂质、无缺陷的洁净区。内吸杂不用附加的设备和附加的投资，也不会因吸杂而引起额外的金属杂质污染，且吸杂效果能够保持到最后工艺，因此，内吸杂技术在集成电路制备中最具吸引力。

对于硅太阳电池而言，当 P-N 结产生光生载流子时要穿过整个截面扩散到前后电极，因此整个截面都是工作区，而不像集成电路的工作区仅仅在硅片表面，因此通过氧沉淀而形成的内吸杂不适用，必须用外吸杂。外吸杂技术是指利用磨损、喷砂、多晶硅沉积、磷扩散等方法，在硅片背面造成机械损伤，引起晶体缺陷，从而吸引金属杂质沉淀，保证硅器件的工作区无缺陷、无金属杂质。对于硅太阳电池，需要尽量节约成本，吸杂工艺最好与原有的太阳电池制备工艺相兼容。对于铸造多晶硅而言，磷吸杂和铝吸杂是常用的吸杂技术。

磷吸杂指的是结合太阳电池的 P-N 结制备的磷扩散层，在背面形成磷重掺层，产生磷硅玻璃（PSG），它含有大量的微缺陷，成为金属杂质的吸杂点；金属原子扩散并沉积在磷硅玻璃层中，通过 HPO_3、HNO_3 和 HF 等化学试剂去除磷硅玻璃层，达到去除金属杂质的目的。磷硅玻璃中含有的大量缺陷能够吸引金属杂质沉淀外，其金属杂质的固溶度要远远大于晶硅，可以沉积更多的金属杂质。因此吸杂机理主要有两种：一种是松弛机理，需要在器件有源区之外制备大量的缺陷作为吸杂点，同时金属杂质要有过饱和度，在高温处理后的冷却过程中进行吸杂；另一种是分凝机理，是在器件有源区之外制备一层具有高固溶度的吸杂层，金属杂质会从低固溶度的晶体硅中扩散到吸杂层内沉淀，达到金属吸杂和去除的目的，不需要高的过饱和度。

除了磷吸杂外，铝吸杂也是铸造多晶硅太阳电池工艺常用的吸杂技术。铝薄膜的沉积可以作为太阳电池的背电极，也可以起到铝背场的作用。铝吸杂是利用溅射、蒸发等技术在硅片表面制备一薄铝层，热处理后使铝膜和硅合金化形成 AlSi 合金，在靠近 AlSi 合金层处形成一高铝浓度掺杂的 p 型层。硅中的金属杂质会扩散到 AlSi 合金层或高铝浓度掺杂层沉淀，导致体内金属杂质浓度大幅度减小。将硅片在化学溶液中去除 AlSi 层、高铝浓度掺杂层，达到去除金属杂质的目的。

间隙态的金属杂质容易被吸除，金属沉淀特别是在晶界、位错处的金属沉淀很难被吸除。因此，在吸杂时先利用高温（>1100℃）短时间热处理，使金属沉淀重新溶解在晶体内以间隙态或替位态存在，然后再缓慢降温，使得这些金属离子扩散到近表面处的磷吸杂层或铝吸杂层，最后予以去除。在实际铸造多晶硅太阳电池工艺中，常常将铝吸杂和磷吸杂结合使用，以提高金属吸杂的能力。

总的来说，防止金属污染的方法主要有以下几种。

① 防止任何金属工具与晶硅直接接触。如果使用的是特种的塑料夹具，应避免长时间使用，实行定期、有规则的清洗制度，保证夹具的清洁。

② 在清洗硅片时尽量使用高纯的清洗剂，金属杂质的浓度越低越好。如果金属杂质的浓度略高，在清洗剂反复使用数次后要尽早更换新的清洗剂。另外，根据部分重要金属杂质易于吸附在硅片上的特性，可以在清洗剂中置放大量的无用破损硅片，以除去或减少清洗剂中的金属杂质。

③ 如果炉内进行高温热处理时，最好能够利用双层石英管隔绝来自金属加热件的污染。

④ 可以利用氧气和 1％HCl 的混合气体，以比所需要温度高约 50℃的温度进行适当时间的热处理，使大部分金属污染杂质与氧气反应，形成可移动或可挥发的氧化物并由气体带出炉体，从而减少可能的污染。

⑤ 采用磷吸杂和铝吸杂减少金属污染。

6.4 铸造多晶硅中的缺陷

6.4.1 铸造多晶硅的晶界

在铸造多晶硅的制备过程中，由于有多个形核点，所以凝固后形成多晶体。在晶粒的相交处，硅原子有规则、周期性的重复排列被打断，存在着晶界，出现大量的悬挂键，形成界面态，影响太阳电池的光电转换效率。如果能有效控制铸造多晶硅的晶体生长过程，使晶粒沿着晶体生长的方向呈柱状生长，且晶粒尺寸大于 10mm、分布均匀就能降低晶界的负面作用。

在铸造多晶硅中，绝大部分的晶界（＞80％）是大角晶界，只有少量的小角晶界。根据重合位置模型，大角晶界可分为特殊晶界（CSL，用 Σ 值表示）和普通晶界（random，用 R 表示），特殊晶界又可分为 E3、E9 和 Σ27 型等晶界。E3 晶界占到大角度晶界的 30％～50％，其次是 R 晶界比较多。晶界对晶体硅电学性能的影响主要是由于晶界势垒和界面态两方面。在一定条件下，电荷可以从晶界两侧通过，导致在晶界两侧形成空间电荷区，形成晶界势垒。势垒高度与界面态的密度及其在能带中的位置有关。由于杂质在晶界处分凝富集，如何描述晶界核心区域的电学性质以及晶界势垒测量方面仍然存在争议。但是可以用深能级瞬态谱大致测试晶界上悬挂键造成的界面态密度和能级位置。铸造多晶硅的晶界势垒可达 0.3eV，对应的界面态密度约在 10^{13} cm^{-2} 左右。

由于晶界两侧存在空间电荷区，导致形成了一定的电场梯度，晶界附近的少数载流子将快速漂移到晶界，与晶界界面态上俘获的多数载流子复合。晶界的复合与晶界的结构类型相关。例如 Σ3 型的晶界是浅能级复合中心，而其他晶界则是深能级复合中心。一般没有金属污染的纯净的晶界是不具有电活性的或者电活性很弱，不是载流子的俘获中心，并不影响多晶硅的电学性能。但是晶界有吸引金属杂质沉淀的能力，晶界附近的高浓度金属杂质会扩散到晶界上沉淀，导致少数载流子寿命大幅度降低。金属杂质浓度越高，对晶界的电活性影响就越大。

另外，不同的晶界结构对金属的吸杂能力也是不同的。例如 Fe 污染的铸造多晶硅，其 E3{111} 晶界很难形成沉淀，Fe 易于在 Σ3{110} 和 E3{112} 晶界上沉淀。一般普通晶界吸引金属杂质沉积的能力要大于高 Σ 的晶界，而低 Σ 的晶界吸引金属杂质的能力最弱。

由于晶体生长技术和原材料的原因，绝大部分的原生铸造多晶硅本身就存在不同程度的金属污染。因此，原生铸造多晶硅的晶界一般都具有一定的电活性，除晶界结构、金属杂质以外，电活性的大小还受其他多种因素的影响。如晶体生长时的固-液界面形状也会影响晶界的性能。研究认为，平直的固-液界面导致晶界的电学性能最弱。晶粒越细小，晶界的面积就越大，对材料性能的影响越大。铸造多晶硅由于晶粒较大，晶界的影响比较弱，特别是晶锭的上部随着高度的增加，通过兼并邻近的晶粒逐渐增大，可达到10mm以上，晶界对材料光电转换效率的影响很小。当晶界垂直于器件表面时，对光生载流子的运动几乎没有阻碍作用，对材料的电学性能几乎没有影响。因此，铸造多晶硅晶柱的生长方向要求垂直于生长界面，晶锭切割后，晶界的方向便能垂直于硅片表面。在现代优质铸造多晶硅中，晶界不是制约材料电学性能的主要因素。

6.4.2　铸造多晶硅中的位错

原生缺陷是指晶体生长过程中引入的缺陷，对于晶硅而言，主要有点缺陷、位错和微缺陷；二次诱生缺陷是指在硅片或器件加工过程中引入的缺陷，除点缺陷和位错以外，层错是主要可能引入的晶体缺陷。对于太阳电池用晶硅，点缺陷的性能研究很少，工艺诱生的层错也比较少，位错是主要的晶体缺陷。

铸造多晶硅在晶体凝固后的冷却过程中，由于从晶锭边缘到晶锭中心，从晶锭底部到晶锭上部，散热的不均匀会导致晶锭中热应力的产生；另外，晶体硅和石英坩埚的热膨胀系数不同，在冷却过程中同样会产生热应力。热应力导致在晶粒中产生大量的位错，影响铸造多晶硅太阳电池的效率。铸造多晶硅中热应力的产生和分布是很复杂的，受多种因素影响，如升温速度、降温速度、热场分布等。但是一般来说，从晶锭底部到晶锭上部，位错密度呈"W"形，即晶锭底部、中部和上部的位错密度相对较高。

位错线位于易滑移的晶面上，该晶面一般是晶体点阵的密排面。对于晶体硅而言，其密排面为（111）面，其次为（110）和（100），密排方向为<110>方向，所以晶体硅中最易发生的位错运动一般是在（111）面的<110>方向。晶体硅中，最常见的位错是60°位错。滑移面为（111），滑移方向为<110>，位错线的方向与伯氏矢量方向呈60°角，是刃型位错和螺型位错组合而成的混合型位错。晶体硅中，另一种常见的位错是90°位错。滑移面为（111），滑移方向为<110>，位错线的方向与伯氏矢量方向呈90°角，是一种纯刃型位错。

位错具有悬挂键，它可以失去电子以供给晶体硅，类似于施主杂质；或者它接受电子，形成稳定的电子结构，类似于受主杂质，形成受主能级。一般认为，在N型硅中，位错表现为受主，在P型晶体硅中，位错表现为施主，所以会产生补偿作用，对载流子浓度产生一定的影响。铸造多晶硅中的位错具有高密度的悬挂键，具有电活性，可以直接作为复合中心，导致少数载流子寿命或扩散长度降低。也有研究认为洁净、没有污染的位错的电活性很弱，但是金属杂质和氧、碳等杂质容易在位错上偏聚、沉淀，造成新的电活性中心，导致电学性能的严重下降，最终影响材料的质量。如果位错贯穿P-N结，可以导致扩散增强现象。位错造成的晶格畸变容易形成杂质扩散的"管道"，在位错线的位置扩散特别迅速。太阳电池磷扩散工艺中，磷杂质容易沿位错管道增强扩散，导致P-N结的不平整或贯穿，直接影响太阳电池的效率。

根据晶体生长方式和过程的不同，铸造多晶硅中的位错密度约为 $10^3 cm^{-2} \sim 10^9 cm^2$，典型的位错密度约为 $10^6 cm^{-2}$，位错密度相对较高，因此位错和多晶硅材料的扩散长度有明显的关系。随着位错密度的增加，俘获密度呈线性增加，少数载流子的俘获密度越高，材料的电学性能越差。

习 题

1. 分析铸造多晶硅中碳、氧杂质的来源。
2. 说明铸造多晶硅中的氧沉淀在不同温度区间的形成特点。
3. 铸造多晶硅中的氢杂质来源于哪里？主要起到什么作用？
4. 分析金属杂质对多晶硅性能的影响。
5. 采用哪些措施可以控制金属杂质？
6. 简述吸杂机理并说明太阳能电池用的磷吸杂是如何产生作用的。
7. 分析位错如何影响多晶硅的性能。

第三部分　硅片加工

　　硅片作为太阳能电池中的核心原料，其生产成本是影响光伏发电价格的关键。

　　硅片生产是将经检测合格后的硅棒通过线切割的方式切割成硅片，是目前最成熟的工业化硅片生产方式。线切割最早于20世纪90年代被引入光伏行业用于切割硅锭获得硅片，出现后迅速替代内圆切割成为硅片工业生产的主流。线切割主要有传统的砂浆线切割和近些年采用的金刚线切割两类，这一部分主要介绍单晶光伏硅片及铸锭多晶硅片的工艺，对这两种线切割工艺及其相关技术进行介绍。

第7章 硅片加工原辅料和主要设备

常用的硅片可以分为晶圆单晶硅片、单晶硅片和铸锭多晶硅片，其外观见图7-1。晶圆单晶硅片主要用于半导体集成电路，而单晶硅片和铸锭多晶硅片可以用于太阳能电池。多晶硅片相对于单晶硅片有明显的多晶特性，表面能够观察到一个个晶粒形状，而单晶硅硅片表面颜色一致。单晶硅片因为使用硅圆棒的原因，四角有圆形大倒角，而多晶硅片一般采用小倒角。

晶圆单晶硅片   单晶硅片   铸锭多晶硅片

图7-1 硅片外观

硅片的准备过程从硅晶棒开始，到清洁的抛光片结束要经过很多步骤，概括起来主要有修正物理性能，如尺寸、形状、平整度等，减少表面损伤和消除表面沾污和颗粒三类步骤。硅片的用途决定加工工序。对于不同的器件，单晶硅需要不同的机械加工程序。电路级单晶硅用来制作大尺寸晶圆，需要尽量大，只需要滚圆即可，但是要制作参考面。一般需要对单晶硅棒进行切断、滚圆、切片、倒角、磨片、化学腐蚀和抛光等一系列工艺，在不同的工艺间还需进行不同程度的化学清洗。太阳能级单晶硅需要去头尾、滚磨、开方，开方目的是获得四个直边，便于组装；太阳能级铸锭多晶呈规则的立方体，外形较大也比较粗糙，无法直接切片，需要进行开方得到小体积的硅棒，然后再进行切片。对于太阳电池用单晶硅而言，硅片的要求比较低，通常应用前几道加工工艺，即切断、滚圆、切片、倒角、磨片和化学腐蚀等。

7.1 原辅料

7.1.1 传统砂浆线切割用原辅料

最早应用于光伏硅片切割的线切割技术是硅片砂浆线切割技术。硅片砂浆线切割有切削液、碳化硅和钢线三大耗材。多线切割浆料是使用具有一定黏度的切削液与碳化硅混合而成。在游离磨料多线切割过程中，切削液以其高悬浮、高润滑、高分散和高冷却等特性将碳化硅等切割磨料均匀地附着在高速运动的钢丝上，并通过快速运动来带动磨料实现对晶硅的切割加工。因此，传统硅片线切割所用的材料包括切片砂浆、SiC 和钢线。

7.1.1.1 碳化硅

硅是一种硬度很高的材料，能够用于研磨硅晶体的磨料必须具有比硅更高的硬度。目前可以作为硅片研磨的磨料材料主要 Al_2O_3、SiC、ZrO_2、SiO_2、B_4C 等高硬度材料，以 SiC 应用较为普遍。目前碳化硅微粉主要以 1200 # 和 1500 # 为主，硬度高、粒度小且粒径分布集中、切削能力较强、化学性质稳定、导热性能好，是主要的切削磨料。碳化硅有黑碳化硅和绿碳化硅，其硬度分别为 HV＝3100～3280kg/mm^2 和 HV＝3200～3400kg/mm^2，均为脆性材料，自锐性好。但是绿碳化硅含杂质少，硬度和脆性比黑碳化硅高，自锐性更好，磨削能力更强，且具良好导热性、耐高温和不受腐蚀等特性。所谓自锐性指的是当受研磨压力而碎裂时，破碎后的各部分仍保持尖锐的多棱角状。绿碳化硅莫氏硬度为 9.2，密度一般认为是 3.20g/mm^3。

因为线切割时碳化硅为游离状态，切割颗粒的形状变化对切割效率及切割质量有重要影响。除此之外，碳化硅的粒径大小也影响切割的效率和质量。

7.1.1.2 切片砂浆

用于太阳能硅片多线切割的切削液主要为聚乙二醇和碳化硅的悬浮液。聚乙二醇（PEG）为无色透明液体，无毒无异味，不挥发，不易燃，化学性能稳定，浸润性好，排屑能力强且对碳化硅类磨料具有优良的分散特性，带砂能力强。

切片砂浆是按切割密度要求配比的混合金刚砂悬浮液，一般配比为碳化硅 40%＋PEG 60%。线锯切割过程为一段大曲率半径的圆弧锯丝和硅表面之间充满了砂浆。锯丝挤压砂浆，带动碳化硅颗粒用尖锐的棱角切割硅基体。锯丝与硅晶体之间的相对速度、研磨液的黏度及碳化硅颗粒的尺寸分布对切割后硅片的表面质量均有影响。

切削液需要具有以下几个功能。a. 悬浮、分散功能。可以有效悬浮碳化硅颗粒，使碳化硅颗粒在与切割液混合时分布更均匀，提高切割效率，降低切割消耗；b. 润滑作用。切削液在切削过程中可以减小前刀面与切屑及后刀面与已加工表面间的摩擦，形成润滑膜，减小切削力、摩擦和功率消耗，降低刀具与工件坯料摩擦部位的表面温度和刀具磨损，保证切割出来的成品表面光滑，改善工件材料的切削加工性能；c. 冷却作用。通过切削液和因切削而发热的刀具或砂轮、切屑和工件间的对流和汽化作用把切削热从刀具和工件处带走，有效地降低切削温度，降低切割应力，减少工件和刀具的热变形，保持刀具硬度，提高加工精度和刀具耐用度。d. 清洗作用。在金属切削过程中有良好的清洗作用，能除去生成的切屑、磨屑以及铁粉、油污和砂粒，防止机床和工件、刀具的沾污，使刀具或砂轮的切削刃口保持锋利，不影响切削效果。除此之外，能在表面上形成吸附膜，阻止粒子和油泥等黏附在工件、刀具及砂轮上，同时能渗入到粒子和油泥黏附的界面上，使其从界面上分离，随切削液带走，保持切削液清洁；e. 其他作用。还应具备良好的稳定性，在贮存和使用中不产生沉淀或分层、析油、析皂和老化等现象。对细菌和霉菌有一定抵抗能力，不易长霉及生物降解而导致发臭、变质。不损坏涂漆零件，对人体无危害，无刺激性气味。在使用过程中无烟雾或少烟雾，便于回收，低污染，排放的废液处理简便。

一般对切片砂浆有以下要求。a. 适宜的液膜厚度。最小油膜厚度应大于磨料尺寸，使得磨料悬浮在研磨液中，而不是由锯丝直接压在硅晶体上，避免产生线痕。油膜厚度与切割区长度、走丝速度、砂浆黏度和锯丝直径、锯丝转角和锯丝张紧力有关；b. 适宜的砂浆黏度、固液比和流动性。切割效率与走丝速度以及砂浆黏度成正比，故采用大直径磨粒及高黏度砂浆可以提高切割效率。但浆料黏度过高不易进入切割区，锯丝容易直接压在硅晶体上而不是压在悬浮的浆料上，导致切割速度下降，产生线痕、TTV 片及由于干摩擦而断丝的危险；c. 较高的比热容。线锯切割在切割点的温度会很高，故砂浆较高的带热、降温能力会提高切割的效率，避免由于局部过热造成后续产品难以清洗的问题，导致花片；d. 较低的电导率和硅粉含量。砂浆中如果可电离物质含量高，会降低硅片的少子寿命。硅粉量高会形成局部砂浆团聚，降低切割效率，增加清洗难度，产生花片、TTV 片。

7.1.1.3 钢线

切割用钢线是采用高碳钢线材加工制成的高强度、高尺寸精度、表面镀有黄铜镀层的钢丝，能够广泛用于半导体、光伏、集成电路、激光、水晶等行业，不仅具有高强度和高耐磨性，且具有极高的表面质量和均匀的尺寸。钢线直径通常为 $120\sim160\mu m$，长度 $600\sim800km$，通条均匀，有较高的抗拉和疲劳强度。

7.1.2　金刚线

镀铜切割钢丝成本较低，但是生产效率差、污染较大且需要频繁更换。在砂浆切割过程中，由于砂浆中存在碳化硅大颗粒或砂浆结块，造成碳化硅颗粒"卡"在钢线与硅片之间，无法溢出，导致线痕内凹、发亮，较其他线痕更加窄细。另外，由于砂浆的磨削能力不够或者切片机砂浆回路系统问题，会造成硅片上出现密集线痕区域。金刚线主要应用于晶体硅和蓝宝石等硬脆材料的切割，相较传统的砂浆钢线切割具有很大优势。

① 切割效率更高。线速度可达到 $25\sim30m/s$，砂浆线切割只有 $13\sim15m/s$。台速度约为 $1.5mm/min$，砂浆线切割只有 $0.3\sim0.4mm/min$。所以金刚线的单刀切割时间约为 $80\sim120min$，砂浆线切割则长达 $7\sim8h$。

② 硅片厚度更均匀。图 7-2 为砂浆线切割与金刚线切割过程简图。从图中可以看出，传统的砂浆线切割工艺磨料在进刀口相对集中，会引起在进刀口的位置硅片被过度切割，并导致整体硅片厚度的不均匀。金刚线的磨料均匀固定在钢线表面，不会集中在任何地方，不存在磨料聚集的问题。因此金刚线切割硅片厚度的均匀性相较砂浆线切割也更高。

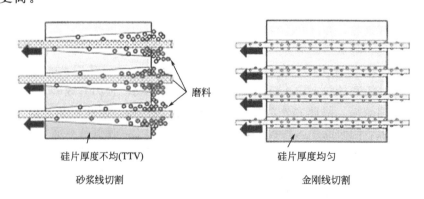

图 7-2　砂浆线切割与金刚线结构简图

③ 硅片厚度更薄。图 7-3 为砂浆线切割与金刚线切割硅片表面 SEM 照片，可以看出相

同条件下传统砂浆线切割的硅片损伤层比金刚线切割的硅片厚。传统砂浆线切割的损伤层厚度一般大于 $15\mu m$，而金刚线切割的损伤层厚度一般为 $4\sim7\mu m$。硅片的损伤层越薄意味着可以加工更薄的硅片，节约硅料，而且硅片损伤层越薄也能提高太阳能电池转换效率。

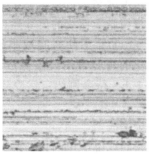

砂浆线切割　　　　　　　　　　　金刚线切割

图 7-3　砂浆线切割与金刚线切割硅片表面 SEM 照片

④ 寿命长、成本低。金刚线因为自身硬度高且有镀层或树脂层保护所以切割过程不会损伤钢线本身，其寿命也更长。同时，由于金刚线的金刚石镀层比砂浆层薄，线径更细，所以金刚线切割的刀缝损失更小，使切割硅耗更低，单片硅片成本下降。

但是金刚线切割多晶硅片的表面反射率相比传统的砂浆线切割高，常规的酸制绒难以在其表面刻蚀出有效的减反射绒面，但是随着金属催化化学腐蚀法，即湿法黑硅制绒技术的出现，这一难题得到了成功的解决，为金刚线在多晶硅片切割的应用铺平了道路。

采用高工艺、高强度优质金刚石，经过特殊加工程序能够生产形状较为规则、有效磨削颗粒集中、微粉颗粒强度高、杂质含量极低、具有良好的分散性、耐磨性的金刚线。金刚线适用于有机、无机脆性材料的切割、磨削、抛光，主要分为电镀金刚线和树脂金刚线两种，区别在于两者固定金刚石的方法不同，其结构见图 7-4。

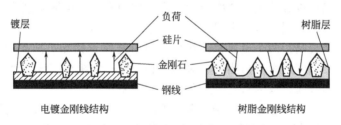

图 7-4　电镀钢线与树脂金刚线结构

7.1.2.1　树脂金刚线

树脂金刚线是通过树脂固化把金刚石磨料固定在不锈钢线芯基体上制备而成的。树脂金刚线主要是由树脂结合剂、金刚石、填料和线芯基体组成。树脂与钢线的结合方式主要有热固化和光固化两种。

（1）热固化树脂金刚线

利用热固化树脂作为结合剂，通过加热固化使得金刚石固定在线芯上而形成的金刚线。由于钢线与树脂之间的结合力不是很牢，导致金刚石可能会在切割过程中从钢线上脱落，造成切割效率的降低。因此，需要在体系中添加填料来增强树脂对钢线的粘接能力，提高金刚线整体的使用寿命、切割效率和机械强度。

热固化树脂金刚线的生产主要利用的是涂覆法。首先配制含有金刚石的树脂液，包含作为黏合剂的可溶性酚醛树脂、作为填料的碳化硅粉、有机溶剂和金刚石磨粒。用搅拌机搅拌树脂液至形成糊状物，注入模具中。然后，将不锈钢线芯安装在送线轴上，通过让送线轴匀速旋转使钢线缓慢通过模具，在这个过程中树脂液均匀涂覆在钢线上。树脂液的涂覆量可以通过改变送线轴的旋转速度来进行控制。在模具的出线口设置一个确定尺寸的金刚石凹模，使钢线通过凹模，涂覆树脂液钢线的尺寸通过控制凹模的尺寸来改变。将涂覆树脂液的钢线通过高温炉，在400~1000℃下使树脂液半硬化。最后，将半硬化的树脂金刚线卷在线轴上，将线轴连同半硬化的树脂金刚线整体放入恒温炉内完全固化，一般固化温度为160~240℃，时间约为5~15h。待金刚线自然冷却到常温，树脂液完全硬化，得到完全固化的树脂金刚线成品。

（2）光固化树脂金刚线

利用紫外光固化树脂或电子束固化树脂作为结合剂，通过紫外光照射或电子束轰击固化使得金刚石固定在线芯上而形成的金刚线。光固化树脂金刚线的固化时间更短，生产成本更低，但是光固化树脂对金刚石的把持力较差。把持力指的是金刚石工具中，金属芯对金刚石的机械咬合力和化学作用力，即让金刚石紧密牢固粘合在芯体上而不脱落的力。

光固化树脂金刚线的生产同样采用涂覆法。首先配制树脂液，将金刚石磨粒和紫外光固化丙烯酸树脂混合并在搅拌机中充分搅拌。为了提高树脂液和钢线的润湿性和黏着性，一般用砂纸将钢线表面打毛，再用丙酮脱脂。同样利用涂覆工艺得到涂覆层厚度可控的光固化树脂金刚线。树脂金刚线直接通过超高压水银灯的紫外线照射，约几十秒就可以完全固化，得到树脂金刚线成品。

7.1.2.2 电镀金刚线

树脂金刚线因为树脂层具有一定的弹性，切割时钢线对硅片的负荷较低，裂片较少。但是，树脂金刚线对金刚石颗粒的把持力较差，切割硅片时容易发生金刚石颗粒脱落和树脂层剥离的现象，前者容易导致硅片表面被划伤产生缺陷，而后者严重情况下会引起金刚线断裂。采用电镀金刚线可以有效提升金刚线的强度和使用寿命。电镀金刚线利用电镀金属作为金刚石颗粒与钢线的结合剂，采用金属镀层将金刚石颗粒固结在钢线上，镀层与钢线表面产生冶金结合。冶金结合是指两个金属在连接界面间通过原子相互扩散而形成的原子间结合，因此冶金结合的固结强度远大于树脂固化对钢线和金刚石的机械咬合强度。电镀金刚线凭借其出色的强度和使用寿命，成为目前工业化生产中的主流。

电镀是在电镀槽中装电镀液，一般电镀液的主要成分为导电盐、需要镀敷金属的化合物、pH调节剂、缓冲剂和添加剂等。然后将基体（钢线）接在电源的负极作为阴极，将需要镀在基体表面的金属（镍）接在电源的正极作为阳极。电源通电后，镀液中的金属阳离子在电势差作用下向阴极移动，得到电子变成单质后沉积在基体表面形成电镀层。此时阳极的金属不断失去电子变为阳离子进入电镀液中，维持电镀液中的离子浓度。电镀金刚线的制备工艺流程简图见图7-5，包括放线、前处理、预镀镍、上砂、加厚镀层、镀后处理和收线。

（1）前处理

前处理即为镀前对钢线基体打磨、清洗和活化。先使用砂纸和氧化铝粉进行打磨去除掉钢线基体表面的毛刺和锈蚀。再通过碱洗和酸洗去除基体表面附着的杂质，露出金属晶格，使钢线基体与金属镀层结合的活性变高。活化后的钢线基体在电镀时能更好地形成金属镀层。还需要利用化学气相沉积和化学镀等方法对金刚石表面进行金属化处理，使金刚石成为导电体，便于后续电镀工艺的操作。

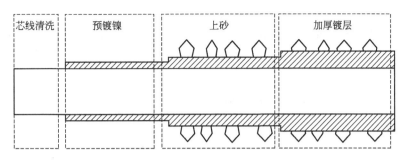

图 7-5 电镀金刚线制备工艺流程简图

（2）预镀镍

预镀镍是为了在钢线基体与金刚石之间镀上一层 $1\sim3\mu m$ 的过渡层，该镀层内不含金刚石颗粒。这一层镍镀层主要有两个作用：一方面可以阻止钢线基体发生氢脆现象；另一方面可以确保镀层与钢线基体之间具有足够的结合力。后续电镀过程中，部分氢离子在作为阴极的钢线基体上还原，以氢原子形式进入钢线基体中聚合造成应力集中，局部应力超过钢的强度极限，使得钢线内部形成细小裂纹或发生断裂，这就是氢脆现象。如果不避免氢脆现象，会使得钢线在使用过程中断线几率增高。

（3）上砂

上砂是把金刚石颗粒作为第二相粒子复合电镀到钢线基体上的工序，是复合电镀最关键的部分。上砂工艺主要是通过电镀液中的阳离子在阴极（钢线基体）上得到电子变成金属单质并包裹金刚石，使金刚石颗粒固定在钢线基体表面。上砂的方式主要有埋砂法和悬浮法。埋砂法是将预镀镍层的金刚线埋入金刚石颗粒中上砂，这种方法制造效率低、制备周期长、制造设备复杂，在实际生产中很少使用。生产中主要采用悬浮法，将金刚石颗粒直接加入到镀液中，通过不断搅拌使得金刚石颗粒能悬浮于镀液中，在电镀的过程中将金刚石颗粒固结在钢线基体上。该方法的影响因素很多，如阴极电流密度、上砂时间、搅拌速度和镀液中金刚石颗粒的浓度等。

（4）加厚镀层

加厚镀层是为了提高金属镀层对金刚石颗粒的把持力。上砂时与金刚石同时沉积到基体上的金属镀层一般比较薄，需要再次进行电镀增加镀层厚度。这次电镀的镀液中一般不含金刚石颗粒且加厚镀覆时间较长、镀层较厚。电镀层的厚度对电镀金刚线的质量有很大的影响。电镀层厚度如果太薄，对金刚石的固结强度不足；镀层太厚，会造成镀层过度包埋金刚石颗粒，影响金刚线的切割性能。

（5）镀后处理

电镀金刚线的镀后处理主要是为了除氢。通常将电镀金刚线放入 $200\sim250℃$ 的烘箱中保温 3h 以上，达到除氢处理的效果。除氢是为了避免产生氢脆现象。

除了基材质量的稳定，金刚石的选型、破碎力、线密度、附着力对于晶片加工起着至关重要的作用。

7.1.3 清洗用化学试剂

化学试剂通常按其纯度分为优级纯、分析纯和化学纯三个级别，其中以优级纯杂质含量最少、级别最高。在硅片清洗中，应视清洗硅片种类与场合进行合理选择。通常硅切割片和研磨片的清洗可以使用分析纯试剂，硅抛光片清洗需要使用优级纯试剂。硅片清洗中经常使用的化学试剂如盐酸、硝酸、硫酸、氢氟酸、过氧化氢、络合物等，都制定有相应的国家标准。标准中对这些试剂中各种主要杂质含量都按其纯度级别规定有相应限量。比如《化学试剂　盐酸》（GB/T 622—2006）就是盐酸的现行国标，三个级别的杂质含量限定被列于表7-1中。

表7-1　盐酸的规格（GB/T 622—2006）

名称	优级纯	分析纯	化学纯
HCl/%（质量）	36.0～38.0	36.0～38.0	36.0～38.0
色度/黑曾单位	≤5	≤10	≤10
灼烧残渣（以硫酸盐计）/%（质量）	≤0.0005	≤0.0005	≤0.002
游离氯/%（质量）	≤0.00005	≤0.0001	≤0.0002
硫酸盐/%（质量）	≤0.0001	≤0.0002	≤0.0005
亚硫酸盐/%（质量）	≤0.0001	≤0.0002	≤0.001
铁/%（质量）	≤0.00001	≤0.00005	≤0.0001
铜/%（质量）	≤0.00001	≤0.00001	≤0.0001
砷/%（质量）	≤0.000003	≤0.000005	≤0.00001
锡/%（质量）	≤0.0001	≤0.0002	≤0.0005
铅/%（质量）	≤0.00002	≤0.00002	≤0.00005

7.1.3.1　无机酸

在硅片化学清洗中经常使用各种无机酸，如盐酸、硝酸、硫酸和氢氟酸等。

（1）盐酸

盐酸是 HCl 气体的水溶液，纯净的浓盐酸是无色的透明液体，有强烈的刺激性气味。浓盐酸的密度为 $1.19g/cm^3$，其中约含氯化氢 37%，主要性质为强酸性、强腐蚀性和易挥发性。硅片化学清洗中主要利用其强酸性和强腐蚀性来去除硅片表面的金属杂质沾污。常见的金属活动顺序为 K、Ca、Na、Mg、Al、Zn、Fe、Sn、Pb、（H_2）、Cu、Hg、Ag、Pt、Au，大多数氢以前的金属杂质都能与盐酸作用而生成可溶性盐类，如：

$$Zn+2HCl =\!\!=\!\!= ZnCl_2+H_2 \uparrow$$
$$Al_2O_3+6HCl =\!\!=\!\!= 2AlCl_3+3H_2O$$
$$BaCO_3+2HCl =\!\!=\!\!= BaCl_2+H_2O+CO_2 \uparrow$$

然后在水的冲洗下去除。

（2）硝酸

纯净的浓硝酸是无色的透明液体，密度为 $1.41g/cm^3$，其中硝酸的含量为 69.2%，沸点 121.8℃。硝酸的主要性质为强酸性、强腐蚀性和强氧化性，硅片化学清洗中主要利用其强酸性和强氧化性。和盐酸一样，硝酸能够与金属活动顺序表中氢以前的金属作用，与各种碱性氧化物及氢氧化物、两性氧化物作用生成硝酸盐。由于硝酸具强氧化性，因此除了金属活动顺序表中氢以前的金属外，硝酸还可以与银、汞、铜等金属作用。硝酸与金属的反应如下：

$$Cu+4HNO_3(浓) =\!\!=\!\!= Cu(NO_3)_2+2NO_2 \uparrow +2H_2O$$
$$3Cu+8HNO_3(稀) =\!\!=\!\!= 3Cu(NO_3)_2+2NO \uparrow +4H_2O$$
$$4Mg+10HNO_3(稀) =\!\!=\!\!= 4Mg(NO_3)_2+NH_4NO_3 \uparrow +3H_2O$$

$$4Zn + 10HNO_3(很稀) = 4Zn(NO_3)_2 + NH_4NO_3 \uparrow + 3H_2O$$

（3）硫酸

纯净的浓硫酸是无色、黏稠的油状液体，密度为 $1.84g/cm^3$，其中硫酸的含量为98%，沸点338℃。浓硫酸的主要性质为强酸性、强腐蚀性、强氧化性和强吸水性，硅片化学清洗中主要利用其强酸性和强氧化性。稀硫酸可以与金属活动顺序表中氢以前的金属作用，浓硫酸能够与银、汞、铜等金属作用，但是仍然不能与金作用。硫酸能与碱性氧化物、两性氧化物及氢氧化物作用生成硫酸盐。硫酸作为氧化剂参加反应时，本身被还原，生成二氧化硫、硫或硫化氢。典型的反应如下：

$$Al_2O_3 + 3H_2SO_4 = Al_2(SO_4)_3 + 3H_2O$$
$$Cu(OH)_2 + H_2SO_4 = CuSO_4 + 2H_2O$$
$$Cu + 2H_2SO_4 = CuSO_4 + SO_2 \uparrow + 2H_2O$$
$$Hg + 2H_2SO_4 = HgSO_4 + SO_2 \uparrow + 2H_2O$$
$$2Ag + 2H_2SO_4 = Ag_2SO_4 + SO_2 \uparrow + 2H_2O$$
$$3Zn + 4H_2SO_4 = 3ZnSO_4 + S \downarrow + 4H_2O$$
$$4Zn + 5H_2SO_4 = 4ZnSO_4 + H_2S \uparrow + 4H_2O$$

硫酸具有很强的吸水性，一些有机化合物和油脂等能与其作用被碳化。当硫酸与水混合时会发出大量的热，如果将水倒进硫酸，水会因局部热量过大而迅速沸腾溅出，可能发生危险。因此，使用硫酸时应特别注意安全操作，严禁将水倒入硫酸。稀释和配制洗液时只准许将硫酸沿着器壁缓慢倒入水中，并轻轻搅拌让热量迅速扩散。

（4）氢氟酸

氢氟酸是HF的水溶液，无色透明，浓氢氟酸中HF含量可达49%左右，含HF35%的氢氟酸密度为 $1.14g/cm^3$，沸点112℃。氢氟酸的主要性质为弱酸性、强腐蚀性和易挥发性。氢氟酸能够溶解二氧化硅，因此在硅片化学清洗腐蚀中常用以去除硅片表面的二氧化硅层，其反应为：

$$SiO_2 + 4HF = SiF_4 \uparrow + 2H_2O$$
$$SiF_4 + 2HF = H_2[SiF_6]$$

氢氟酸能腐蚀玻璃，因此不能用玻璃器皿盛放。它能对人体骨头造成腐蚀，在使用中应特别注意安全防护，严禁人体任何部位直接接触。

7.1.3.2　H_2O_2

除了前面提到的几种酸，H_2O_2 也因其强氧化性而被普遍使用于硅片的化学清洗中。过氧化氢（H_2O_2），也称为双氧水，是一种很好的溶剂，可以与水按任何比例混合。常用的过氧化氢分别为3%和30%的水溶液。过氧化氢具有极弱的二元酸性质，在水溶液中电离成离子：

$$H_2O_2 = 2H^+ + O_2^{2-}$$

过氧化氢与某些碱可以直接发生互换反应：

$$H_2O_2 + Ba(OH)_2 = BaO_2 + 2H_2O$$

过氧化氢具有极强的氧化性，对大多数金属、非金属和有机物都具氧化性，就是较难失去电子的碘化物，在酸性过氧化氢清洗液中也能被氧化而放出碘来：

$$H_2O_2 + 2KI + 2HCl = 2KCl + I_2 \downarrow + 2H_2O$$

当遇有强氧化剂时，过氧化氢也显出还原性，如：

第7章　硅片加工原辅料和主要设备

$$H_2O_2 + Cl_2 \xrightarrow{\quad\quad} 2HCl + O_2 \uparrow$$

在硅片化学清洗中，以过氧化氢为基础的清洗液被广泛应用。这类清洗液主要分酸性和碱性两种。碱性过氧化氢清洗液由过氧化氢、氨水（浓度为 27%）和水按一定比例配成，三者的体积比通常为 1∶1∶5～1∶1∶7，硅片清洗中习惯称之为 1# 液（SC-1）。1# 液常被使用于硅抛光片的清洗，其中的氨水一方面与能溶于碱的杂质反应，另一方面提供氨分子作为如铜、银、镍、钴和镉之类的重金属的内配位体以形成络合物，达到清除的目的。通过 H_2O_2 的强氧化和 $NH_3 \cdot H_2O$ 的溶解作用，使有机物沾污变成水溶性化合物，随去离子水的冲洗而被排除。由于溶液具有强氧化性和络合性，能氧化 Cr、Cu、Zn、Ag、Ni、Co、Fe、Mg 等使其变成高价离子，然后进一步与碱作用，生成可溶性络合物而随去离子水的冲洗而被去除。用 1# 液清洗抛光片既能去除有机沾污，亦能去除某些金属沾污。酸性过氧化氢清洗液由过氧化氢、盐酸和水按一定比例配成，三者的体积比通常为 1∶1∶6～1∶2∶8，硅片清洗中常被称为 2# 液（SC-2）。2# 液也被普遍使用于硅抛光片的清洗中，其中的盐酸也是兼有酸和络合剂二者的作用，氯离子形成金、铂等重金属络合物的配位体。2# 液具有极强的氧化性和络合性，能与氧以前的金属作用生成盐随去离子水冲洗而被去除。

7.1.3.3 络合物

凡是有两个或两个以上含有独对电子的分子或离子与具有空的价电子轨道的中心原子或离子结合而成的结构单元称为络合单元。络合单元有带电荷的和不带电荷两种，带电荷的如 $[SiF_6]^{2-}$、$[Ag(NH_3)_2]^+$ 等叫做络合离子，络合离子可与带异性电荷的离子组成不带电荷的络合单元如 $H_2[SiF_6]$、$[Ag(NH_3)_2]Cl$、$[Pt(NH_3)_2Cl_4]$，这些络合单元是中性的，也叫络合物。

络合物分子中占据在中心位置的离子称为络合离子，为形成体的中心离子，通常是带正电的，在它的周围配位着一定数量的带相反电荷的离子或呈电中性的分子，被称为配位体或内配位层。不在内层里面的其他离子，则在距离中心离子较远的地方组成外配位层。内配位层中离子或中性分子的总数叫做络合离子形成体的配位数。例如，在 $[Ag(NH_3)_2]Cl$ 中，Ag^+ 是中心离子，NH_3 是内配位体，而 Cl 则是外配位体，配位数为 2。中心离子带电荷越多，离子半径越小，对配位体的极化作用就越强，越容易生成稳定的络合离子。另外在中心离子具有能量较低的空轨道时，也容易生成较稳定的配位价键。

当硅片表面粘污的杂质符合充当形成稳定的络合离子的中心离子的条件时，就可以选择适当的络合剂，使硅片表面粘污的杂质解析生成稳定的络合离子而被去除，达到清洁硅片表面的目的。在半导体工业化学清洗中，经常利用王水来去除重金属杂质。王水是 HCl 和 HNO_3 按一定比例配制的混合酸液，通常的配制比为 3∶1。盐酸在其中充当了络合剂，提供 Cl^- 作为内配位体，与金属形成稳定的络合离子溶解在溶液中而被去除，其反应式如下：

$$Au + HNO_3 + 3HCl \longrightarrow AuCl_3 + NO + 2H_2O$$

$$HCl + AuCl_3 \xrightarrow{\quad\quad} H[AuCl_4]$$

在过氧化氢清洗液中，氨水和盐酸也都充当了络合剂，为络合离子的形成提供配位体。利用氢氟酸去除硅片表面的二氧化硅时也是如此。

7.1.4 其他原辅料

7.1.4.1 水溶性线切割液

水溶性线切割液主要用于蓝宝石晶体、水晶、硅片等硬脆材料的金刚石线切割过程，主要成分是表面活性剂、分散剂、消泡剂和水等成分。各厂家线切割液配方各有不同，表 7-2 为一款全合成水溶性线切割液的配方。切割液使用时通常用 10～20 倍自来水或去离子水稀释原液，得到工作液。在使用过程中，消耗的工作液可按 3%～5% 的浓度进行补充。

表 7-2　全合成水溶性线切割液配方

成分	用量/kg	成分	用量/kg
水	640	KOH	25
HQ-12	120	三乙醇胺(85%)	10
HQ-9	15	杀菌剂(HQ-11 或 IPBC)	10～25
防锈剂(三元酸)	10	pH 调节剂(单乙醇胺)	8

水溶性线切割液综合技术性能质量可以分为加工特性、自身质量性能和环境适应性三类。加工特性主要指水溶性线切割液在加工过程中的冷却、润滑、清洗性能以及对工件表面完整性、工具耐用度等方面的影响。自身质量性能主要指水溶性线切割液的自身理化性能。环境适应性是指水溶性线切割液的气味、毒性、生物需氧量（BOD）、化学耗氧量（COD）等。

性能优良的线切割液具有优异的润滑性能，降低硅片表面的粗糙度；具有抑泡能力、低黏度，切割过程流动性好，切割浆液黏度低；有优异的粉末沉降功能，加快切割微粉的下沉速度，使用时粉末不会堵塞金刚石线；耐腐蚀，不与钢线和设备发生任何腐蚀作用；冷却性能良好，能够瞬间带走切割产生的热量；切割后硅片易冲洗，有利于硅片表面制绒；不腐败，使用寿命长。

7.1.4.2　环氧 AB 胶

胶水是为了将硅棒通过切割垫块牢固地粘接到工件连接件上，保证切片过程中不掉棒、不松动。以环氧树脂为基础树脂的 AB 胶，可在室温下快速固化，适用于太阳能行业晶体硅棒切割过程中的粘接固定。该胶使用方法简单，黏度适中，易于操作。AB 组分为不同颜色，易于辨别是否混合均匀。固化过程中固化收缩率小，固化后产品具有优异的粘接性能。

AB 胶是双组分胶黏剂的叫法，分别是本胶和硬化剂，两液相混才能硬化。市场上有丙烯酸、环氧、聚氨酯等成分的 AB 胶，通常使用的是指丙烯酸改性环氧胶或环氧胶。A 组分是含有催化剂及其他助剂的环氧树脂，B 组分是含有催化剂及其他助剂的硬化剂。催化剂可以控制固化时间，其他助剂可以控制性能，如黏度、刚性、柔性、黏合性等。AB 胶采用混合胶管进行混合，见图 7-6。AB 胶含有的主要成分会反应产生聚合物，胶里面有一种小分子氰基丙烯酸酯（$C_8H_{11}NO_2$），接触到空气里的水气时，会瞬间紧紧结合成类似聚合物的长链状结构，把两个面紧紧黏住。

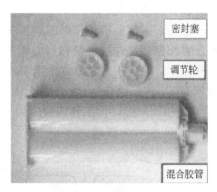

图 7-6　混合胶管

胶黏剂的种类很多，目前在晶硅多线切割中多数选用美国和日本的胶黏剂，也有选用国产胶黏剂的。无论用何种胶黏剂，其使用方法都要注意掌握其特点，适应其性能，比如配制比例、粘接时间和加压固化时间等。特别是要有足够的加压固化时间，否则在切割过程中发生掉棒会造成严重损失。

7.1.4.3 切割垫块

切割垫块安装于硅棒跟工件板之间,用于硅片多线切割时的支撑板,一般为玻璃板或树脂板。玻璃板本身没有特别要求,但通常粗糙一点的玻璃比表面积大,粘接效果较好;树脂板表面则要经过特殊工艺处理,增加粘接强度。

粘接树脂板通常由合成树脂、填充材料、固定剂等组成。添加填充材料(如氧化铝),增加硬度,可以有效控制切割中崩边、亮边、硅落的产生。合成树脂采用耐高温材料,在120℃下不易变形,减少了切割、脱胶过程中因树脂板变形带来的硅片掉片、崩边。一般长板平整度<0.5mm。

7.2 切片主要设备

7.2.1 滚磨、开方设备

7.2.1.1 单晶切方滚磨机

单晶切方滚磨机可以对圆柱状单晶进行外圆滚圆,同时加工出需要的参考面,还能同时完成太阳能硅棒的切方加工。单晶切方滚磨机主体结构由设备基座与框架、滚磨区和切方区构成。基座与框架是整个机器的基础与支撑。滚磨区是对晶体进行外圆整形滚圆及制作参考面(槽)的工作区域,工作台上配置有工件夹紧装置、行程限位器和滚磨砂轮等。切方区包含锯片、油缸及其相应设置,是晶体进行切方加工的作业区域。单晶切方滚磨机动力部分包括机械传动系统、电气系统、液压系统和冷却系统。液压系统和电气系统为设备提供动力,通过机械传动系统实现整个设备的多元运动。

(1)电气系统

电气系统主要包括电机、控制面板和数控系统。交流伺服电机控制设备的运动;油泵电机产生机床工作所需的液压;锯片电机带动锯片旋转;磨头电机带动磨轮高速旋转;水泵电机则产生工件加工时所需要的冷却水。

(2)液压系统

单晶切方滚磨机工作时工件被夹紧固定在纵向工作台上,是借助于液压系统来实现的。液压系统控制工件的夹紧和切方锯片的上下垂直运动。单晶切方滚磨机的液压系统分为三级工作压力,一级压力2.0~2.8MPa,为切方锯片油缸的工作压力,在锯片升降时使用;二级压力1.0~1.3MPa,为工件正常加工时夹紧压力,在滚磨与切方进行阶段使用;三级压力0.1~0.5MPa,为工件调校时的夹紧压力,用于工件对中以及定位调整。

(3)冷却系统

冷却系统为设备提供冷却水,如图7-7所示。在滚磨砂轮和切方锯片前端分别设有电磁阀,电磁阀的启闭分别与磨轮电机和锯片电机同步,控制工作端冷却水的开启和关闭。

7.2.1.2 内圆切割机

内圆切割机要完成一个工作循环必须具备三种基本运动,即刀片高速旋转运动、

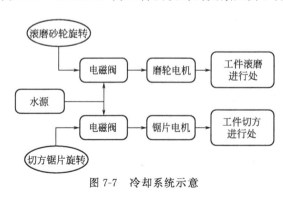

图7-7 冷却系统示意

光伏硅晶体材料的制备、表征及应用技术

被切割材料按设定片厚值步进送料运动以及内圆刀片对被切割材料作切割运动。在切割过程中为了将材料取出，必须将被切材料退出内圆刀片刃口位置，这一退料运动是切割机的辅助运动。不同类型的切割机采用了不同类型的机构以及机构布局实现这三种基本运动和辅助运动。

内圆切割机按其被切割晶体的放置方式而分为卧式和立式两种。卧式内圆切割机切割时晶体是横卧着的，刀片垂直于水平面放置；而立式内圆切割机的晶体是竖着放置，刀片则是水平放置的。卧式内圆切割机位于主轴系统的刀环垂直于水平面放置，刀片安装在刀环上，切割时晶体平行于水平面平卧装载在工作台上，待切面与刀片垂直。采用空压主轴结构，使用 PLC 控制和触摸屏人机界面。立式内圆切片机切割时晶体是竖直放，刀片是平行于水平面的。采用精密滚动轴承的主轴结构，工作台采用精密直线导轨和交流伺服系统，送料系统采用步进电机及驱动模块，使用了 PLC 可编程控制器和彩色触摸屏。

内圆切割机由机座、工作台、主轴系统、电器控制系统、冷却系统和液压系统组成。机座用来承载切割机的各部分组件。工作台为一平动台，在液压系统的控制下实现其水平和垂直方向的平稳移动，以满足晶体切割进给和分度进给需要。所谓切割进给就是进刀和退刀，进刀时晶体沿切割方向向着刀口位置平移，一旦接触高速旋转的刀片切割便开始，切完一片后自动退回。分度进给指的是每切一刀后晶体垂直于刀口的推动，其量值决定所切硅片的厚度。工作台上安装有二维转动台，其转动部分可以绕转台的水平轴和垂直轴转动，以满足定向切割时晶体的角度偏离调节。

主轴系统是机器的高速运转部分，刀盘与主轴相连。内圆切割机的刀具为内圆刀片，以刀片内圆作为刀口，其上镶嵌金刚石颗粒。内圆刀片被安装在刀盘上，由主轴带动做高速旋转，与被切割晶体形成相对运动，利用刀口上的金刚石颗粒对晶体产生磨削而实现切割。采用空气轴承，无磨损、发热小和寿命长，更能确保高速运转的精度和刚度。电器控制系统控制机器的各种运动与调节，包括紧急情况制动，使机器能按其程序设置正常运行。通常都由计算机控制，所有工作及测量数据以及故障分析都在显示器上可见，可以进行切片过程实时监控。冷却系统输送冷却液到机器的切割工作部位，即正在切割的刀刃上以冷却切割时因高速旋转的刀片和晶体摩擦而产生的高热，同时带走切割时产生的晶体粉末。

7.2.1.3　带锯

带锯是将环形锯带张紧在两个锯轮上，并由锯轮驱动锯带进行切割。环形锯带外观见图 7-8，在锯带外延沾有金刚石颗粒用来切割硬质材料。带锯传动采用蜗轮箱变速，进给采用液压传动，工件夹紧采用手动和液压混合式夹紧。

带锯结构主要包括工作台、主传动装置、锯带张紧机构、工作夹紧机构、锯带导向、冷却系统和承料架等。工作台为铸件，采用焊接箱式结构，用于支撑其他部件，内腔兼用液压池和冷却液池，安装有夹紧装置及锯架；主传动装置采用蜗轮传动方式，由电机、皮带轮、蜗轮变速箱、锯轮箱及锯轮组成，用以传递扭矩，驱动带锯轮回转，实现切削运动。通过变化皮带轮上的皮带位置；可以变换速

图 7-8　环形锯带外观

度。锯带张紧机构是由从动齿轮、滑座、滑块和丝杆、螺母组成的，通过移动从动轮使带锯条得以张紧，保证带锯条和锯轮轮缘之间形成一定的压力，产生足够的摩擦力来带动

锯条作回转动作，实现切削运动，张紧力的大小可以通过测力扳手确定。工作夹紧机构采用手动和液压夹紧混合方式。手动夹紧是通过手轮丝杆螺母和齿条齿轮，使钳锷移动达到夹紧和松开的目的。液压夹紧则是通过油缸和手动阀进行操纵，实现夹紧和松开。锯带导向由左、右导向臂及导向头组成，导向头则由导向滚及导向块组成，主要用来将带锯条扭转一定角度使之与工作台面垂直，保证锯条的正确位置，提高切割精度。冷却系统由冷却液箱、冷却泵、管道、阀及喷嘴组成，保证对切削区域供给充足的冷却液，以提高切削效果和锯带使用寿命与切削断面精度，同时还用于清除齿上的切屑。承料架是由滚轮、支架及托料架组成，用以支撑较长的工件，并使与之工件台面平行，以保证正常切削。

图 7-9 是某公司生产单晶硅全自动数控带锯，可以对单晶硅进行开方破锭。该设备为立式数控机床，重 6000kg，长/宽/高为 2900mm/2200mm/1900mm，主机功率 4kW，锯带规格为 41mm/1.1mm/4880mm，刀刃上镀有金刚石，利用金刚石对硬脆材料的相对磨削来实现切割。该带锯可以将大块材料分割成小的立方体或棱柱体，可以应用于铸锭硅单晶的破锭切割。该设备具有定位准确、操作简单、节能环保等特点。

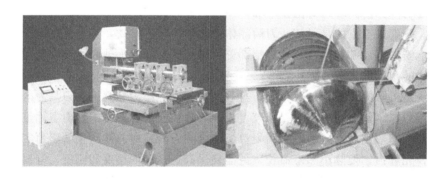

图 7-9　全自动数控带锯及对单晶硅开方破锭

带锯切割与滚磨切方机相比，切割废料少、精度高且表面好，能大大提高生产效率和节约原材料，可以对大块的硅锭和硅单晶进行切方分割。带锯切割是单方向分刀进行，沿晶体某一方向进行逐刀分割，然后使晶体转动 90°后再进行另一方向的分割。

7.2.1.4　开方线锯

多线切割的硅片有较好的平行度，弯度更小，表层粗糙度偏低，切割损耗较小，厚度公差也小，加工后的切片出片率较大，生产效率与投资回报度较高，所以多线切割机的应用是高效生产、规模生产的趋势，尤其适合太阳能光伏电池硅的批量生产。硅材料多线切割技术不断发展成熟，从单一的晶体切片发展到二元的纵横同时切方，也就是开方线锯。开方线锯见图 7-10 和图 7-11，可以同时完成 X 与 Y 方向的分割，大大提高了加工效率，损耗更低、切削面更光滑、加工精度更高，是更理想的大规模生产切方设备。

最早生产出多线切割机的是 HCT 公司，目前已有越来越多的生产厂家，如 MEYER-BURGER、NTC、高鸟和安永等。2008 年中国的汉虹、日进等公司和某研究所生产的国产线切割机也相继问世。传统的多线切割使用普通光滑钢线，配备研磨浆料进行切割，属于游离磨粒式切割，切口小，切割面平整性高，片子崩裂概率低，一次可以同时切割若干片等。目前主流多线切割设备采用的是金刚线切割，是在多线切割机基础上将普通钢线换为金刚石线并对绕线部件进行改进得到的。

光伏硅晶体材料的制备、表征及应用技术

图 7-10　开方线锯

图 7-11　开方线锯示意

金刚石线锯是以镶嵌有金刚石颗粒的细线作为切割线，利用其与工件相对运动，进行切割。线锯的优点是切口小、表面平整度高，可以两个方向同时切割。切割过程中可改变切割方向，切割速度快、效率高，可以进行高精密、高效率加工。硅晶体多线切割机分为单工作台和双工作台两种。单工作台机型只有一层工作线网，而双工作台机型有上下两层工作线网。不管是几个工作台，多线切割机都具有基础与框架、切割区、绕线室、切削液系统、气路系统、温度控制系统、电控柜、动力装置和测量与报警装置等部分。

（1）切割区

切割室总成是硅棒切割的核心部件，它的功能是形成平行等间距的钢线网将硅棒切割成硅片。将硅棒粘接在工件板上后，使用专用小车将硅棒安装到进刀机构上，由夹持机构夹紧，依靠进给伺服电机进行下降或上升，使硅棒下降至钢线网上方接近接触金刚线。继续下降硅棒，通过钢线的高速往复运动，实现对硅棒的切割加工。切割区包括工作台、导轮、线网和断电抱紧装置。工作台是实施切割时工件的放置区域，可以是单个或多个。每个工作台可同时容纳一个或多个工件架，工件架是装载工件的器具，工件架底部是燕尾槽，可方便地把工作台的工件架推进槽内并锁紧。

进刀机构主要包括基座、高精密直线导轨、伺服电机、行星齿轮减速器、联轴器、高精密滚珠丝杠、行程限位装置及防护罩等。此机构由伺服电机控制，经过行星齿轮减速器放大扭矩并通过联轴器带动滚珠丝杠旋转。丝杠螺母将旋转运动转换成直线运动，推动工件台沿直线导轨方向上下运动，完成进刀和退刀动作。

夹持机构主要由气液增压泵、液压管路管件、液压缸、底座和接近开关等组成。夹持机构用于工件台的夹紧和松开。松开工件台时，气液增压泵工作，将高压液压油注入液压缸使液压缸内的碟簧压缩推出液压杆，完成松开动作；夹紧工件台时，将高压液压油从液压缸泄压，缸内的碟簧回复原长，液压杆在碟簧回复的作用力下缩回液压缸，完成夹紧动作。这种工作方式确保了夹紧状态的可靠性，只有松开时需要液压系统工作，非工作状态时都保持夹紧。

主辊单元包括前轴承箱、主辊、后轴承箱、主辊拉杆、主电机、联轴器等。主辊单元的传动方式是利用同步伺服电机为主电机，通过联轴器与后轴承箱直连。这种传动方式相比同步带传动在高速和高加速度状态下具有更高的可靠性，避免发生断线。前后轴承箱中心轴以及主辊通过主辊拉杆连接在一起。轴承箱采用高速磨床常用的轴承配对模式，可承受高转速、高扭矩、高加速度及高径向载荷，能确保极高的装配及运行精度。此外，轴承箱内部有冷却系统，外接冷却水，可确保高速、重载工况下轴承箱内产生的热量能及时被带走，确保设备稳定运行。

工作时，将待切单晶棒粘接在工件板上，然后用螺钉固定在工件架上。工作台的运动带动工件运动。导轮又称为槽轮，因机型不同而规格不同。导轮上面刻有精密线槽，槽距 D 主要根据硅片的厚度期望值 H 和切割线直径 W 而定，即

$$D = H + W + K \tag{7-1}$$

式中，K 为与磨料粒度、机器跳动等有关的参数。

通常有 2~8 个导轮由电机驱动，导轮可以方便地拆卸和安装，以适应不同厚度规格硅片的切割需要。为了避免因变形而影响切割精度，导轮要放置在适当的存放环境中。导轮可以再加工重复使用，但是并非永久性的。切割线来回顺序缠绕 2~8 个导轮形成线网，切割时在转动的导轮带动下移动，与被切割晶体产生摩擦，同时晶体与线网产生相对位移，待其完全穿越线网就完成了切割。断电抱紧装置有机械式或液压式的，其作用在于防止工件架在停机或突然停电时松动，保证切割精度和可靠性。

（2）绕线室

绕线室总成的主要功能是控制设备运转时切割钢线的收线和放线，并按一定螺距进行排线。图 7-12 为典型的切割绕线示意图。绕线室总成是在放线线辊上均匀地绕好金刚线后，由伺服电机控制，通过与排线轮、张力轮和主辊等组成的走线机构形成可以往复运转的走线系统。绕线室设置有一整套绕线系统，包括放线轮、收线轮、排线装置和张力机构。

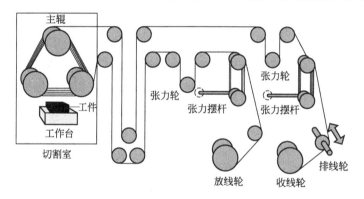

图 7-12　切割绕线示意

在收放线轮和线网区之间左右各有导向轮，起到导向作用。排线轮是在绕线辊上以一定的螺距进行均匀排列，使绕线辊上的金刚线排列均匀。排线装置由伺服电机、电机座、联轴器、模组、转轴组件、导轮组件、配重块、护罩和接近开关等组成。该装置由伺服电机控制，通过联轴器和导轮机构控制系统在高速运转时能够将返回的切割线有序地排列在线辊上。配重块用于调节转动部件重心，使中心与转轴组件转动轴线重合。当卷径变化时，导向轮偏角随金刚线位置自动调整，确保金刚线不承受法向外力，避免脱落。护罩用于模组的防护，避免其中的精密部件受到空气中粉尘的污染。

在收放线轮和线网区之间，有一个张力机构，控制钢线往复运行过程中张力的稳定，防止由于突然的张力变化引起断线。张力机构由导向轮、张力摆杆、张力电机、电机座和限位块等组成。张力机构是将张力摆杆直接安装在伺服电机轴上进行控制，给系统中的切割钢线施加张力并由传感器调节张力大小，使切割线在线辊上排线时不至于松动，影响精度。

由电机驱动线轴转动，将金刚线从放线轮放出，经排线装置和张力机构后进入切割区缠

光伏硅晶体材料的制备、表征及应用技术

绕导轮后再经收线端张力调节和排线装置回到收线轮，如此不断重复在切割区形成线网。途中经多个滑轮改变绕线方向，滑轮安装在轴承上，可以方便地装卸。

排线装置有两套，利用其具有的三个功能将回线有序地放在回线轴上。可以调节钢线左右排线长度变化，为两端电子开关定位，调节摆动速度。钢线的张力由摇臂式拉紧装置控制，机型不同可能调节的范围不同。

（3）切削液系统

切削液系统主要包括切削液冷却系统和切削液循环系统。对于传统钢线，切削液为碳化硅＋PEG的混合浆料；对于金刚线，切削液为水溶性切削液。切削液系统的主要功能是提供切削液，达到冷却、润滑和清洗的作用。切削液冷却系统主要由换热器、马达阀、温度传感器、流量检测开关及配套管路组成，具有冷却效率高、维护保养简单、使用寿命高的优点。切削液循环系统主要由供液泵、供液缸、搅拌装置、液位计、过滤桶、温度传感器、质量流量计、溢流式喷淋管及配套管路组成，具有流量精度高、温控精度高、水帘均匀的优点。

切削液系统的工作原理是在供水箱中按一定比例配置切削液，由水泵通过管路系统到达喷淋装置，并喷淋在切割线上。再由切割室底部的回流口到达供液箱，形成切削液循环。循环系统不仅提供切割循环所必需的切削液，而且对回流后的切削液进行过滤后带入循环。喷淋系统中的喷淋管为扇形喷嘴，对准切割线喷淋并放入晶硅空隙位置。因此，调整喷嘴位置时需考虑切割完成后硅料上升高度，避免切割线割坏喷嘴。

（4）气路系统

气路系统由总阀门、过滤减压阀、压力检测开关、电磁阀、气液增压泵、减压阀和配套管路等组成。总阀门为设备气源的总开关；过滤减压阀是为了过滤掉压缩空气中的水分和粉尘等杂质；压力检测开关可以检测并显示设备的供气压力；电磁阀用来控制气液增压泵的气源；气液增压泵用于夹持机构；减压阀主要用于反吹管路以调节供气气压。

（5）控制系统

控制系统主要有温度控制系统和电控柜部分。温度控制系统为机床各部件提供稳定的工作温度，每个部件有独立的温控环路进行监控调节。温控环路由热能交换器、均衡阀、加热器和循环泵组成。电控柜即线切机的电气控制部分，有的机型设计为与主机分离放置，有的则与主机连为一体。电控柜包括工业计算机、数控单元及控制软件等，通常配置NT视窗操作平台和可以180°转动的触摸屏。操作人员可以随时对切割过程及其进展状况进行监控，所有相关的数据都会被自动保存以用于分析与评估。为方便使用，通常国外生产厂家都预装有中文视窗应用软件。很多生产厂家都设计了支持远程操作的功能，便于维护方便。

（6）动力装置

动力装置含各种驱动电机，如绕线轮电机、钢线张力摇臂电机、导轮驱动电机、排线轮电机、工作台驱动电机等，为设备提供动力。

（7）测量与报警装置

测量与报警装置自动监测多线切割机的某些运行参数，当其处于临界状态时自动报警，主要有以下功能：钢线长度及其移动速度测量，通过主驱动轴上的编码器可以对线长度及其移动速度进行测量与报告，便于控制掌握切割工艺条件，确定线更换时间；断线报警，系统自动测量并控制线张力在适当的范围内，一旦发生断线，自动发出断线报警并停机；工作台的速度和位置测量，工作台的速度和位置可以通过工作台驱动轴上的编码器进行测量，工作台行程限位开关控制工作台的极限位置；切削液和压缩空气断流报警，切削液和压缩空气的流量分别用流量密度计和气体流量计进行测量，一旦断流设备便发出相应报警并停机；突发断电保护；其他保护设计。

半导体、光伏以及电子行业对材料切割提出了高要求。目前切割方面的发展趋势是高效率、低成本、高加工精度，如窄切缝、低表面损伤、低翘曲度等。开方设备发展方向为切方滚磨机→金刚石带锯→金刚石线锯，各类开方设备比较见表7-3。

表 7-3　开方设备比较

设备	锯缝	效率	表面	原料浪费	应用范围
滚磨机	较大	一次加工单个锭,效率低	粗糙	最大	淘汰
带锯	小	比较高	平整	较小	—
金刚石线锯	最小	两个方向同时切割,效率最高	略粗糙	最小	主流

7.2.2　清洗设备

随着太阳能光伏产业的发展，硅片的生产规模急剧扩大，各种半自动和全自动的硅片清洗机纷纷问世并普遍采用。从单晶生长需要的硅料清洗到抛光后的硅片清洗都有能满足其要求的相应清洗设备。

7.2.2.1　全自动硅片清洗机

全自动硅片清洗机整机通常为全密封结构，底部设有不锈钢可调节地脚和万向轮，便于设备水平和位置的调节；全板一般采用不锈钢板制作，上部为玻璃观察视窗，下部为活动检修门，顶部为整体式抽风口，可外接抽风机排风。

全自动硅片清洗机的工作原理是利用超声波产生的高频机械振动，即空化效应冲击工件表面，同时结合清洗剂的去污作用使工件快速洁净。清洗机主体由上料输送段、下料输送段、超声波水洗槽、超声波水剂清洗槽和超声波漂洗槽组成。

上料输送段是放置待清洗硅片的地方，由操作者将装有硅片的清洗篮手动装入清洗筐，再由单臂机械手将清洗筐送往清洗工位。每一个清洗筐可以装载的硅片数量对于不同型号的设备有所不同。下料输送段是清洗处理后的硅片暂时放置的地方，由操作者手动将其取至下一工序，即干燥处理段。

超声波水洗槽和超声波水剂清洗槽是对硅片进行超声清洗的地方，超声频率为 40kHz 左右，功率可以调节。两种清洗槽只是清洗介质不同，超声波水洗槽通常使用纯水，而超声波水剂清洗槽则在纯水中加有一定比例的清洗剂，配制成水剂清洗液。超声波清洗槽可以加热，由数显温控器控制，温控范围在室温～90℃之间。槽体底装有振板，槽内设有进液口、锯齿状四面溢流口、排液阀，槽底制作成似漏斗结构，排液口设 100 目过滤网。超声波漂洗槽则在超声清洗的同时采用了溢流型清洗技术，快速排走漂浮物，更便于除去硅片表面附着的颗粒和化学反应生成物等沾污，进一步保证清洗洁净度。有时候清洗工艺还需要使用一些酸或碱进行处理，通常设有专门的酸、碱处理槽。酸、碱处理槽要求槽体的材料能耐腐蚀，一般采用 PVC 材料制作。

设备传送方式一般采用两套全自动单臂机械手控制。控制面板提供按钮式控制系统操作，可通过 PLC 程序选择手动或自动等不同操作模式，还可以进行系统参数设置以实施智能自动温度监控、时间控制、位置控制以及事故报警等功能。为了使超声清洗效果更均匀，避免出现花片，清洗过程中可采用抛动方式，抛动频率约为 10～15 回/min 可调。

全自动硅片清洗机使用时，由操作者将装有硅片的清洗筐放置在自动进料段输送轨道上，单臂机械手将清洗筐依次送往各清洗工位，系统按预置程序对硅片进行清洗和漂洗，然后由机械手将清洗筐送至下料输送段，操作者在自动下料输送段将清洗篮取下转入干燥工位。

图 7-13 为某公司生产的硅片清洗机。该设备有清洗、漂洗等八个工位，传动机械臂运送料，篮筐式清洗，运行安全可靠，使用寿命长。清洗节拍可根据清洗工件的清洁度要求，通过面板设定调节清洗时间。在清洗过程中增加偏心摆动装置，使工件在清洗槽内作上下抛动来提高清洗效果。设备采用全封闭结构，配有抽风吸雾装置，能够改善工作环境。采用 PLC 加触摸屏全自动控制，具有自诊断报警功能，确保设备免受损坏和及时排除故障，整体设计美观大方，操作方便，安全可靠。

图 7-13　硅片清洗机

7.2.2.2　硅片装载花篮

在硅片加工生产中常常都需要使用硅片装载花篮。硅片花篮按硅片直径形状及其尺寸不同而具有各种相应的规格，采用 PVDF/PTFE/PFA 为原料，用于不同的场合。为了满足硅片生产线清洗/转换的要求，应具有较强的刚性、强度、精确的外形尺寸和严格的产品重量，长期使用不变形、不污染清洗液，装载硅片时不划伤硅片，能够满足硅片生产工艺要求。

最常使用的硅片花篮具有标准直径规格和装载量，即 25 片/篮。随着太阳能光伏的快速发展，太阳能硅片的生产量日益扩大，就有了专用的装载量大些的太阳能硅片花篮，一般为 100 片/篮。

7.2.3　切片设备

多线切割是进行脆硬材料切割的工艺，是通过金属丝的高速往复运动，把磨料带入半导体加工区域进行研磨，将半导体等硬脆材料一次同时切割为数百片薄片的切割加工方法。基于高精度、高速、低耗切割控制关键技术研发的高精度数控多线高速切割机，可全面实现对半导体材料及各种硬脆材料的高精度、高速度、低损耗切割，是硅片切割加工的主要方式。多线切割与内圆切割相比经济效益高，一次可切割几百个晶片。能够切割直径至 300mm 的硅锭，得到的晶片晶体缺陷深度小、几何缺陷少（TTV、弓曲、偏差等），适合于分割硬脆或难以切削的材料，损耗率低，分割误差小。

传统砂浆线切割大部分采用的是单向切割，而金刚线切割普遍采用的是双向切割。因此金刚线切割线速度为 20～33m/s，加速度为 5～8m/s，远大于传统砂浆线切割的线速度12～15m/s 和加速度 2～4m/s，从而节省切割周期。金刚线切割的线磨损小，双向切割充分提高了金刚线的利用率，提高了切割效率。高线速度、高加速度及高进给速度下线网的运转稳定性是影响切割质量的关键因素。

多线切割所用设备与开方线锯结构类似，具体见 7.2.1.4 的开方线锯。金刚线切割机的主辊设计更加紧凑，缩小中心距和减小主辊直径以缩短金刚线跨距，提高线网运转稳定性。主辊直径变小会导致：a. 转速过高。线速度不变，直径变小，主辊转速就会变大，对动平衡要求高。速度过快，对主辊表面涂层、寿命等都会带来负面影响；b. 主辊变形大。主辊直径变小，对受力影响较大，主辊变形量变大，影响切割精度；c. 主辊应力大。主辊受力不变，直径变小，会导致主辊的应力变大，主辊设计难度加大。

金刚线切割机轴承座受力变大，对轴承的承载能力提出更高要求，需要选用较大型号的轴承，轴承座的尺寸大小会直接影响主辊的中心距。主辊越长，其变形量相对增大。实心的主辊比空心的主辊变形有大幅降低，但实心主辊的大惯量对频繁加减速是个不利因素。轻量化、高刚度的主辊是金刚线切割机发展的趋势。

金刚线切割多晶硅主要存在两大难点：一方面，铸锭晶体中存在的硬点可能会在切割过程中造成断线；另一方面，损伤层浅，难以沿用现行酸性湿法制绒技术制备减反射绒面，硅片表面反射率偏高。随着多晶硅锭杂质控制技术提升、金刚线质量提升和价格下降，断线问题及相应的额外成本可以得到解决。金刚线切割多晶硅片表面反射率偏高可以通过黑硅制绒技术解决，目前接近产业化的黑硅制绒技术主要有湿法和干法两种，具体工艺见 11.1.2。

习　题

1. 金刚线切割与传统砂浆多线切割相比有哪些优势？
2. 简述电镀金刚线的制备过程。
3. 多线切割机由哪几部分组成？其中最核心的部分为哪一部分，起什么作用？
4. 查阅文献资料，分析电镀金刚线的发展趋势并撰写小论文。

第8章 硅片加工工艺

8.1 单晶硅片切片工艺

单晶硅片加工的主要的步骤见图 8-1。生长成的单晶在切片之前需要先进行外形加工，包括切割分段（开方）和外圆滚磨，然后粘棒进行切片，最后去胶、清洗进行分选包装。加工出来的单晶硅片形状如图 8-2 所示。

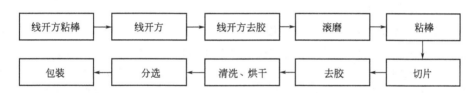

图 8-1 单晶硅片加工的主要步骤

8.1.1 切断

切断的目的是切除单晶硅棒的头部、尾部及超出客户要求规格的部分，将单晶硅棒分段成切片设备可以处理的长度，切取供检验单晶硅参数的检验片，测量单晶硅棒的电阻率含氧量，并按规定长度将晶锭分段。

单晶锭经目视检查以后首先要将籽晶、肩部、尾部、直径小于规格要求的部分以及电阻率和完整性不符合规格要求的部分切除，这些操作可以用外圆或带式切割机完成。外圆切割机的缺点是由于刀片厚度随刀片直径的增大而需要相应增加，所以对于直径大的单晶采用外圆切割机切割损耗较大，最好采用带式切割机。切割时注意切断面与晶锭轴线之间尽可能垂直，

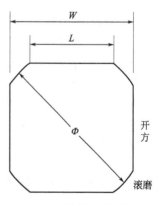

图 8-2 单晶硅片形状

以利于后续的切方操作。切割时必须采用水冷却，既带走热量也可以带走切屑。

[100] 晶向的单晶在切断过程中容易在切缝根部破损。若在切割前将石墨条用黏结剂粘贴在单晶锭的切缝位置的底部，并控制切割速度不是太高，可以避免破损问题。对切割下来的单晶段的头部和尾部应该做上不同的标记，防止在以后操作中头尾颠倒。

8.1.2 滚磨、开方

经过直拉法生长出的硅锭外形是不规则的圆柱体，外侧可能有晶棱出现，头和尾部均有锥形端，因此在进行硅片切割之前，需要对硅锭进行整形与分割，使其达到硅片切割的尺寸要求。硅单晶滚磨、开方是为了得到需要的符合要求的直径、参考面及太阳能级硅单晶的四个平面，也就是要得到所需的符合要求的硅片外形轮廓。滚磨、开方工序决定硅片的直径与形状及其规格尺寸。

滚磨开方工艺根据晶体的状况和用户的要求来设计。对于电路级的硅单晶，需要进行滚圆和制作参考面；而对于太阳能级的硅单晶，则需要进行滚磨和开方。太阳能级硅单晶切片前需计算切割深度 d，如图 8-3 所示，然后再在四个垂直的方向进行切割。

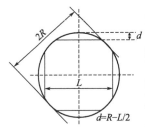

图 8-3　单晶硅棒的滚磨和开方

8.1.2.1　滚磨、开方

滚磨和开方都属于机械磨削，通过模具（磨轮或者锯片）与工件（硅锭）产生相对运动，使模具上的金刚石颗粒对工件进行磨削达到加工目的。滚磨主要采用滚磨机，使用金刚石砂轮磨削工件表面，属于固定磨粒、面接触式磨削；开方则采用金刚石带锯或线锯切割硅锭，属于固定磨粒、线接触式磨削。除此之外，还可以采用非磨削式切割，主要是电火花切割。此法利用做电极的金属导线和工件表面之间的电火花放电进行切割。电火花放电产生局部高温将材料融化，优点是非接触、无污染、无损耗，可以内部挖洞式切割，主要应用于较硬且较脆的材料，但是要求工件具有一定的导电能力。

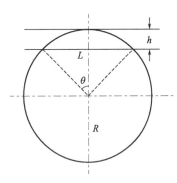

图 8-4　打磨深度计算方式

电子级单晶硅锭滚磨、开方工艺的具体过程为：硅锭晶体定向→磨轮和硅锭安装→外侧滚圆→制作参考面。滚圆过程中硅锭绕自身轴旋转并向前运动，同时磨轮进行自转。设置一定推进量 d，固定工件位置和磨轮逐渐磨削工件。采用研磨设备在柱形硅锭某个晶面，研磨出一个平面，即参考面制作。参考面要求正确取向，严格控制磨削深度。滚磨过程需设置的参数主要有磨削深度、硅锭转速、轴向移动速度、磨轮转速等。打磨深度的计算方式如图 8-4、式(8-1) 所示。

$$L = 2R\sin\theta \qquad h = R - \sqrt{R^2 - \frac{L^2}{4}} \tag{8-1}$$

在滚磨作业实施前需将滚磨砂轮安装到单晶切方滚磨机上，滚磨砂轮用合金钢做成杯子形状，工作面上镀有金刚石颗粒，又称作杯形金刚石磨轮，其外观如图 8-5 所示。设备开机

图 8-5　滚磨砂轮的外观

运行前需要检查各部分是否正常，其油压、冷却水的流量和水压等是否符合要求，然后根据工件直径选择相应顶板装载工件。

工件装载是利用脚踏开关控制顶尖的运动来进行的。脚踏开关踩下时顶尖后退，松开后顶尖前进直至顶到工件。脚踏开关只在工件装卸时有效，设备自动运行时不起作用。将硅棒端面中心对准两个顶头法兰板，用脚踏油压开关把硅棒夹紧，开启主轴开关转动硅棒进行调整对中。硅棒的旋转由工件回转装置带动，在进行调整时可点动，正常工作时则连续运转。选择正确的液压压力，即工件调整夹紧压力或工件加工夹紧压力。然后根据工件长度调整行程限位器的位置，确定以后用螺栓紧固。油泵开启后进一步开启锯片、磨轮和水泵电机。任一电机出现故障，系统会自动切断此四个电机电源。

工件装载后即可进行外形滚圆。首先设置滚磨参数，按工艺要求和工件状况输入待加工单晶的毛坯直径和加工期望直径，然后调节设置磨削量及其进给速度，通常以 $\leqslant 2mm$ 进刀深度分次进行磨削。进给速度与磨削深度成反比，磨削量大则进给速度相对应小一点，反之可以大一点。单晶切方滚磨机分粗磨和精磨两步完成作业，所以要分别设置其磨削进给量、旋转速度与进给速度。粗磨进给量一般设为 1mm，精磨进给量则设为 0.2mm。另外，考虑到磨头磨损问题，单晶切方滚磨机可以设计磨头补偿量输入，以补偿因磨头磨损而产生的误差。

参数输入完毕，调整磨头中心，检查并确保工件夹紧压力旋钮在正确位置后，就可以放下防护罩。启动滚圆自动运行程序进行磨削加工作业，经 n 行程后粗加工完成，系统自动转入精磨过程。精磨完成后，所加工硅单晶达到需要的直径，工作台和磨头回到参考点，设备停止运行。

太阳能硅单晶硅片滚磨过程与 IC 硅片类似，但是不需要进行晶体定向、制作参考面过

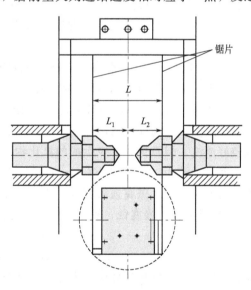

图 8-6　调整装置切方锯片间的距离示意

程，需要进行切方操作。切方第一步应根据单晶直径和加工尺寸调整设置切方锯片间的距离 L_1 和 L_2，如图 8-6 所示。L_1 和 L_2 决定太阳能准方片的对边距离 L，$L=L_1+L_2$，通常调整 $L_1=L_2$。目前生产中典型的两种太阳能单晶准方片形状尺寸为 (125×125) mm 准方片和 (150×150) mm 准方片。前者是由直径 150mm 硅单晶加工而成，后者则是由直径 200mm 硅单晶加工而成。

切方锯片间距离调整设置好后，第二步也和硅单晶滚圆一样，需要调节设置锯片的旋转

速度与切割进给速度，不同的是还需要调整硅单晶待切割面的位置，使其平行于切方锯片平面。相关准备工作完成并检查无误后，可放下防护罩，启动切方程序自动运行。切方程序启动后，工件夹紧力自动切换为高压，工作台移动到参考点。此时切方锯片电机启动并下降到切割位置，工作台带动工件移动开始两对应边的切割。切割到位后锯片电机停止并上升，工作台回到参考点，工件绕其轴线旋转90°。此时程序暂停，待取出边料后再启动锯片电机，进行另外两边的切割，经过与前面相同步骤后切方完成，设备停止运行。

8.1.2.2　表面处理

滚磨、开方是一个机械加工的过程，被加工的平面表层有不同深度的损伤，直接影响下一工序的加工质量。为了将损伤减小需要对表面进行处理，其目的就是为了减少损伤层的厚度。损伤包括应力分布、晶格畸变、表面粗糙化、非晶化、表面污染等，去除厚度一般为$30\sim50\mu m$。去除损伤层的方法主要有化学腐蚀和机械抛光两种。

（1）化学腐蚀

早期的硅单晶滚磨以后通常采用化学腐蚀的方法来消除或减轻晶体表面的机械应力与损伤。化学腐蚀设备简单，易于进行不规则表面的抛光，核心问题是需要控制反应速度和腐蚀深度、减小腐蚀后的粗糙度。化学腐蚀主要有酸腐蚀和碱腐蚀两种形式，可以去除的物质有Si、金属、有机物等。

工业上大量采用的是酸性腐蚀，可调控参数主要有腐蚀液的配比和反应的温度。酸腐蚀通常采用$HF+HNO_3+HAc$配制成混合酸腐蚀液，化学腐蚀速度与其配比及反应温度密切相关。通常的酸腐蚀液配比为$[HF]:[HNO_3]:[HAc]=(1\sim2):(5\sim7):(1\sim2)$。硅片与混合酸的反应为放热反应，在腐蚀过程中不需要再另行加温。表层硅的酸腐蚀、清洗机理是：

硅被HNO_3氧化，反应为：$3Si+4HNO_3 == 3SiO_2+2H_2O+4NO$

用HF去除SiO_2层，反应为：$SiO_2+6HF == H_2[SiF_6]+2H_2O$

总化学反应为：$3Si+4HNO_3+18HF == 3H_2[SiF_6]+8H_2O+4NO$

酸腐蚀速度快，腐蚀金属污染在表层，而表层Si被HNO_3氧化，随后被HF清洗，可以得到较好清洗。但是化学反应生成的氮化物需要进行专门的处理。

碱腐蚀液为NaOH或$KOH+H_2O$。与酸腐蚀一样，碱腐蚀的化学腐蚀速度也与其配比及腐蚀温度有关。碱腐蚀液配比一般为NaOH或$KOH+H_2O$，浓度15％～40％（质量分数）。碱腐蚀属于慢腐蚀，需要加温，通常控制到80～95℃。硅的碱性腐蚀抛光机理为：

$$Si+2KOH+H_2O == K_2SiO_3+2H_2$$

$$Si+2NaOH+H_2O == Na_2SiO_3+2H_2$$

随着腐蚀进行，材料从硅棒进入溶液，部分金属离子产生二次吸附污染。在碱性环境中，Si带负电，会吸引带正电的金属离子形成金属二次沾污，例如Na^+。二次污染和金属离子的沉积电位有关。碱腐蚀主要为纵向腐蚀，其表面剥离的效果较酸腐蚀明显，因此滚磨时外形尺寸要留有余量。碱腐蚀反应慢、易控制、废液易处理，但是容易造成晶体表面粗糙的腐蚀坑，而且其残液也很难彻底去除。酸腐蚀和碱腐蚀对比见表8-1，两种方法各有优缺点。酸腐蚀效果好，但是成本相对较高且废液难处理；碱腐蚀易控制，废液容易处理且成本较低，但是腐蚀的粗糙度较大，质量不如酸腐蚀。腐蚀温度对腐蚀后晶体的表面质量影响也很大。特别是对于碱腐蚀，腐蚀液配比确定以后，控制腐蚀温度是其工艺控制的关键之一。

表 8-1 酸腐蚀和碱腐蚀的对比

参数	酸腐蚀	碱腐蚀
反应中的热量	放热	吸热,80～100℃
粗糙度	较小	较大
金属污染	腐蚀液金属污染小、反应温度低,对硅污染小	腐蚀液含金属污染大,对硅污染大
腐蚀斑点控制	0.6s 内转移到水中	2s 内转移到水中
成本	较高	较低
残液处理	污染环境,不好处理	容易处理

(2) 机械抛光

机械抛光指的是采用机械磨削的方法对滚磨、开方的晶体表面进行精细抛光,减少损伤层的厚度。抛光的加工对象为滚磨后的平面和圆面。通常采用组合毛刷和精细磨石两种方法进行抛光,原则上应采用不同大小的磨粒,进行逐步精细抛光。粗抛光精度为 $10\sim20\mu m$,精细抛光精度 $<1\mu m$。有些公司生产的滚磨、切方机已经具备了硅单晶在滚磨后进行抛光的功能。

硅晶棒表面处理设备可以采用全程自动化,由传送带和机械手实现晶体的移动及翻转,能够自动测量晶体尺寸以确定位置,在处理过程中适时自动进行晶体的旋转以完成各面加工。对于经滚磨后已经成型的 F 平面和 R 圆面,利用组合刷进行处理,可以去除因滚磨而产生的约 $150\mu m$ 深度的损伤层,见图 8-7、图 8-8 所示。图 8-7 显示了对晶体进行 F 平面修磨的情形,修磨分两次进行,先加工其中一对平面,然后将晶体旋转 $90°$ 后加工另一对平面。图 8-8 则是对硅单晶准方棒进行 R 圆面修磨的示意图,同样是分两步进行,不过是同时加工晶体一侧的两个 R 圆面,因此器件晶体需要旋转 $180°$。

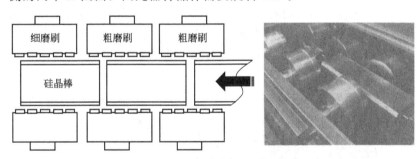

图 8-7 用组合刷进行 F 平面修磨

8.1.2.3 工艺步骤

开方设备采用单晶硅棒开方、滚磨机床,可实现开方、滚磨和磨方一体化操作。将单晶硅圆棒垂直粘接在切方机的晶托上,将晶托和单晶硅圆棒夹在切方机工作台上,找正、校准单晶硅棒,设定加工切割参数,开动切方机进行线切割。

(1) 粘棒

粘棒是用胶黏剂将单晶硅棒和垫板粘接在设备的工件板上,目的是把硅单晶棒固定在线锯切割机上,防止硅片在切割结束前产生崩边、掉片。该过程需要严格控制粘棒环境的湿度和温度、控制胶水的储存温度,保证胶水无沉淀、结晶、氧化等现象。垫板表层必须达到使用要求,所有黏结面必须清洁干净、干燥。粘

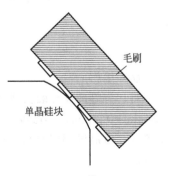

图 8-8 用组合刷进行
R 圆面修磨

接时动作要快,要向下按压并左右滑动粘接物,确保所有黏结面与胶水充分接触不得留缝。粘好后要用重物压一个小时才能拆下来,上棒切割前必须保证有至少 6 个小时的粘接时间。

粘棒工序要注意热融胶夏、冬两季的物理性能，是否有晶棒松动现象。整个过程要保持晶棒、晶托盘干净。如果是线切方，要检查晶托盘是否准确到位，切削液是否符合要求、是否连贯，工艺技术参数设定是否符合作业指导书的要求，定期清洗是否到位等。

（2）线开方

线开方是将大块的硅锭切割成所需要的长方体或者棱柱体。所用设备为单晶切方滚磨机、金刚石带锯、金刚石线锯等。从粘棒处领取粘接好的圆棒，将圆棒装到线开方工作台上，由定位铝板定位，然后对电磁工作台加磁，固定好晶棒。装好晶棒后，将电磁工作台送入切割室，见图8-9。

图8-9　切割室

（3）卸棒、去胶

切割完毕后，将工作台摇出切割室，开始卸棒。卸棒完成后，将卸下来的晶棒送到去胶室去胶。将开方后的晶棒放入80℃热水的去胶槽中，让胶慢慢融化，然后用隔热手套先将晶棒四周边皮料拿出，再把晶棒拿出，去掉晶托，见图8-10。将胶刮干净，放到待检区，检验尺寸，合格后准备进入下一工序。

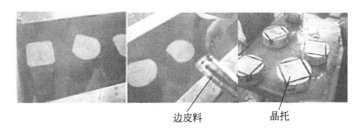

边皮料　　　晶托

图8-10　去边皮料、去晶托

（4）滚磨

将切方好的晶棒装夹到外圆磨床上，开始对晶棒外圆进行滚磨。加工标准为：圆直径150mm+0.2mm，同心度<0.5mm，表面无明显锯痕，深度<0.5mm。加工好的晶棒送至待检区，由品管部门对晶棒尺寸等参数进行检验。检验合格的晶棒送入存储区，等待下一工序领用。

滚磨、开方过程中要注意单晶棒固定牢靠，对中精确，每次磨削进给量不要太大。为了减小磨削损伤层厚度，先用粗金刚石磨轮粗磨，再用细金刚石磨轮精磨。由于对单晶锭表面要进行化学腐蚀处理，去除单晶锭表面的损伤层，并使晶锭直径达到规格所要求的尺寸，因此磨削加工所达到的尺寸与所要求的硅片尺寸相比要留出一定的余量。

8.1.3 切片

滚磨、开方工序完成了晶体的外形整形处理，确定了硅片的形状尺寸，为晶体切割奠定了基础。晶体切割就是利用内圆切片机或者多线切割机等专用设备将硅单晶或多晶切割成符合使用要求的薄片的过程。切片是硅片制备中的一道重要工序，这道工序决定或基本决定了硅片的四个重要参数，即硅片表面的晶向、厚度、平行度和翘曲度。硅晶体的切割主要采用多线切割，生产效率高，硅片表面机械损伤层薄，切割损耗的晶体少，切割的硅片几何技术参数，包括 TTV、BOW、WARP 等均优于内、外圆切割。

8.1.3.1 硅单晶多线切割原理

20 世纪 90 年代，随着人们对硅单晶切割出片率的期望值不断上升及对硅片质量要求的不断提高，多线切割进入了硅片生产行业，并在太阳能光伏产业的推波助澜下得以迅速发展。多线切割效率高、切割质量好并且出片率高。目前不仅在硅片切割中使用多线切割，也用于硅单晶截断及开方、硅铸锭多晶破锭开方和硅芯切割等。

最早应用于光伏硅片切割的线切割技术是砂浆线切割技术，利用超细高强度钢线在研磨浆料的配合下完成切割动作。将数百公里长的直径约 $160\mu m$ 的镀铜不锈钢切割线紧紧缠绕在两根相隔一定距离的辊轴上，钢线通过带有等间距密集排布凹槽的导线轮平行排布在两根辊轴间，形成一个等间距的水平切割线网，钢线间的间距决定着硅片的厚度。驱动滚轴使钢线网以每秒约 $13\sim15m$ 的速度运动。硅锭通过胶粘的方式固定在可以垂直运动的切割台上，切割台以每分钟约 $0.4mm$ 的速度向下运动，最终使硅锭完全通过钢线网，完成切割。在钢线运动的过程中，需要持续向切割线喷射含有悬浮碳化硅和切割液的研磨浆。钢线运动过程中将含有碳化硅磨料的浆体带入硅锭切割区域。碳化硅的硬度大于硅，磨料在钢线压迫下滚压嵌入硅晶体形成磨料磨损，产生切割作用。

金刚线切割本质上还是线切割，是将原来的镀铜不锈钢线和研磨浆合并成金刚线。金刚线切割与磨削的原理相似，是切割线上固着的金刚石颗粒对硅棒表面进行耕犁，相当于尖端在脆性材料表面刻划，直接利用自身硬度产生高速切削作用；而砂浆线切割中切割线的作用不是直接切割，是带动砂浆使研磨颗粒到达加工区域，同时对其施加压力。砂浆线切割硅棒是被磨料压碎并将压碎的硅颗粒剥离的，而不是被硬质颗粒的尖端划开的。因此，金刚线切割的硅片损伤深度相对砂浆线切割较浅。

8.1.3.2 切片工艺

硅单晶多线切割首先应弄清楚工艺要求，进行相应准备，需要定向的进行定向，再按照所需偏离角度调节后进行粘接。线切割机系统调整设置到相应状态，将粘接好的晶体装载上机进行切割，切割完毕后卸载硅片，冲洗去胶后进行清洗。

（1）准备工作

准备工作包括阅读工艺单并弄清加工指令、核对工件和检查设备及工艺条件等。硅单晶切割的加工指令指的是各种与切割有关的参数要求，主要有厚度、TTV、BOW、WARP 和硅片表面取向等。切割实施前需核对工件是否正确，主要从编号、直径、长度和参考面等外观特征来辨别。装夹前应确认方棒晶托架无异物附着、无斜歪、无多余胶水等。检查各传动部件以及易耗件是否可正常运转，是否到了规定的更换期限。清理网线、导轮上的异物，按规定量更换切削液。

检查设备各部位是否正常，电、压缩空气、冷却水、切削液、导轮、金刚线、室内环境及劳保用品等均要符合要求。电源通常为单相 220V 和三相 380V，压缩空气气压≥5.5MPa，无水分及杂质。冷却水为初级纯水，电阻率≥1MΩ·cm，水压 0.2～0.6MPa，水温 15℃以下，无杂质。室内环境通常要求适当恒温，以 20～25℃最好。开机前确认切削液的黏度是否符合要求，导轮是否正常。

（2）检棒工序

硅棒和硅锭作为硅片的原料，它与硅片的品质紧密相关。硅棒和硅锭在制造过程中，可能会因为环境和参数控制等问题产生各种缺陷。这些缺陷有的可以直接通过肉眼观察，但是绝大多数无法直接观测，需要各种快速的无损检测技术对硅棒和硅锭中的缺陷进行标定。硅棒与硅锭的检测在工业上称为检棒，经过检棒工序检验合格的硅棒或硅锭才能进入切片的工艺环节。

（3）粘棒和线切

粘棒是为了将硅锭或硅棒装载入线切机中，并且保证硅棒能被切透又不损伤工件板和金刚线。一般先将树脂或玻璃垫板用胶粘接到不锈钢材质的工件板上，再将硅棒用胶粘接到垫板上。粘棒完成后经过一段时间的固化达到要求的强度后就可以装入线切机中开始切割。待金刚线切入树脂板 3～5mm 后，表明硅棒被完全切透就可以退出金刚线。

线切割单晶粘接是根据待粘接晶体的状况及其定向结果与标识确定单晶粘接方位。因为单晶的粘接部位通常也是切割出刀口位置，因此要尽量避开晶体解理面部位，同时要考虑定向的需要。在内圆切割中，<100>单晶选取的粘接部位与主参考面呈 45°；<111>单晶选取的粘接部位则与主参考面垂直。多线切割中晶体的粘接部位服从定向的需要。如果是太阳能单晶，则将其平面之一作为粘接方位即可。

单晶粘接方位确定以后，清洁处理单晶、托板和工装夹具待粘接部位，然后根据晶棒长度称取一定量的 A 剂和 B 剂搅拌混合，将垫板粘到工件板上，加压固定。固定好后，将晶棒粘到垫板上，同样加压固定，等待固化。注意刮去边缘多余的胶黏剂。粘接好后，将晶棒放到货架上固化 6h 后才能领取切片。图 8-11 分别为玻璃垫板及粘接好的晶棒。

硅锭
玻璃垫板
工件板

图 8-11　玻璃垫板及粘接好的晶棒

8.1.3.3　线切割机操作步骤

线切割机系统调整与准备包括导轮和线轮的安装、绕线调节、切削砂浆配制、系统参数设置及切割几个步骤。

（1）导轮的选择与安装

在多线切割中，导轮的槽距设计主要取决于硅片目标厚度、钢线直径、磨料粒度及设备性能。在实际生产中，钢线直径、磨料粒度及设备在一定时期都是相对稳定的，因此通常都是针对一定的工艺条件配备各种不同槽距规格的导轮，以满足不同厚度硅片切割的需要。在使用时需要根据切割目标厚度并结合当时的工艺条件，选择适当槽距的导轮。导轮选定后，安装上轴承凸缘密封件，用导轮运载装置把导轮移动到安装位置并将其安装到线切机相应位置上，然后装上活动轴承，锁定螺钉、温度传感器、轴承盖和盖环等，最后安装好切削液粗过滤槽。

（2）线轮的安装及其更换

线切割机的线轮分放线轮和收线轮，放线轮线轴具各种型号，用相应的辅助件安装固定，收线轮通常是固定的型号。在放线轮或收线轮上装上两个有眼的螺丝杆，用行车吊起线轮并放落在固定杆上，降低计数塔轮，把制动套筒轻放在固定杆上固定，装上防护盖。当放线轮上的线长度比预测的用于切割单晶的线长度短时，就必须更换放线轮和收线轮。

更换线轮时，切断放线轮和收线轮上的钢线，用胶带或磁铁把两个线头都粘到机器某个部位。卸下放线轮和收线轮，装上新的放线轮和空的收线轮。把放线轮上的线头和导轮上入口的线头绞合在一起，在两边用黏性胶带固定，然后把绞合的线焊接在一起并用水磨砂纸将接头磨光滑，除去胶带，剪断线头。把导轮上出口的线头固定在收线轮上。让线经过张力系统，关闭防护罩和机械盖，以约 3m/s 的速度移动线，当焊接头到达收线轮时，再在收线轮上缠绕一定长度的线。最后输入线径、线长度、线轴和导轮的直径。每次更换导轮、放线轮和收线轮后，都需要重新输入参数。使用后更换下来的线轮，即使是未经切割的新线也因为长度不够而无法使用。空线轮是可以重复使用的，可以将上面缠绕的钢线去除以后重新绕线。一般采用切割的方式去除废钢线，但是要保证线轮本身不能受到伤害。

（3）绕线与调节

线轮装上以后要进行绕线，就是将切割用的金刚线按照规定的路径引导缠绕到导轮上形成线网。打开电源，在导轮上安装缠绕皮带，以使导轮能随着一起同步转动，然后将放线轮上的线头经过张力系统和方向轮固定在皮带上。在绕线操作状态启动电机，用皮带围绕着导轮牵引线并且将其固定在相应的槽内。当线带宽度至少 10mm 时，用黏性胶带固定已经绕上的线带，把线头从一个槽引导到另一个槽，这样线网就可以自己独自缠绕，直到导轮上每槽都绕上线。打开连接器，将放线轮上的钢线通过张力系统。然后将导轮上的线头通过收线轮上的滑轮安装在收线轮上，再在收线轮上缠绕一定长度的线。输入线径、线长度、线轴和导轮直径，根据工艺需要调节线张力。

（4）切削砂浆配制

对于金刚线切割，无须提前配置切削液，切割前直接将冷却液加入线切割机即可；对于钢线切割，线切割用的砂浆随着钢线的运动，切割晶体产生磨削实现切割功能，需要连续搅拌 6h 以上，必须预先配制好待用。

常用的线切割砂浆主要成分是绿碳化硅和聚乙二醇。线切割用的砂浆要求有一定的黏度，这关系到线切割机对硅片切割能力的强弱。砂浆的黏度与聚乙二醇本身的黏度指标及砂浆的配比和搅拌有关，且砂浆一旦配制就需不间断地进行搅拌，以防止沉淀。使用前将聚乙二醇抽进砂浆搅拌桶，加入一定的碳化硅磨料进行充分搅拌均匀并达到需要的黏度。二者的配比及砂浆的黏度值与所用线切割机和工艺有关，使用时视具体情况及经验进行控制。硅片切割液和碳化硅散粉的配比比例一般控制在 $1:(0.92\sim0.95)$，砂浆相对密度在 $1.630\sim1.635cm^3/g$，黏度控制在 $200\sim250mPa\cdot s$。砂浆预配制完成后，还需连接多线切割机的砂浆系统。在线切割机上安装过滤网、内置砂缸和搅拌器，将砂泵入口与配制好的砂浆相连接，在线网上安装砂浆喷嘴装置并连接砂浆冷却系统后，开启砂泵与搅拌器将已配制好的砂浆抽入内置砂缸并搅拌待用。为保证切割质量整个过程中必须保持砂浆的清洁，严禁混入异物。

（5）系统参数设置

切割实施前应进行系统参数设置，输入必要的相关数据。工艺技术参数可以进行现场输入，也可以调出适当的程序使用或修改。首先输入待切割晶体编号与直径、导轮直径与槽距、线轮线径、线长度和操作员编号等。然后设置钢线速度和切割进给速度。每次更换导轮、放线轮、收线轮后，线径、线长度和导轮的直径等必须重新输入。表8-2列出了某型号线切割机的主要性能及其要求的工艺条件作为参考。但是在实际生产中，应当按照自己的工艺与工件状况进行调整。

表8-2　某型号线切割机主要性能及其工艺条件

工件尺寸	最大截面/mm	$200 \times 200, \Phi 200, 2 \times \Phi 200$
	最大长度/mm	300
切割钢线	线径/mm	Max218(0.160)
	线长/km	15
	张力/(m/s)	15～35
导线轮	直径/(mm)/长度/(mm)/重量/(kg)	250/320/29
切割进给	最大行程/mm	280
	进给速度/(mm/min)	0～2
电源	电压/(V)/频率/(Hz)	380/50
	最大功耗/kW	70
压缩空气	压力/(bar)/流量/(m³/h)	5.5～8/22
砂浆	砂浆罐储量/L	120
冷却水	温度/℃/流量/(L/min)/压力/bar	<12/(100～200)/6

（6）晶体上机切割

选取已粘接固化的待切割晶体，用升降车将其安装到机器上并移到线网上方，设定好线网与晶体的距离后关闭机盖、防护罩和滑动挡板。检查核对待切割晶体与加工单是否相符，确认设置的技术参数是否正确。然后开启冷却系统，检查交换水的流量、水温和水压、砂浆系统的流量、温度和压力及浓度等是否符合要求。检查方向导轮的磨损、线网、粘接工件、防护挡板、压缩空气等各部分是否正常。所有项目经检查确认后，打开所有的传动装置和泵，自动开始切割，硅片切割见图8-12。

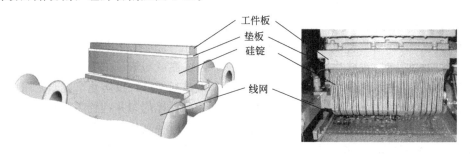

工件板
垫板
硅锭
线网

图8-12　硅片切割

整个切割过程需要进行监控，一旦发生异常情况应及时进行处理。如果发生断线，机器会报警并停止运行。这时候先将切割单晶升到顶端，打开防护罩将导轮的断线处用黏性胶带粘到导轮上。如果是进线端断线，将放线轮上的线头粘上，反时针转动直到导轮进线端上每槽绕上线，然后将放线轮上的线头和导轮入口线头进行连接。如果是出线端断线，顺时针转动导轮，直到导轮上出口端每槽绕上线，然后将线头接在收线轮上。如果晶体已经切割至尾部，就需要先清洗并用氮气将晶体吹干，再进行以上工作。切割完毕后停机，小心卸下带硅片的夹具，进行脱胶、清洗。

影响多线切割效率的因素主要有以下几个方面：a. 切割线直径。更细的切割线意味着更低的切缝损耗，同一个硅块可以生产更多的硅片；但是切割线越细越容易断裂；b. 切割线的张力。大的张力能实现直线切割并增加切割效率，但同时也增加了切割线断裂的风险；c. 切割线加工速度。更高的加工速度会加大切割线的张力，增加切割效率，同时也增加了切割线断裂的风险；d. 设备的可维护性。线锯在切割之前需要更换切割线和研磨浆料，维护的速度越快，总体的生产效率就越高；e. 浆料的质量。

8.1.4 硅片脱胶、清洗

8.1.4.1 硅片脱胶

硅片表面的洁净度是检验硅片合格与否的重要指标，对后续生产出的电池转换效率有很大影响。在经过线切工序后硅片还粘连在垫板及工件板上。需要将硅片从垫板上脱下。此外，为了获得洁净度高的硅片，通常也需要在硅片进行线切割后脱胶预清洗和精细清洗两步。因此脱胶工序除了使硅片从垫板上脱落外，还需要进行初步清洗。由于硅片很薄，尤其是太阳能电池用硅片，其厚度只有 $180\mu m$ 或更薄，冲洗的时候应特别小心，防止硅片碎裂。

脱胶准备工作包括穿戴防护用品，开启配电箱电源、通风橱电源、氮气开关、清洗超声池、甩干机、周转箱和石英容器等用具，并将甩干机空甩 $3\sim5$ 次备用。核查已切完的硅片在数量、类型上是否与加工单一致，将硅片按编号做标记。超声清洗之前 30min，向超声池注入一定量的水，按需要配制合适的清洗液并打开机器预热，功率旋钮调至最小。

准备工作完成后将线锯切割完毕卸下的晶棒送到切片去胶室准备脱胶，见图 8-13。从

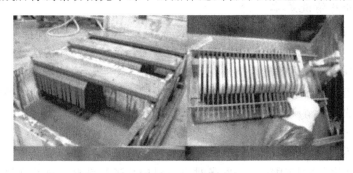

图 8-13　晶棒脱胶

线切机中取出的粘连在树脂板及工件板上的硅片先通过物理方法，使用清洗剂配合喷淋、超声和溢流等方法清洗去除硅片表面附着的硅粉、金属粉末和切割液等杂质。由于金刚线切割使用的切割液为水性液体，预清洗更加容易。将预清洗好的硅片放入去胶槽中进行脱胶处理，脱胶的方法根据使用胶的品种性能而定，可以用热水和脱胶剂配合超声波进行脱胶。将硅片放入热水中，温度根据选用的胶水来确定，对于环氧树脂 AB 胶一般温度控制在 $70℃$ 左右，通过加热使胶水软化后硅片便自动脱落，冷却后取出硅片，用水冲洗直到水为中性。脱胶过程中通常会在液体中加入乳酸或柠檬酸加快胶水的软化，弱酸与水的比例一般为 1：

2。也有用洗涤剂或浓硫酸溶液，但是采用硫酸溶液时要缓慢加入，注意安全操作，防止被酸烧伤。加热脱胶时间不宜太长，否则酸会腐蚀硅片表面，影响后续表面制绒，通常脱胶时间控制在 10min 左右。

脱胶主要使用全自动硅片脱胶机，其流程为冲洗、超声和加热脱胶。使用全自动脱胶机需要在清洗脱胶前将切割完的硅棒放在工装篮上，机械构件将带动工装篮经过各道工序。脱胶机的第一步是喷淋冲洗，去除硅片表面附着的粉末；第二步是超声清洗，通过超声振动在液体中形成极微小的气泡，这些气泡快速地破裂产生极微小的擦洗动作以除去颗粒。

脱胶机的整体构造大致分为主体钢架、机械传动装置、工艺槽部分和电气控制部分，通过不锈钢配合 PP 板材的使用来达到整机的防腐功能。设备顶部需要配有抽风装置以控制脱胶过程中酸气的外溢。整个脱胶操作过程除了上、下料为手动操作外，其余过程全部为自动，并且可以对整个生产过程进行监控，方便操作。

待胶软化后，将硅片取出，放入盛有清水的盒子中进行插片。将脱胶后从工件板上脱离的硅片插入装硅片的花篮的工序为插片工序，一般由全自动插片机完成。全自动插片机由电气控制系统、空篮升降机械手单元、硅片装料单元、空篮回料单元、硅片输送单元、前置横移机械手单元、插片升降机械手单元、空篮翻转机构、满篮翻转单元、气缸推料单元、升降旋转单元、上料系统单元和吊臂控制单元等系统组成。

空篮升降机械手单元抓取空花篮，将空篮回料单元上的空花篮移至气缸推料单元，准备等待插片。空花篮被气缸推料单元推到翻板上。由空篮翻转机构，将翻板绕轴旋转 90°从而让花篮翻转到垂直状态。插片升降机械手单元夹紧花篮并控制其位置等待硅片的进入。待插硅片装在硅片装料单元中进入硅片输送单元。输送单元利用水流将需要输送的硅片与其他片分离，再利用自吸泵产生的水流将片子吸起。电机驱动输送带将片子输送至输送轨道上，依次进入等待的花篮中。当花篮插满片后，满篮翻转机构控制翻板绕轴旋转 90°，让花篮水平放置。升降旋转单元将满篮从满篮旋转单元的翻板移至上料系统单元，方便对接清洗机机械手抓取。空篮回料单元与清洗机对接，如此往复循环，实现全自动插片。

8.1.4.2 硅片清洗基本概念

硅片在一系列加工过程中，会受到来自设备、工装、磨料以及环境等各方面的种种沾污，这些沾污需要利用多种化学物理的方法进行去除，这就是硅片清洗，目的在于清除硅片表面所有的污染源。脱胶后的硅片插入花篮之后会进入全自动清洗干燥机对硅片进行精细清洗。花篮根据工艺设置，在通有不同洗涤液的各个槽内经碱洗、普通纯水漂洗和特殊配方洗涤液清洗等不同洗涤液清洗后，经过干燥完成精细清洗。

（1）硅片清洗的意义

硅片表面沾污大致可分为有机杂质沾污、颗粒类杂质沾污和金属杂质沾污三类。硅片在切割时需要将晶体进行粘接固定，在抛光时也会对硅片进行粘贴，硅片在这些过程中会受到胶黏剂和粘片蜡等杂质的沾污，在机械加工过程中也可能会引入油脂类杂质的沾污。胶黏剂、蜡和油脂等都属于有机沾污。有机沾污可以通过有机试剂的溶解作用，结合超声波清洗技术去除。颗粒类杂质沾污主要来自加工中的磨料，还有环境中的尘粒，一般采用物理方法去除，采用机械擦洗或超声清洗技术去除粒径 $\geqslant 0.4\mu m$ 的颗粒，利用兆声波去除 $\geqslant 0.2\mu m$ 的颗粒。硅片加工生产中的设备都离不开金属，很多工装器具也是金属的，因此在硅片加工过程中必然会引入金属杂质的沾污。硅片表面金属杂质沾污有金属离子和原子两类。金属原子通过吸附分散附着在硅片表面。带正电的金属离子则通过得到电子进行附着，犹如"电镀"到硅片表面。金属杂质沾污必须采用化学的方法才能去除。硅片经过切割、倒角、研磨、热处理、化学减薄到抛光等过程，每一步都要进行清洗，否则会给后续工序带来影响或埋下隐患。

对于切割片，切割后的硅片边缘存在胶黏剂，如果不彻底去除，影响边缘倒角或研磨。硅片表面残留的切割液只靠冲洗是不可能完全去除的，尤其是一部分磨料颗粒会镶嵌或吸附在硅片表面，不经过充分的清洗则不会脱落，这些颗粒会在硅片研磨时划伤硅片表面或者垫在硅片表面与磨盘之间影响研磨效果。热处理前的硅片若没有进行严格的清洗，其表面吸附的金属离子在高温下会向硅片深处扩散，导致氧化物和氧化层错的产生，对器件性能产生影响。金属杂质的沾污可能导致 P-N 结漏电流增加及少数载流子寿命降低，使器件成品率降低。金属离子的性质活泼，还能够在电学测试和运输很久以后沿着器件移动，引起器件在使用期间失效。

对于电子级的抛光片，硅片在抛光前的表面状态很重要，很小的颗粒沾污都会导致硅片表面特性的变化。因此在抛光前特意设计化学减薄工序，通过化学腐蚀剥离使硅片表面更洁净，以得到高质量的抛光硅片。研磨后如果没有很好地清洗，表面吸附的杂质会影响化学减薄效果，造成不均匀腐蚀而形成花片。

集成电路线宽为纳米级计量，即便是粒度为 $0.5\mu m$ 的尘粒都可能导致硅片在氧化时其氧化膜的致密性和均匀性受到破坏而影响器件的电性能，严重时甚至引起电路开路或短路。另外，硅片表面的颗粒还可能导致光刻工艺中腔膜不匀而造成缺陷。在半导体制造工艺中，可以接受的颗粒尺寸必须小于最小器件特征尺寸的一半，例如最小特征尺寸为 $0.18\mu m$ 的器件不能接触 $0.09\mu m$ 的颗粒，否则可能会引起致命缺陷。目前对于用于线宽为 $0.09\sim$ $0.13\mu m$ 工艺的 300mm 硅片，要求其表面 $\geqslant 0.12\mu m$ 的颗粒数 $\leqslant 100$ 个。

污染物对于硅片的加工质量和器件特性会带来严重影响，降低硅片和器件生产的成品率及可靠性。硅片生产加工的最终目的是要为器件生产制作出一个清洁完美符合要求的可使用表面，因此每一步的清洗都是必要的。

（2）吸附

硅片的表面是硅单晶的一个断面，所有的晶格都处于破坏状态，也就是说有一层或多层硅原子的键被打开而呈现一层到几层的悬挂键，也称非饱和键。非饱和键化学活性高，处于不稳定状态，极容易与周围的分子或原子结合，这就是吸附。吸附可以分为化学吸附和物理吸附两种形式。

化学吸附时，吸附层内被吸附的原子数等于硅片表面原子数。表 8-3 列出了硅单晶几种典型晶面的原子数，从表可以看出不同晶面的硅片其表面原子数是不同的，因此其吸附层内被吸附的原子数也是不同的。硅 {111}、{110} 和 {100} 三种晶面中，{111} 面的原子数最多，而 {100} 面的原子数最少。因此，{111} 面的化学吸附要大于其他两种晶面。物理吸附时，吸附层内被吸附的原子数则取决于以液相或固相状态存在于硅片表面上的被吸附分子的大小。

表 8-3 硅单晶几种典型晶面的原子数

晶面$\{h,k,l\}$	{111}	{110}	{100}
原子数/（个/cm²）	7.84×10^{14}	7.58×10^{14}	6.78×10^{14}

在硅片加工生产的过程中硅片必然会吸附所处环境下的分子或原子，如果在真空状态（10^{-10} mmHg 压力）或惰性气体保护下吸附会减弱，但是考虑到成本问题，这种硅片生产加工条件是无法实现的，只能在每一道工序后面采取相应措施和方法清除硅片表面所吸附的

杂质，改变硅片本身所处的环境，一步步减少硅片表面有害杂质的沾污，最终制作出符合器件生产要求的合格硅片表面。为此，硅片在经过每一道工序加工后都要进行清洗，且硅片清洗的环境洁净度也要逐级提高。切割片、研磨片和抛光片清洗有各自不同等级的环境要求。

（3）环境洁净度等级

环境洁净度等级标准有很多，通常使用最多的是美国联邦标准。表 8-4 是 1987 年修改的美国联邦标准 FS-209D，这个标准以 0.5μm 的粒子为基准，以其在单位体积空气中的数量为等级划分准则，将环境洁净度分为 6 个等级。随着半导体集成电路的发展，此标准又于 1992 年修改为联邦标准 FS-209E，在原来英制计量的基础上引进了国际单位制，将等级划分得更细，并且 100 级、10 级和 1 级三个等级中对于 0.3μm、0.2μm 和 0.1μm 的粒子数量也有了相应的约束，见表 8-5。目前国际上采用的是 ISO-14644-1《Air Cleanliness》国际洁净室标准，见表 8-6。在硅片生产中，晶体滚磨、切割、硅片倒角和研磨等工序可以在 10000 级的环境中进行，而硅片的清洗、化学减薄和抛光要求在较高清洁度的环境中进行，硅抛光片的清洗和检验包装对作业环境的要求更高，至少要在 100 级的环境下进行。

表 8-4 美国联邦标准 FS-209D

洁净等级		1	10	100	1000	10000	100000
微尘粒子/(个/ft³)	≥0.5μm	≤1	≤10	≤100	≤1000	≤10000	≤100000
	≥5.0μm	0	0	1	≤10	≤65	≤700
压力/Pa		>173					
温度/℃		(19.4～25)±2.8,特殊需求±1.4					
风速与换气率		层流方式 0.35～0.55m/s			乱流方式≥20 次/h		
照度/lx		1080～1620					

表 8-5 美国联邦标准 FS-209E

洁净等级		微尘粒子									
		0.1μm		0.2μm		0.3μm		0.5μm		5.0μm	
		个/m³	个/ft³	个/m³	个/ft³	个/m³	个/ft³	个/m³	个/ft³	个/m³	个/ft³
公制	英制	公制	英制	公制	英制	公制	英制	公制	英制	公制	英制
M1		350	9.91	75.7	2.14	30.9	0.879	10.0	0.283		
M1.5	1	1240	35.0	265	7.50	106	3.00	35.3	1.00		
M2		3500	99.1	757	21.4	309	8.75	100	2.83		
M2.5	10	12400	350	2650	75.0	1060	30.0	353	10.0		
M3		35000	991	7570	214	3090	87.5	1000	28.3		
M3.5	100			26500	750	10600	300	3530	100		
M4				75700	2140	30900	875	10000	283		
M4.5	1000							35300	1000	247	7.00
M5								100000	2830	618	17.5
M5.5	10000							353000	10000	2470	70.0
M6								1000000	28300	6180	175
M6.5	100000							3530000	100000	247000	700
M7								10000000	283000	61800	1750

表 8-6 国际洁净室标准 ISO-14644-1《Air Cleanliness》

空气洁净等级	ISO-14644-1《Air Cleanliness》					
	微尘粒子最大浓度限值/(个/m³)					
	$\geqslant 0.1\mu m$	$\geqslant 0.2\mu m$	$\geqslant 0.3\mu m$	$\geqslant 0.5\mu m$	$\geqslant 1.0\mu m$	$\geqslant 5.0\mu m$
1	10	2				
2	100	24	10	4		
3	1000	237	102	35	8	
4	10000	2370	1020	352	83	
5	100000	23700	10200	3520	832	29
6	1000000	237000	102000	35200	8320	293
7				352000	83200	2930
8				3520000	832000	29300
9				35200000	8320000	293000

在长期的生产活动中，洁净室很容易受到来自各方面因素的干扰而使洁净环境产生变化，需要对洁净室进行必要的维护与管理防止和减缓这种变化，使之保持符合使用需要的洁净程度。

人员流动是洁净室环境恶化的主要因素，表 8-7 和表 8-8 中列出了操作人员在不同动作时尘埃粒子的产生状况和操作人员的动作增加环境污染的倍率。人体的轻微动作都能使其周围环境中的尘埃粒子成倍增加，操作人员在站立、坐下、行走及其他行动时周围环境污染都会增加。因此，洁净室的维护管理首先就是对人的管理，尤其是人员流动的管理。进入洁净室的人员数量应该以维持室内生产作业的最少人员设计。操作人员着装与周围环境污染有关，穿无尘服可以大大减少尘埃粒子的产生，减少这种影响，进入洁净室时必须按规定穿戴洁净服并经过空气吹淋处理。超净服由兜帽、连裤工作服、手套、靴子和口罩组成，能够完全包裹住身体。洁净室工作人员应培养良好的高纯卫生习惯，在洁净室内任何时间都应保持超净服闭合并始终确保所有的头部和面部头发被包裹起来。洁净服由专人保管并定期清洗处理。非室内工作人员不许进入超净室。

表 8-7 操作人员在不同动作时尘埃粒子的产生状况　　　　　　单位：个/(人·min)

粒子尺寸	$\geqslant 0.3\mu m$			$\geqslant 0.5\mu m$		
衣服	一般工作服	无尘服		一般工作服	无尘服	
人体动作		白大褂型	全覆盖型		白大褂型	全覆盖型
站立(静姿态)	543000	151000	13800	339000	113000	5580
坐下(静姿态)	448000	142000	14800	302000	112000	7420
手腕上下动	4450000	463000	49000	2980000	298000	18600
上身前屈	3920000	770000	39200	2240000	538000	24200
手腕自由运动	3470000	572000	52100	2240000	298000	20600
头颈上下、左右动	1230000	187000	22100	631000	151000	11000
屈身	4160000	1110000	62500	3120000	605000	37400
原地踏步	4240000	1210000	92100	2800000	861000	44600
步行	5380000	1290000	157000	2920000	1010000	56000

表 8-8　操作人员的动作增加环境污染的倍率

人员动作	环境污染增加的倍率	人员动作	环境污染增加的倍率
操作人员动作		吸烟后 20min 内吸烟者的呼吸	2.0~5.0
4~5 人聚集在一起	1.5~3.0	打喷嚏	5.0~20.0
正常行走	1.2~2.0	用手擦脸上的皮肤	1.0~2.0
静静地坐下	1.0~1.2	操作人员用的工作服(合成纤维类)	
将手深入层流式工作台中	1.01	刷工作服袖子时	1.5~3.0
层流式工作台无操作	无	不穿鞋套踏地板时	10.0~50.0
操作人员自身行为		穿鞋套后踏地板时	1.5~3.0
正常呼吸状态	无	从口袋内去除手帕时	3.0~10.0

除了人员进出外,洁净室的设备、用具和原辅材料的流动也要进行必要的控制,即物流管理。进入洁净室的物品必须在外面拆除外包装并经清洁处理后才能移入洁净区。洁净室内的物品尽量少,各种耗材应根据其用量合理配备进入,不用的器具及时移出。操作人员不能随意将各种私人物品带入,比如化妆品、食品、香烟以及首饰等。

进入洁净室的空气是经过特效颗粒过滤器后以层流方式流向地面的,穿过带孔的地板后进入空气循环系统与补给的空气一起再返回过滤器,在使用一定的时间后要更换过滤器。洁净室通常都安置温度、湿度监控仪器对室内环境温度和湿度进行控制。温度和湿度的变化与波动会影响工艺和硅片检验结果。洁净室相对湿度较低,硅片表面容易产生静电电荷的积累,静电场吸引带电颗粒或极化并吸引中性颗粒到硅片表面。为了减小硅片表面颗粒吸附,应采取防静电措施,例如使用防静电的材料、静电释放(ESD)接地和空气电离等。

8.1.4.3　硅片清洗处理方法

硅片清洗处理方法分为湿法清洗和干法清洗两大类,湿法清洗又可以分为化学清洗和物理清洗两种。

（1）化学清洗

化学清洗是利用各种化学试剂对杂质的腐蚀、溶解、氧化及络合物作用,去除硅片表面的杂质沾污。用有机溶剂可以去除硅片表面的有机杂质沾污。硅片生产过程中所使用及可能接触到的胶黏剂、松香、蜡和油脂等都属于有机物,由于物质结构相似的物质能够相溶,这些有机物难溶于水,但是却易溶于甲苯、丙酮和乙醇。因为它们的分子结构相似,都含有碳氢基团。乙醇的分子结构中除了含有碳氢基团外还含有与水分子相似的羟基,既可以和甲苯、丙酮等相溶,又能与水相溶。因此一般在使用甲苯、丙酮清洗后,再使用乙醇进行处理才能用水冲洗。

在化学清洗中还常常使用合成洗涤剂。合成洗涤剂是采用有机合成的方法制得的一种具有去污能力的表面活性剂,这种活性剂一端具有憎水基,另一端具有亲水基。表面活性剂分子两端的憎水基团和亲水基团分别对油和水的吸附降低了油与水互不相溶的两相间的表面张力,形成裹有油脂乳化剂的油滴,在水的冲洗下被带走,从而将硅片表面的油脂去除。在搅拌过程中,乳浊液与空气接触,活性剂分子在液、气界面聚集产生泡沫,这些泡沫也能将乳化剂的油裹携而去,达到清洗去油的目的。

氧化还原反应是物质间的电子得失的过程,还原剂失去电子被氧化,氧化剂得到电子被还原。硅片化学清洗中,以硅片表面容易失去电子的杂质作为还原剂,选用索取电子能力强的化合物作为氧化剂,通过氧化-还原反应,使之成为离子或易溶于酸、碱的氧化物、卤化物等，也可以将杂质去除。

（2）物理清洗

在工业清洗中，常用的清洗方式有手工刷洗、有机溶剂浸渍、高压水射流清洗和超声波清洗等，其清洗效果比较可以从图 8-14 中看出。显然超声波清洗的效果最好。超声波清洗是当前效率最高、效果最好的清洗方式，清洗效率达到 98％以上，清洗洁净度也达到了最高级别；传统的手工刷洗和有机溶剂浸渍的清洗效率仅仅为 60％～70％，即使是高压水射流清洗的清洗效率也低于 90％。因此，超声波清洗被广泛应用于工业清洗中，硅片清洗也不例外。

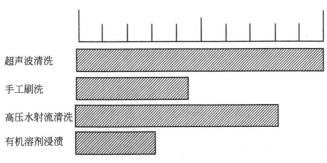

图 8-14　清洗效果比较

人耳能听到的声音是频率在 20～20kHz 的声波信号，高于 20kHz 的声波称之为超声波。超声波是一种弹性波，声波的传递依照正弦曲线纵向传播，即一层强一层弱依次传递。当弱的声波信号作用于液体时会对液体产生一定的负压，使液体内形成许多微小的气泡；强的声波信号作用于液体时会对液体产生一定的正压，导致液体中形成的微小气泡被压碎。超声波作用于液体中时，液体中每个气泡的破裂都会产生能量极大的冲击波，相当于瞬间产生几百度的高温和高达上千个大气压，这种现象称为"空化效应"。超声波清洗是应用液体中气泡破裂所产生的冲击波来达到清洗和冲刷工件内外表面的目的。

超声波的能量能够穿透细微的缝隙小孔，可以应用于任何零部件或装配件的清洗。被清洗件为精密部件或装配件时，超声清洗往往成为能满足其特殊技术要求的唯一的清洗方式。超声波清洗是半导体工业中广泛使用的清洗方法，尤其是清除硅片表面附着的大块沾污及微粒，简单方便、安全有效，特别适合切割和研磨后的硅片及一些专门器具的清洗。

超声波清洗系统主要由超声波电源、清洗槽和换能器这三个基本单元组成。超声波电源用来产生高频振荡信号；换能器将信号转换成高频机械振动波，也就是超声波；清洗槽是盛放清洗液和被清洗工件的容器，即超声波清洗的工作容器。超声波换能器通常粘接在清洗槽底部。清洗槽通常由不锈钢制成，可安装加热及温控装置。

当超声波电源将 50Hz 的日常供电频率改变为高频信号（28～40kHz）后，通过输出电缆输送给粘接在清洗槽底部的换能器，由换能器将高频的电能转换成机械振动波并发射至清洗液中。当高频机械振动波传播到液体里后，清洗液内产生空化现象，连续不断产生的瞬间高压强烈冲击物体表面，使物体表面及缝隙中的污垢迅速剥落，达到物件表面清洁净化的目的。利用超声波清洗硅片也是如此，清洗液中无数气泡快速形成并迅速爆炸，由此产生的冲击将浸没在清洗液中硅片表面的污物振落、剥离下来，脱落的污染物一部分留在溶液中被带走，还有一部分回到硅片上又被剥落，如此反复并经过适当的时间后，硅片表面的附着物就可以完全被清除。超声清洗过程中每个气泡的体积非常微小，因此虽然它们的破裂能量很高，但对于硅片和液体来说不会产生机械破坏和明显的温升。

超声波清洗工艺的主要影响因素有超声波频率、超声波功率密度、超声波清洗介质、超声波清洗温度和工件放置方式。超声波频率越低，在液体中产生空化越容易，作用也越强，但是方向性差。频率高则超声波方向性强，随着超声频率的提高，气泡数量增加而爆破冲击力减弱。超声波清洗时，由于空化现象，只能去除 $\geqslant 0.4\mu m$ 的颗粒。如果将超声波频率提高成为兆声清洗时，能去除 $\geqslant 0.2\mu m$ 的颗粒，即使液温下降到 40℃ 也能得到与 80℃ 超声清洗去除颗粒的同样效果，比超声清洗更能避免硅片产生损伤。因此，高频超声适合于小颗粒污垢的清洗而不破坏其工件表面。超声波的功率密度越高，空化效应越强、速度越快，清洗效果越好。但对于精密的、表面光洁度很高的工件，采用长时间的高功率密度清洗会对物体表面产生"空化"腐蚀。

超声波清洗介质是指采用超声波清洗时浸没硅片的溶液，也就是清洗液。一般用于超声波清洗的有化学溶剂和水基清洗液两种。在硅片清洗中通常配入一定量的化学清洗剂，清洗介质的化学作用加上超声波清洗的物理作用，两种作用相结合，使清洗更充分、更彻底。

一般来说，超声波在 30～40℃ 时"空化"效果最好。但是大多数清洗液中的化学成分都会在一定温度下达到最佳清洁效果，另外加热也有利于提高清洗的速度，因此在实际应用超声波清洗时通常采用 40～65℃ 的工作温度。工件在清洗槽内的位置也会影响清洗效果，如果工件在槽内上下、左右缓慢地摆动，清洗会更均匀、彻底，清洗效果更好。

8.1.4.4 硅片清洗工艺

在硅片生产中，通常针对硅片表面存在的沾污类型采用化学清洗与物理清洗结合的工艺方式。例如，用强氧化剂使"电镀"附着到硅表面的金属离子氧化成金属，溶解在清洗液中或吸附在硅片表面；用无害的小直径强正离子（如 H^+）替代吸附在硅片表面的金属离子，使之溶解于清洗液中；用清洗液配合超声波清洗，以达到最佳去污效果；用大量去离子水进行超声波清洗和冲淋，以排除溶液中的金属离子和硅片表面残留的污物等。

1970 年美国无线电公司 RCA 实验室提出的浸泡式 RCA 化学清洗工艺得到了广泛应用，至今仍然是硅片行业的基本清洗工艺。以 RCA 清洗理论为基础的各种清洗技术不断被开发出来，例如美国 FSI 公司推出离心喷淋式化学清洗技术、美国原 CFM 公司推出的 Full-Flow systems 封闭式溢流型清洗技术、美国 SSEC 公司的双面擦洗技术、日本提出无药液的电解离子水清洗技术等。

传统的 RCA 清洗工艺技术所用清洗装置大多是多槽浸泡式清洗系统，表 8-9 列出了典型的 RCA 清洗工艺，清洗工序基本上为 SC-1→DHF→SC-2，下面分别介绍这三种清洗工艺。

表 8-9　典型 RCA 清洗工艺

工艺步骤	SC-1	DHF	SC-2
清洗液组成	$NH_4OH : H_2O_2 : H_2O$	$HF : H_2O$	$HCl : H_2O_2 : H_2O$
清洗液比例	1:1:5	1:50	1:1:5
清洗温度/℃	75～80	室温	75～80
清洗时间	10min	15s	10min
超声频率/kHz	20～80		20～80
超声功率/kW	120～250		120～250

（1）SC-1 清洗

SC-1 清洗液的成分为 $NH_4OH + H_2O_2 + H_2O$，主要是去除颗粒油污和部分金属杂质。硅片表面由于 H_2O_2 氧化作用生成氧化膜，该氧化膜又被 NH_4OH 腐蚀，腐蚀后立即又发生氧化。氧化和腐蚀反复进行，附着在硅片表面的颗粒也随腐蚀层而落入清洗液内。在这个过程中自然氧化膜的厚度大约为 0.6nm，与 NH_4OH、H_2O_2 浓度及清洗液温度无关。SiO_2 的腐蚀速率随着 NH_4OH 的浓度升高而加快，与 H_2O_2 的浓度无关。Si 的腐蚀速度随着 NH_4OH 的浓度升高而加快，当到达某一浓度后为一定值，H_2O_2 浓度越高，这一定值越小。因此，一般认为 NH_4OH 促进腐蚀，而 H_2O_2 阻碍腐蚀。当 H_2O_2 浓度一定时，NH_4OH 浓度越低，颗粒去除率也越低。随着清洗液温度升高，颗粒去除率也会提高，在一定温度下可达到最大值。颗粒去除率与硅片表面腐蚀量有关，为确保颗粒的去除，要有一定量以上的腐蚀。

在 SC-1 清洗液中，硅表面为负电位，有些颗粒也为负电位，两者电荷的排斥力作用可以防止粒子向硅片表面吸附。但是也有部分粒子表面是正电位，由于电荷吸引力作用粒子易向硅片表面吸附。在反复氧化、腐蚀的过程中，清洗时发生氧化反应形成氧化膜，自由能绝对值比氧化物大的金属容易附着在氧化膜上，如 Al、Fe、Zn 等更容易附着在自然氧化膜上，而 Ni、Cu 则不易附着。

硅片表面的金属浓度是与 SC-1 清洗液中的金属浓度相对应的。硅片表面金属的脱附与吸附是同时进行的，即在清洗时硅片表面的金属吸附与脱附速率差随时间的变化达到一恒定值，因此清洗后硅片表面的金属杂质浓度取决于清洗液中的金属浓度。清洗时，硅片表面的金属的脱附速率与吸附速度因各金属元素的不同而有所不同。特别是对 Al、Fe、Zn，若清洗液中这些元素浓度不是非常低的话，清洗后的硅片表面的金属浓度就不会下降。因此，在选用化学试剂时要选用金属浓度低的超纯化学试剂。

清洗液温度越高，硅片表面的金属浓度就越高。若使用兆声波清洗可使温度下降，有利于去除金属沾污。另外，硅片表面微粗糙度 R_a 与清洗液的 NH_4OH 组成比有关，组成比例越大，R_a 也越大。R_a 为 0.2nm 的硅片，经过 $[NH_4OH]:[H_2O_2]:[H_2O]=1:1:5$ 的 SC-1 清洗液清洗后，R_a 可增大至 0.5nm。为控制硅片表面 R_a，需要降低 NH_4OH 的组成比，例如用 0.5:1:5。

(2) DHF 清洗

DHF 清洗可以把 SC-1 清洗时表面生成的自然氧化膜腐蚀掉，而 Si 几乎不被腐蚀，附着在自然氧化膜上的金属再一次溶解到清洗液中，同时 DHF 清洗可以抑制自然氧化膜的形成，能够容易地去除表面的 Al、Fe、Zn、Ni 等金属。DHF 清洗也能去除附在自然氧化膜上的金属氢氧化物。但是在酸性溶液中，硅表面呈负电位，颗粒表面为正电位，两者之间的吸引力导致粒子容易附着在硅片表面。随自然氧化膜溶解到清洗液中，Al^{3+}、Zn^{2+}、Fe^{2+}、Ni^{2+} 等的氧化还原电位 E_0 比 H^+ 的氧化还原电位低，呈稳定的离子状态，几乎不会附着在硅表面；还有一部分氧化还原电位比氢高的金属，如 Cu 则会附着在硅表面。

如果硅片最外层的 Si 以氢键结构存在时，表面呈疏水性，在化学上是稳定的，即使清洗液中存在 Cu 等金属离子也很难发生与 Si 的电子交换，因此 Cu 等金属也不会附着在裸硅表面。但是如果清洗液中存在 Cl、Br 等阴离子，这些离子会附着于 Si 表面氢键不完全的地方，帮助 Cu 离子与 Si 电子发生交换，使 Cu 离子成为金属 Cu 而附着在硅片表面。清洗液中的 Cu^{2+} 的氧化还原电位（$E_0=0.337V$）比 Si 的氧化还原电位（$E_0=-0.857V$）高得多，因此 Cu^{2+} 从硅片表面的 Si 得到电子进行还原，变成金属 Cu 从硅片表面析出，同时被金属 Cu 附着的 Si 释放与 Cu 的附着相平衡的电子，自身被氧化成 SiO_2。

（3）SC-2 清洗

酸性溶液具有较强的去除硅片表面金属的能力。清洗液中的金属附着现象在碱性清洗液中容易发生，在酸性溶液中不易发生。硅片经过 SC-1 清洗后虽能去除 Cu 等金属，但硅片表面形成的自然氧化膜的附着（特别是 Al）问题未解决。SC-2 清洗液清洗可以很好地去除硅片表面的金属离子沾污，硅片表面经 SC-2 清洗液洗后 Si 大部分以 O 键为终端结构，形成一层自然氧化膜，呈亲水性。SC-2 中的 HCl 靠溶解和络合作用形成可溶的碱或金属盐，在大量纯水的冲洗下被带走。但是在 SC-2 清洗中，由于硅片表面的 SiO_2 和 Si 不能被腐蚀，因此不能达到去除粒子的效果。所以，在 RCA 工艺中，通常是按 SC-1→DHF→SC-2 的清洗顺序，就是顺应各种清洗液的特性和主要作用，首先去除硅片表面的有机沾污和颗粒沾污，然后脱氧化层，最后去除金属离子。

（4）离心喷淋式化学清洗

离心喷淋式化学清洗系统内可按不同工艺编制储存各种清洗工艺程序，常用工艺有 FSI "A" 工艺（SPM＋APM＋DHF＋HPM）、FSI "B" 工艺（SPM＋DHF＋APM＋FIPM）、FSI "C" 工艺（DHF＋APM＋HPM）、RCA 工艺（APM＋HPM）等。上述工艺程序中 SPM＝$[H_2SO_4]$：$[H_2O_2]$＝4：1，可以去除有机杂质沾污；DHF＝$[HF][H_2O]$（1%～2%），能够去除原生氧化物和金属沾污；APM＝SC-1＝$[NH_4OH]$：$[H_2O_2]$：$[H_2O]$＝1：1：5 或 0.5：1：5，用于去除有机杂质金属离子和颗粒沾污；HPM＝SC-2＝$[HCl]$：$[H_2O_2]$：$[H_2O]$＝1：1：6，去 Al、Fe、Ni、Na 等金属离子。这些工艺还可以结合双面擦洗技术进一步降低硅片表面的颗粒沾污。

（5）新的清洗技术

据研究报道，一些经过某些改进的新的硅片清洗技术正在逐渐被使用。APM（SC-1）的改进清洗过程中，为抑制 SC-1 使表面 R_a 变大而降低 NH_4OH 组成比；使用超声波清洗去除超微粒子，同时可降低清洗液温度，减少金属附着；在 SC-1 液中添加界面活性剂，使清洗液的表面张力下降。选用低表面张力的清洗液，可使颗粒去除率稳定，维持较高的去除效率。在 SC-1 液中加入 HF，控制其 pH 值可控制清洗液中金属络合离子的状态，抑制金属的再附着，也可抑制 R_a 的增大和 COP（晶体的原生粒子缺陷）的发生。在 SC-1 加入螯合剂，可使洗液中的金属不断形成螯合物，有利于抑制金属的表面附着；臭氧 O_3 是氧气的同素异形体，由一个氧分子（O_2）携带一个氧原子（O）组成，又称富氧、三子氧、超氧，具有很强的氧化能力。臭氧对去除有机物很有效，可在室温进行清洗，不必进行废液处理，比 SC-1 清洗有很多优点。

DHF 清洗采用 DHF＋氧化剂（例如 HF＋H_2O_2）、DHF＋阴离子表面活性剂、DHF＋络合剂和 DHF＋螯合剂等改进。用 HF（0.5%）＋H_2O_2（10%）在室温下清洗，可防止 DHF 清洗中的 Cu 等贵金属的附着。添加强氧化剂 H_2O_2（E_0＝1.776V）后，H_2O_2 比 Cu^{2+} 优先从 Si 中夺取电子，硅表面由于 H_2O_2 而被氧化，形成一层自然氧化膜，导致 Cu^{2+} 和 Si 电子交换很难发生，即便硅表面附着金属 Cu，也会从氧化剂 H_2O_2 中夺取电子呈离子化。洗后的硅片分别放到 DHF 清洗液或 HF＋H_2O_2 清洗液中清洗，硅片表面的 Cu 浓度用 DHF 液洗后为 10^{14} 原子/cm^2，用 HF＋H_2O_2 洗后为 10^{10} 原子/cm^2，说明用 HF＋H_2O_2 液清洗去除金属的能力比较强。在 HF（0.5%）的 DHF 液中加入阴离子表面活性剂，与 HF＋H_2O_2 清洗有相同效果。在 DHF 液中，硅表面为负电位，粒子表面为正电位，当加入阴离子表面活性剂时可使粒子表面电位由正变为负，与硅片表面负电位同符号，从而使硅片表面和粒子表面之间产生电的排斥力，防止粒子的再附着。

除此之外，还可以采用酸系统溶液，例如 $HNO_3+H_2O_2$、$HNO_3+HF+H_2O_2$ 和 $HF+HCl$ 等进行清洗。德国 ASTEC 公司的 AD（ASTEC-Drying）专利提出以 HF/O_3 为基础的硅片化学清洗技术，清洗、干燥均在一个工艺槽内完成。

综上所述，粒子、金属杂质在一道工序中被全部去除的清洗方法，目前还不能实现。为达到更好的效果，应将各种清洗方法适当组合，使清洗效果最佳。RCA 法清洗对去除粒子有效，但对去除金属杂质 Al、Fe 效果很小；DHF 清洗不能充分去除 Cu；HPM 清洗容易残留 Al。为了去除粒子，应使用改进后的 SC-1 液即 APM 液；为去除金属杂质，应使用改进的 DHF 液。

8.1.4.5 硅片清洗步骤

在硅片生产中，对于硅切割片和研磨片的清洗，主要是要去除切割和研磨过程中硅片表面附着的磨料颗粒、硅粉和各种沾污，包括残留在切割片上的胶黏剂等。

将去除胶黏剂后的硅切割片装篮后放入超声池内，水面高度高于硅片 20～30mm。调节超声清洗机功率旋钮，不断适当振动硅片及移动硅片在池中的位置，可以用多个超声槽互相配合，实现清洗剂、纯水超声清洗和漂洗等功能，直到硅片表面干净清洁为止。如果是采用全自动多槽清洗机，则将去胶后的硅片装入清洗花篮，再按设备装载量放入全自动清洗机的专用清洗筐中。将清洗筐放入上片工位，启动设备按设置程序进行清洗。如果全自动清洗机已连接热风烘干等干燥装置，可以手动或是自动将硅片花篮送至热风烘干工位，待硅片干燥后取出；如果是采用离心干燥方式，则需要人工手动将硅片花篮取下送至甩干工位。将已洗净待干燥的硅片连同花篮一起平衡对称地放入甩干机内，注意保证动平衡，设置甩干时间。甩干结束设备停转后，取出硅片送检验。有些非标准直径的硅片，没有合适的装载花篮就不能采用离心甩干的方式，只能采用烘干法。硅片经清洗并干燥处理后，清点片数，填写工艺记录并进行检验。工作完毕关闭清洗机、甩干机和风橱，清洗超声池和所有用具分类放置在指定地点，打扫室内卫生，填写交接班记录。

硅研磨片清洗工艺流程见图 8-15，主要采用超声波清洗加以适当的专用清洗液，去除硅片表面残留的磨料颗粒、硅粉等各种杂质，获得清洁的硅片表面。准备工作包括了解交接班记录，接受工作指令，穿戴好防护用品。开启电源和氮气，甩干机空甩 3～5 次备用，超声池中加注一定量的水，启动设备预热。启动设备源前应首先检查清洗机的加热和超声波开关是否处于关闭状态，确认后打开清洗机控制柜的总电源。查对来片数量、类型是否与加工单一致，并按编号做标记。接需要配制清洗液。配制 2%～5% 的氢氟酸溶液时，需要在通风橱内按比例向塑胶槽内先加水后加氢氟酸配制成氢氟酸清洗液待用。配制完成后打开加热开关进行加热，有活性剂的槽体要打开超声波进行助溶和搅拌 5min。首先应进行粗洗，粗洗后的硅片在稀释的氢氟酸溶液里浸泡，以去除表面的氧化层，浸泡时间约 2min，氢氟酸溶液的浓度约为 2%～5%。浸泡后的硅片取出用水冲洗后转入超声清洗。超声清洗时水面高度约高于硅片顶部 20～30mm，超声时间 3～5min。如果是采用单槽或多个超声设备手动方式，在清洗过程中应适当上、下振动每篮硅片和移动其在池中的位置，并注意及时换水。

图 8-15　硅研磨片清洗工艺流程

硅片清洗完毕，如果全自动清洗程序已经包含了脱水干燥过程，就取下硅片送交检验，如果没有包含则需要取下硅片送甩干工位。

将已洗净的硅片及承载花篮平稳对称地放入甩干机内,注意保证动平衡,盖严上盖,设置甩干时间。甩干时间与所使用的设备和甩干的硅片直径有关,通常约两分钟左右。甩干完毕待设备停转后,取出硅片清点数量,填写工艺记录并送检验。

工作结束后,首先关掉加热和超声波开关。如果需要重新配制清洗试剂,就要将所有化学试剂液体全部排放;如果需要补液,按照规定排掉部分液体,将槽体内的脏物清理干净,并加上去离子水,然后对清洗剂做彻底的卫生工作,保证清洗机及周围环境的洁净。工作结束后要关闭清洗机的总电源、总水源和气源。

8.1.5 检验、分选和包装

硅片检验是硅片生产加工中不可缺少的部分,检验的形式有自检、互检和专检,可以现场抽样检验也可以集中检验。硅片检验贯穿于硅片生产的始终,是硅片生产管理的"眼睛"和"耳朵",是硅片产品质量把关的重要环节。

8.1.5.1 硅片检验基本知识

从硅单晶滚磨到成为电池片,其间经过了若干个工序过程,如何评价硅片是否满足要求,怎样判断硅片生产线是否处于正常受控状态?这需要用硅片的各项参数指标来衡量。硅片检验就是进行参数指标衡量与判断的过程,是利用各种专门仪器和方法,测定、检查、试验或度量硅片的各项质量特性参数并与其标准进行比较以判断其是否符合要求的活动。硅片质量检验是指导硅片生产和保证产品质量的重要过程,具有把关和预防的职能。

检验并非只限于最终产品的检验,而是贯穿在整个硅片生产之中。从单晶棒投下生产线开始直至产品包装,每一道工序都要进行检验。硅片生产工艺在线生产出来的硅片,其技术参数和质量特性是否满足要求,必须经过检验来判断,以剔除不合格品。只有符合相应要求的硅片才能进入下道工序。通过硅片的质量检验和分析可以全面地了解产品的质量状况,为当前工艺的合理性与符合性评价提供证据,同时还能及时发现工艺过程中可能存在的各种隐患,有利于适时制定并实施可行的措施而防止新的不合格品的产生。

硅片质量特性用一系列质量参数来体现,大致可分为电学参数、结晶学参数、机械几何参数和表面参数四大类。硅片的电学参数包括导电类型、电阻率、电阻率变化及电阻率条纹等;结晶学参数包括硅片表面取向、参考面取向、旋涡及氧化诱生缺陷等;机械几何参数包括硅片直径、厚度、厚度变化、弯曲度、翘曲度、平整度、参考面或切口尺寸、边缘轮廓及其外形等;表面参数包括硅片表面洁净度和表面完整度,即硅片表面各种类型的沾污和损伤限度。四大类参数均与硅片加工直接或间接相关。

硅片的电学参数主要由单晶生长过程决定,其导电型号取决于单晶生长时掺杂类型,硅片电阻率则取决于掺杂量。这些在室温下虽然都不能被改变,但是硅片表面吸附的金属杂质有可能会在高温下影响其电学特性。硅片的结晶学参数取决于硅单晶本身的结晶学完整性,硅片加工过程中会引入二次缺陷。例如抛光表面的不完整性可在高温氧化时诱导产生表面层错,硅片边缘破损可能在高温下引起滑移位错,硅片背面的损伤也可能在某一区域形成高位错区等,硅片表面取向和参考面取向更是与加工过程密切相关。硅片的机械几何参数和表面参数完全取决于硅片加工过程,与硅片生产直接相关。硅片的外形轮廓在滚磨、切方工序完成,该工序决定了硅片的直径、参考面或切口,切割、研磨或抛光后决定了硅片的厚度、总厚度变化、平整度、弯曲度及翘曲度,崩边、缺口、裂纹、划道、橘皮和小坑等表面完整性指标也在这些工艺过程中形成。整个硅片生产工艺，尤其是硅片清洗工艺决定了硅片的表面洁净度指标。

硅片检验分接触式与非接触式两种方式。接触式检验指检验仪器的信号选取部分通过与被测硅片表面直接接触而进行测量，例如用千分表的端头与硅片两面接触测量硅片厚度，用四探针接触硅片表面测量硅片电阻率，用冷、热探针接触硅片表面测量硅片型号等。接触式检验简单、可靠、准确和直观，但是容易对硅片表面造成一定程度的损伤和沾污。随着大规模集成电路的发展，硅片检验不但要求高精度，而且要求无损伤、无应力、无沾污和无微粒，出现了非接触式检验。非接触式检验指检验仪器的信号选取部分不与被测硅片表面直接接触而进行测量。非接触式检验普遍利用了电学、声学、光学和力学原理，结合计算机技术实现自动化检验。例如利用高频电场在介质中产生涡电流原理测量硅片电阻率；利用静电电容法和声波反射法测量硅片厚度、平行度和弯曲度；利用光学干涉原理测量硅片平整度；利用高照度平行光源检验硅抛光片表面质量。非接触式检验过程中所用检验仪器信号接取部分不与硅片表面直接接触，避免了因测量探头接触而引入的表面沾污及损伤，显示了很大的优越性，尤其在抛光片的检验中更为重要。

8.1.5.2 硅片检验标准

在实际生产工艺过程中要实施检验就必须提供作为比对的标准，硅片质量检验的各种标准是硅片生产加工的技术要求和硅片检验的依据。标准一般分为国际标准、国家标准、行业标准和企业标准等。国家标准由国务院标准化行政主管部门制定，对没有国家标准而又需要在全国某个行业范围内统一的技术要求，可以制定行业标准。对没有国家标准和行业标准而又需要在省、自治区、直辖市范围内统一的工业产品的安全、卫生要求，可以制定地方标准。企业生产的产品没有国家标准和行业标准的，应当制定企业标准。已有国家标准或者行业标准的，国家鼓励企业制定严于国家标准或者行业标准的企业标准，在企业内部使用。硅片生产中通常执行我国的国家标准，也经常使用瓦克标准和 SEMI 标准等。

标准分为强制性标准和推荐性标准。强制性标准必须执行，不符合强制性标准的产品禁止生产、销售和进口。推荐性标准国家鼓励企业自愿采用。标准可以划分为基础标准、产品标准和检验方法标准三种类型，表 8-10 列出了常用的与硅片生产相关的一些国家标准和少量行业标准。

表 8-10　常用的与硅片生产相关的一些国家标准和少量行业标准

基础标准	
GB/T 13389—2014	掺硼掺磷掺砷硅单晶电阻率与掺杂剂浓度换算规程
GB/T 16595—2019	晶片通用网格规范
GB/T 16596—2019	确定晶片坐标系规范
产品标准	
GB/T 2881—2014	工业硅
GB/T 12962—2015	硅单晶
GB/T 12964—2018	硅单晶抛光片
GB/T 12965—2018	硅单晶切割片和研磨片

检验方法标准	
GB/T 1550—2018	非本征半导体材料导电类型测试方法
GB/T 1551—2009	硅单晶电阻率测定方法
GB/T 1553—2009	硅和锗体内少数载流子寿命测定光电导衰减法
GB/T 1554—2009	硅晶体完整性化学择优腐蚀检验方法
GB/T 1555—2009	半导体单晶晶向测定方法
GB/T 1557—2018	硅晶体中间隙氧含量的红外吸收测量方法
GB/T 1558—2009	硅中代位碳原子含量红外吸收测量方法
GB/T 4058—2009	硅抛光片氧化诱生缺陷的检验方法
GB/T 4059—2007	硅多晶气氛区熔基磷检验方法
GB/T 4060—2007	硅多晶真空区熔基硼检验方法
GB/T 4061—2009	硅多晶断面夹层化学腐蚀检验方法
GB/T 6616—2009	半导体硅片电阻率及硅薄膜薄层电阻测试方法 非接触涡流法
GB/T 6617—2009	硅片电阻率测定 扩展电阻探针法
GB/T 6618—2009	硅片厚度和总厚度变化测试方法
GB/T 6619—2009	硅片弯曲度测试方法
GB/T 6620—2009	硅片翘曲度非接触式测试方法
GB/T 6624—2009	硅抛光片表面质量目测检验方法
GB/T 11073—2007	硅片径向电阻率变化的测量方法
GB/T 13387—2009	硅及其他电子材料晶片参考面长度测量方法
GB/T 13388—2009	硅片参考面结晶学取向 X 射线测量方法
GB/T 14140—2009	硅片直径测量方法
GB/T 14144—2009	硅晶体中间隙氧含量径向变化测量方法
GB/T 14849.1—2007	工业硅化学分析方法 第 1 部分 铁含量的测定
GB/T 14849.2—2007	工业硅化学分析方法 第 2 部分 铝含量的测定
GB/T 14849.3—2007	工业硅化学分析方法 第 3 部分 钙含量的测定
GB/T 19922—2005	硅片局部平整度非接触式标准测试方法
GB/T 19444—2004	硅片氧沉淀特性的测定 间隙氧含量减少法
YS/T 26—2016	硅片边缘轮廓检验方法
YS/T 28—1992	硅片包装
SJ 20636—1997	IC 用大直径薄硅片的氧、碳含量微区试验方法

目前国标还未颁布太阳能电池用硅单晶片的产品标准。原电子工业部在 1985 年颁布的 SJ 2572—1985《太阳能电池用硅单晶棒、片》标准中，对用于地面或空间的太阳能硅片分别进行了规范，对于所用硅材料的电阻率、位错、寿命、反型杂质浓度、金属杂质和氧、碳含量等，都规定了相应指标。标准中也对硅片的几何参数规定了相应要求。当时用于太阳能电池的硅片尺寸比较小，方片最大为 40mm×40mm，圆片最大直径为 100mm。目前广泛使

用的则是 125mm×125mm 或 156mm×156mm 的方片或准方片。

硅片各项参数指标的检验基本都有其特定的检验方法，要保证检验的准确性和有效性，首要条件就是其检验方法必须统一并得到认可。在相关产品标准中都规定了各参数指标的检验方法，制定了具体的描述和规定。在硅片检验方法标准中，首先对所检验的硅片质量特性参数进行定义，然后对所使用的检验方法原理、检验测试装置、检验测试样品的制备、检验条件、检验方法步骤和测试数据分析处理等进行了详细的描述和规定。

硅片检验可以分为全检和抽检，全检即将所有的硅片逐一全数检验，剔除不合格品。而抽检则是按一定抽样方案从批产品中随机抽取部分样品进行检验，并根据样品的检验结果判断此批产品是否合格的检验方式。在生产中进行全检还是抽检主要是根据工艺性质、参数性能和工艺水平（工序能力）来确定。

一般来说，在硅片生产中硅片的表面特性通常采用全检，型号、晶向、直径、定位面、氧化诱生缺陷等采用抽检，而其他参数视具体情况分别采用不同的检验方式。在硅片检验中，有些项目的检验，比如氧化诱生缺陷是破坏性的；还有一些参数的检验代表性很强，比如同一支晶体所加工硅片的直径、导电类型及晶向等，在这些情况下全检没有必要，而使用抽检更为适宜。在批量产品的验收交付中，全检也是不经济和几乎不可能的，只能是抽检。

抽检标准是专门用于质量特性抽检的指导性文档。在硅片生产中，通常使用的抽样标准是 GB/T 2828《计数抽样检验程序》。标准中规定了一个按批量范围、检验水平和 AQL 检索的计数抽样检验系统，即抽样方案或抽样计划及抽样程序的集合。

样本指取自一个批并且提供有关试批的信息的一个或一组产品，样本量即样本中产品的数量。批指汇集在一起的一定数量的某种产品、材料或服务，批中产品的数量即为批量。检验批可由几个投产批或投产批的一部分组成。样本量由样本量字码确定，对特定的批量和规定的检验水平可使用表 8-11 的样本量字码查找适用的字码。抽样方案指在抽检中所使用的样本量和有关批接收准则的组合。样品的抽取一定是随机抽样，就是每次抽取时，批中所有单位产品被抽中的可能性都相等。通常应随机抽样从批中抽取作为样本的产品。但是，当批由子批或层组成时，应使用分层抽样。样本可在批生产出来以后或在批生产期间抽取，可以采取一次、二次或多次抽样方式，使用二次或多次抽样时，每个后继的样本应从同一批的剩余部分中抽选。

表 8-11　样本量字码

批量	特殊检验水平				一般检验水平		
	S-1	S-2	S-3	S-4	I	II	III
2～8	A	A	A	A	A	A	B
9～15	A	A	A	A	A	B	C
16～25	A	A	B	B	B	C	D
26～50	A	B	B	C	C	D	E
51～90	B	B	C	C	C	E	F
91～150	B	B	C	D	D	F	G
151～280	B	C	D	E	E	G	H
501～1200	C	C	E	F	G	J	K
1201～3200	C	D	E	G	H	K	L
3201～10000	C	D	F	G	J	L	M

批量	特殊检验水平				一般检验水平		
	S-1	S-2	S-3	S-4	I	II	III
10001～35000	C	D	F	H	K	M	N
35001～150000	D	E	G	J	L	N	P
150001～500000	D	E	G	J	M	P	Q
500001 及以上	D	E	H	K	N	Q	R

接收质量限也叫合格品质水平，与检查水平结合形成对批产品判断力的衡量。接收质量限被定义为当一个连续系列批被提交验收抽样时，可允许的最差过程平均质量水平。根据接收质量限可查到相应的批合格与不合格判定数，也就是接收数 A_c 和拒收数 R_e，用来判断批质量是否合格。在抽检中，当样本中不合格数$\leqslant A_c$ 时，该样本所代表的检验批被判为合格；当不合格数$\geqslant R_e$ 时，该样本所代表的检验批被判为不合格。

标准中对于正常检验、加严检验及放宽检验时，各种批量及检验水平选择下样本的抽取量和方法、合格与不合格的判定、不合格的处理以及由正常检验到加严检验或放宽检验的转移等，都有明确的规定。所谓正常检验是当过程平均优于接收质量限时抽样方案的一种使用方法。此时抽样方案具有为保证生产方以高概率接收而设计的接收准则。当没有理由怀疑过程平均不同于某一可接收水平时，应进行正常检验。加严检验抽样方案具有比相应正常检验抽样方案更严厉的接收准则，当预先规定的连续批数的检验结果表明过程平均可能比接收质量限低劣时，可进行加严检验。放宽检验抽样方案样本量比相应正常检验抽样方案小，而接收准则和正常检验抽样方案相差不大。放宽检验的鉴别能力小于正常检验，当预先规定连续批数的检验结构表明过程均优于接收质量限时可进行放宽检验。开始检验时应采用正常检验，但是正常、加严或者放宽检验是可以遵循一定的规则程序进行转移的。

硅片检验常规标准规定环境温度为 $23℃\pm5℃$，在实际生产中通常都尽量控制在 $23℃\pm2℃$；相对湿度$\leqslant65\%$；电源一般为 $220V\pm10V$ 和 $380V\pm20V$，$50Hz$ 交流电源；环境洁净度与所检验的硅片种类有关，通常在 $100\sim10000$ 级，硅抛光片的最终检验至少为 100 级，最高可到 1 级，根据具体的检验方法还有其特定的检验环境要求，如有些检验需要电磁屏蔽，有些需要避光等，实际实施时需具体考虑。

通过硅片的质量检验与分析可以全面地了解产品的质量状况，为工艺的合理性与符合性评价提供证据。在检验过程中有必要提供适当的检验数据统计分析报告，检验员应当具备检验数据收集与整理及简单的数理分析能力。通常以检验数据统计表的形式提供其硅片检验信息。硅片检验数据统计表应包括以下内容。

① 被检验硅片基本信息。包括硅片批号、类别、数量以及直径、型号、晶向、厚度和电阻率等主要参数。硅片批号可以表明硅片的生产日期和时间，便于追溯；硅片类别指被测硅片表面加工状态，是切割片、研磨片还是抛光片或是倒角后、化腐后等；硅片主要参数指的是硅片的大致特征类别。

② 检验项目及其测试数据。包括所测试项目参数名称、计量单位、加工目标值及其测试数据值。如果有必要，还应附上参数计算公式。

③ 统计分析。包括测试数据简单统计汇总及其分析，主要有测试结果汇总，例如实测总数、合格数量、不合格数量及其状态等，另外对于计数值数据，通常作出平均值、最大值、最小值和标准偏差等统计数据。

④ 测试设备与方法。测试设备及其编号、测试方式方法和测试环境等。

⑤ 其他。工序操作者、检验员和检验日期等应当注明的信息。

8.1.5.3 硅片常见的问题

线切割过程中经常出现的一些问题，主要有断线、跳线、花片、崩边、线痕、气孔、TTV 片等几个方面。造成断线的原因有钢丝强度偏低、含杂质、存在表面缺陷等。图 8-16 为钢线断线照片，钢线强度低于要求而断线。造成断线的原因及

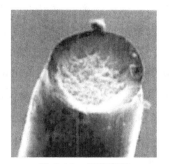

图 8-16 钢线断线

相应解决方案见表 8-12。跳线主要是由于砂浆中的杂质、碎硅片进入线槽或者粘附于线网，导轮磨损过大，钢线张力太小，线弓过大产生滑移，硅棒对接位置不好等引起。花片则是清洗剂和清洗机质量问题、加工好的硅片在空气中停留时间过长、砂浆质量问题等造成的，例如比热容低、硅粉含量高和脱胶时温度过高等都会造成花片。

表 8-12 造成断线的原因及相应解决方案

原因	解决方案
工字轮变形：工字轮强度不足以支撑钢丝压力引起变形，并造成钢丝排线松动或夹丝	在切割前仔细检查工字轮是否变形，切割过程中要注意跟踪钢线的跳动是否异常
压线：操作不慎抬头松掉，重新拾起安装时造成放线压线断丝。此时钢丝呈竹节状，通常容易伴随切割线痕，切割后废线呈卷曲状	在一次断线后，将放线轮上的钢丝放掉几百米，可以有效防止出现因操作失误造成压线
工字轮毛刺：工字轮上有凿伤痕迹或有毛刺，放线时钢线被刮在其上引起断线	切割前仔细检查工字轮两边是否有毛刺等，如出现，则小心处理掉
切割设备影响：收放线轮、导线轮磨损过大或被切透；收放线轮随动性不佳；张力检测设备故障等	消耗性物品应在每刀切割前检查是否需更换；定期检查测试收放线轮的随动性；编织完成网后加上张力正反转动几圈，查看是否有异常；定期检查各个传感器是否有问题；调整收线排和线器的工艺参数；检查排线器是否出现机械故障
收线轮排线质量：收线端排线质量呈桶形引起张力急剧跳动	调整收线和排线器的工艺参数，检查排线器是否出现机械故障，排线器丝杠要定期检查是否磨损过大
跳线：钢丝在线网上因导轮槽磨损、导轮槽中有杂质、硅棒拼接等原因跳线，导致某些导轮槽内有多根钢线互相压住引起断线	切割前完全清理导轮槽，采用压缩空气吹、钢刷刷等，检查导线滑轮是否需要更换
导线槽有异物：冷却液混入硬质异物（如碎片等），或者在导线槽内有未清理干净的碎硅渣等，对钢线造成刮伤	切割前仔细清理设备，包括导轮槽、各挡板、网线等，严格按照规定清洗导轮槽
硅晶中含有硬质杂质：在多晶硅铸锭中含有碳化硅、氮化硅等硬质杂质，导致断线	改善铸锭工艺，使硬质杂质集中于铸锭头部或尾部，在截断时将其去掉

线痕引起的主要原因包括跳线、断线补救、停机、重启后钢线不能完全按原轨迹切割、黏胶过多、刮胶不彻底等。严格控制胶量，使用自动黏胶系统可以排除人为的不利因素，减少因黏胶问题导致的线痕。晶硅中含有杂质硬点，如 SiC、Si_3N_4 造成的线痕与硅片的切割工艺和辅料无关，主要取决于多晶硅铸锭的原料和工艺，需要严格控制坩埚氮化硅涂层工艺，同时硅原料的碳含量也需严格控制。切割能力不足主要造成均匀线痕，根本原因是切割强度偏低、磨粒圆度过高、锋利的棱较少。选用优良的金刚线，采用合理的冷却液，包括液膜厚度、黏度、表面张力等可以改善这种问题。钢线磨损过度造成的线痕一般出现在硅棒的

后面。钢线磨损造成钢线直径变小，圆度不够，切削能力下降、线膨胀系数增大引起线痕，可以通过选用高耐磨性钢线解决。

TTV 片主要产生原因是设备精度下降、导轮径向、轴向跳动超差、工作台不稳定、导轮磨损大等。另外导向条下的胶水涂抹不均匀，出现空隙，在空隙位置的硅片也容易出现 TTV 不良问题。冷却液温度发生变化也会使切割过程无法保证稳定。

8.1.5.4　硅片分选和包装

硅片可分合格品和等外品两大类，合格品、等外品的分类及标准分别见表 8-13 和表 8-14 所示。

表 8-13　合格品分类及标准

项目	一等品 A 类	一等品 B 类	二等品
TTV	$\leqslant 30\mu m$	$\leqslant 30\mu m$	$\leqslant 40\mu m$
TV	$\leqslant 30\mu m$	$\leqslant 30\mu m$	$\leqslant 40\mu m$
翘曲度	$\leqslant 75\mu m$	$\leqslant 75\mu m$	$\leqslant 75\mu m$
线痕	$\leqslant 15\mu m$	$\leqslant 20\mu m$	$\leqslant 30\mu m$
崩边	长≤1mm 深≤0.5mm 最多 2 处，无 V 型缺口	长≤1mm 深≤0.5mm 最多 2 处，无 V 型缺口	长≤1mm 深≤0.5mm 最多 2 处，无 V 型缺口
表面质量	清洁、无污点	清洁、无污点	清洁

表 8-14　等外品分类及标准

序号	等外片性质	特征
1	应力等外片	翘曲度≥1.5mm
2	TTV 等外片	TTV≥50μm
3	线痕等外片	线痕≥20μm
4	超厚等外片	厚度＞300μm
5	超薄等外片	厚度＜173/30μm
6	3/4 等外片	硅片完整性≥3/4 面
7	1/2 等外片	硅片完整性≥1/2 面
8	气孔片	有小孔的硅片
9	外形片	硅片边缘有未滚磨部分
10	尺寸超差片	对角线或边长超出标准要求
11	崩边、微缺陷片	超过标准的崩边或小缺角等微观缺陷片

将片盒中的硅片分类，把不同情况的硅片分别放入泡沫盒中进行包装。每 100 片放入一个格子中。品管对送来的样片进行抽检，测量其厚度、TTV、电阻率、缺角、裂痕、线痕等。然后再次对分选完的硅片进行抽检，合格后分发合格证，然后转入包装工序。每 100 片硅片用两片泡沫垫包住，套进塑胶收缩袋中，进行封口。封口完毕后，用远红外热收缩机将每包硅片的外层塑胶薄膜收缩。将收缩好的硅片包分类放入箱子中。装满后对其进行封装，准备进入电池片环节。

光伏电池用硅片的加工几何尺寸要求国内还没统一的国家标准，各太阳能硅片加工企业根据客户要求一般都制定了企业产品标准。一般情况下，国内的加工水平表面损伤层≤

15.0μm，TTV≤20.0μm，WARP≤15.0μm；优化工艺情况下，表面损伤层≤10.0μm，TTV≤15.0μm，WARP≤10.0μm。表8-15、表8-16和表8-17展示了一些以国家标准及企业标准生产的硅片。

表 8-15 半导体器件用单晶硅片（引用自 GB/T 12965—2018）

产品名称	硅片直径	50.8	76.2	100	125	150	200
	直径允许偏差	±0.5	±0.5	±0.5	±0.5	±0.5	±0.2
切割片	硅片厚度（中心点）/μm	≥260	≥220	≥240	≥320	≥400	≥600
	厚度允许偏差/μm	±15	±15	±15	±15	±15	±15
	总厚度变化（TTV）/μm	≤10	≤10	≤10	≤10	≤10	≤10
	翘曲度（Warp）/μm	≤25	≤30	≤40	≤40	≤40	≤40
	弯曲度/mm	≤25	≤30	≤40	≤40	≤40	≤40
研磨片	硅片厚度（中心点）/μm	≥180	≥180	≥200	≥250	≥300	≥500
	厚度允许偏差/μm	±10	±10	±10	±15	±15	±15
	总厚度变化（TTV）/μm	≤3	≤5	≤5	≤5	≤5	≤5
	翘曲度（Warp）/μm	≤25	≤30	≤40	≤40	≤50	≤50
	弯曲度/mm	≤25	≤30	≤40	≤40	≤50	≤50

表 8-16 某企业硅片加工尺寸要求

序号	项目	太阳能级	二极管级	测试片级
1	生长方式	CZ/MCZ	CZ/MCZ	CZ/MCZ
2	导电类型	P,N	N	N,P
3	掺杂剂	硼,磷	磷	硼,磷,锑,砷
4	晶向	<100>	<111>	<111>/<100>/<110>
5	电阻率/Ω·cm	0.5~6	5~100	0.001~50
6	电阻率径向不均匀性	≤15%	≤25%	N/A
7	直径/mm	150±0.5/195±0.5/200±0.5/203±0.5	75~103	50~210
8	开方规格/mm	125×125/156×156	N/A	N/A
9	少子寿命/μm	≥10	≥100	用户要求
10	氧含量/(原子/cm²)	≤1×10^{18}、≤8×10^{17}（MCZ）	≤1×10^{18}、≤6×10^{17}（MCZ）	用户要求
11	碳含量/(原子/cm²)	≤1×10^{17}	≤5×10^{16}	用户要求
12	位错密度/cm^{-2}	≤3000	≤100	用户要求
13	硅片形态	切片	磨片	磨片/化腐片
14	硅片厚度 TV/μm	150~240±20	150~600±5	200~1000
15	总厚度偏差 TTV/μm	≤70	≤10	用户要求
16	弯曲度 BOW/μm	≤50	≤10	用户要求
17	表面质量	无空洞、无裂纹、无氧化花纹及用户其他要求	无空洞、无裂纹、无氧化花纹及用户其他要求	用户要求

表 8-17　某太阳能硅片生产企业标准

项目		A 级	B 级	C 级	D 级
外形尺寸		边长：(125mm×125mm)±0.5mm 对角线：150mm±0.5mm	其中有一项不符合为 B 级	两项不符合为 C 级	
外观		不得有孪晶、多晶、裂痕、裂纹、空洞、缺角、V 型缺口，崩边缺口长度≤0.5mm、深度≤0.2mm，且每片崩边不超过 2 个，部位不在角部圆弧区	长度、深度、崩边、缺口部位在角部圆弧区，有一项不符合为 B 级	长度、深度、崩边、缺口部位在角部圆弧区，有两项不符合为 C 级	毛边片
		表面需清洗干净，无可见斑点、沾污及化学残留物	其中有一项不符合为 B 级	两项不符合为 C 级	花片＞5cm² 为重花片，＜5cm² 为轻花片
		硅片表面局部凹凸不平（如表面、划痕、凹坑、台阶等）深度≤20μm，切割线痕深度≤20μm	线痕深度超过 20μm 为 B 级		线痕（分为轻线痕和重线痕）
		弯曲度 BOW≤40μm，翘曲度 WARP≤50μm	弯曲度 BOW≤40μm，翘曲度 WARP≤50μm	弯曲度 BOW≤40μm，翘曲度 WARP≤50μm	弯曲度 BOW＞40μm 为弯曲片，翘曲度＞50μm 为翘曲片
		损伤层深度≤15μm	损伤层深度≤15μm	损伤层深度≤15μm	
		硅片沿边是光亮的	硅片沿边是光亮的	硅片沿边是光亮的	
厚度		中心点厚度 TV 必须在标称范围±20μm 之间，总厚度偏差 TTV≤50μm	中心点厚度 TV 标称范围＞±25μm 为 B 级 总厚度偏差 TTV≤60μm	中心点厚度 TV 标称范围＞±30μm 为 C 级 总厚度偏差 TTV≤70μm	中心点厚度 TV 标称范围＞±40μm 为 D 级 总厚度偏差 TTV＞80μm 为 TTV 片
材料性质		导电类型：P 型；掺杂硼；硅片电阻率 2Ω·cm±0.5Ω·cm（专供），其余 0.5～3、3～6Ω·cm，单片均匀性＜15%；少子寿命≥10μs；晶向＜100＞±2°；位错密度≤3000/cm²；氧含量≤1×10¹⁸原子/cm²，碳含量≤5×10¹⁶原子/cm²	电阻率均匀性超过 15% 为 B 级品		

8.2　多晶硅片切片工艺

多晶硅片切割原理与单晶硅片相同，都是采用高速运动的金刚线和冷却液持续下压对工件（硅块）进行切割。多晶硅片切片由硅锭开方、硅块检棒及切磨、硅块粘胶、硅块切片、硅片清洗和硅片分选包装等几道工序构成，见图 8-17。

图 8-17　多晶硅片切片生产流程

（1）开方工序

铸锭多晶硅都是比较大的方块体，需要进行开方分割，其使用设备为带锯或线锯。目前主流使用线锯进行大块铸锭多晶的开方分割。

多晶开方是将黏胶在工作台上的多晶硅锭加工成符合检测要求的多晶硅块的过程。开方的工作内容包括多晶锭的粘接、加工、清洗、称重、检测等。硅锭开方过程见图8-18，首先将胶均匀喷涂于工作底板上，然后用硅锭专用夹具夹紧硅锭，用行车吊起正放于工作底板上。注意使硅锭边缘距四周等距。安插护栏拧紧螺丝，不得偏斜，然后放置2h并填写粘接记录。采用叉车将粘好的硅锭放入开方机进行硅锭开方。

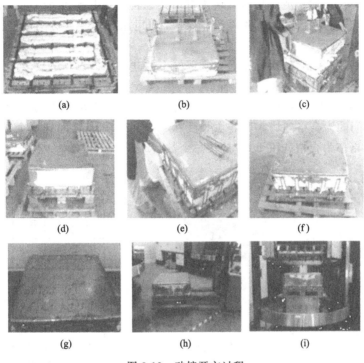

图 8-18　硅锭开方过程

（2）检棒及切磨工序

开方后需要对硅块几何尺寸和电学性能进行检测。为了检棒方便，一般对开方后的硅块进行标记。以某厂G5炉为例，共开方成25块硅块，其标记如图8-19所示。A块代表该硅锭四角的硅块（硅块A、E、U、Y块，共4块）；B块代表四周的硅块（B、C、D、F、J、K、O、P、T、V、W、X块，共12块）；G、M块代表中间的硅块（G、H、I、L、M、N、Q、R、S块，共9块）。因此，每锭可以抽测A块、B块、G块和M块四块，若"测量样块"表面无法测试时可选用对称位置的其他硅块代替。硅块上箭头所指方向为第1面，顺时针依次为2、3、4面，通常选择"测量样块"的第2或3面进行抽检，若A块第2或3面质量不符合测试要

A	B	C	D	E
F	G	H	I	J
K	L	M	N	O
P	Q	R	S	T
U	V	W	X	Y

图 8-19　某厂硅锭开方后的硅块标记

求，则选取D块第3、4面或M块第1、2面或P块第1、4面其中一面进行测试；B、G、F、M样块的测量出现质量不符合测试要求的情况可按以上A块测量方式测量，并在记录中注明。各厂标记有所不同，但基本方法均与上面相同。

检棒工序是为了保证合格的部分进入切片区，检测项目包括裂纹裂隙、电阻率、P/N型、少子寿命、IR、边框尺寸等。P/N型测试仪器测量电阻率，P型、N型和硼、磷含量；

少子寿命测试仪间接反映了光电转化效率，一般要求大于 $2\mu s$；红外探测仪透过硅块，观察是否有异物和裂纹、裂开、空隙等。具体的测试仪器及原理、结构见 8.1.3.2 单晶检棒工序部分。

切磨主要是将已开方的多晶硅块通过去头尾及皮、倒角磨面操作加工成符合各项检测要求的硅块及准方棒。按照检测结果对硅块进行切磨，通常采用带锯去头尾、倒角机倒角和磨面机磨面。带锯切割过程采用冷却液降温、保护，防止表面氧化。去头尾、倒角及磨面后的硅块外观见图 8-20 所示。

硅块长度合格率指的是硅块长度在要求范围内的硅块数量与总块数的比值。例如某厂制备的硅锭，开方后硅块标记如图 8-21 所示，其中 A 编号为四角的硅块、B 为四边的硅块，C 为中心硅块，共 25 块。去头尾后抽检硅块长度分布如表 8-18 所示。该厂规定长度在 $235\sim250mm$ 之间的为合格硅块，取硅块长度在 $235\sim250mm$ 之间硅块个数为 20，则该硅锭的硅块长度合格率为合格硅块个数/硅块总个数＝20/25＝80％。

A1	B2	B3	B4	A5
B6	C7	C8	C9	B10
B11	C12	C13	C14	B15
B16	C17	C18	C19	B20
A21	B22	B23	B24	A25

图 8-20　去头尾、倒角及磨面后的硅块外观　　　　图 8-21　某厂硅锭开方后的硅块标记

表 8-18　硅块长度分布　　　　　　　　　　单位：mm

A1	235	B2	236	B3	237	B4	238
A5	222	B6	240	C7	241	C8	242
C9	246	B10	244	B11	249	C12	250
C13	252	C14	248	B15	255	B16	213
C17	240	C18	242	C19	236	B20	248
A21	239	B22	245	B23	248	B24	230
A25	250						

（3）粘胶工序

粘胶工序是将硅块使用黏胶剂粘接到工件板上，为线切工序做准备。其工艺过程与单晶硅类似，将硅块、玻璃板和铝板用 A、B 胶粘接在一起，要求温度在 $20\sim25℃$，湿度在 65％左右，可参考开方工序的粘胶过程，在此不做赘述。

（4）线切工序

线切工序的作用就是用多线切割机将硅块切割成符合要求的硅片。对于砂浆切割，切割过程中悬浮液夹裹着碳化硅磨料喷落在细钢线组成的线网上，依赖于细钢线的高速运动，把研磨液运送到切割区，对紧压在线网上的工件进行研磨式切割。对于金刚线切割则是通过固着的金刚石颗粒尖端在脆性材料表面刻划，直接利用自身硬度产生高速切削作用。

光伏硅晶体材料的制备、表征及应用技术

切割结束后，检查是否切透，若未切透则设置参数继续切割。切割后，先按低速上升键，观察线网是否被余胶钩住，如有钩住则停下用手按掉，全部不粘线网时可以按住自动慢速上升。用开口扳手将夹紧螺丝拧松，用卸棒车卸下工件。

（5）清洗工序

清洗工序的主要工作是将线切工序生产的硅片进行脱胶，清洗掉硅片表面的砂浆，包括预清洗、插片和超声波清洗三项工作内容。对硅片上的浆料进行冲洗，并且洗去黏胶面上的胶。用酸、碱进一步对硅片进行清洗，以得到干燥、洁净的硅片。

（6）分选包装工序

分选包装工序主要工作是对清洗好的硅片，按照分选标准对硅片进行分级并进行包装入库。通过分检将硅片分为 A_1、A_2、B 级和报废四个等级。表 8-19 展示了某厂多晶硅片产品的技术要求。

表 8-19　某厂多晶硅片产品的技术要求

品名	多晶硅片	导电类型	P 型
硅片正方尺寸/mm	156×156±0.5	硅片对角线/mm	219.2±0.5
硅片厚度（中心值）/μm	180±20/200±20	总厚度变化/μm	≤30
电阻率范围/Ω·cm	0.8～3.0	掺杂元素	硼
碳含量/（原子/cm^2）	≤8×10^{17}	氧含量/（原子/cm^2）	≤7×10^{18}
少数载流子寿命/μs	≥2	表面质量	无裂纹、缺口、穿孔、亮点
翘曲度/μm	≤50	邻边垂直度	90°±0.5°
崩边/mm	弦长<1.0,深度<0.5,每片不多于 2 个	线痕/μm	≤15

硅锭的出材率则指的是硅锭可切割成硅片用的有效重量与硅锭总重量的比值，即

$$出材率＝硅锭有效重量/硅锭总重量$$

通常先计算硅锭切成硅块后的重量，然后再根据合格率计算硅锭的出材率，其具体计算方法见例题。

例：某 G5 铸锭炉可以铸造 440kg 的硅锭，切掉硅锭头尾料按总高度的 10％算，硅锭合格率为 95％，硅的密度为 2.33g/cm^3，求其出材率。

解：由表 5-2 可知，G5 铸锭炉的内部尺寸为 820mm×820mm×398mm，则铸造的硅锭边长为 0.82m，则硅锭理论高度为

$$H_{理论}=\frac{V}{S}=\frac{m/\rho}{S}=\left(\frac{440kg}{2.33\times10^3 kg/m^3}\right)/(0.82m\times0.82m)=280mm \tag{8-2}$$

切成硅块后的实际高度 $H_{硅块}=280-280\times10％=252mm$，则切割成硅块后的有效重量为

$$G_{有效}=25V_{硅块}\rho=25H_{硅块}S_{硅块}\rho=25\times(156\times156\times252)mm^3\times2.33g/cm^3=357kg$$

则出材率为

$$(357kg\times0.95)/440kg=77.1％$$

8.3　硅片切割质量影响因素

硅片的切割工序对硅片质量的影响非常大。金刚线切割中会有很多因素造成硅片外观的缺陷，这些硅片外观上的缺陷会直接影响其制成的光伏太阳能电池的发电效率。通常将金刚线切割过程对硅片质量造成影响的因素分为五大类：钢线运动系统的影响、冷却液系统的影响、进刀机构的影响、控制系统的影响和设备机体的影响。

（1）钢线运动系统的影响

钢线运动系统对硅片质量的影响因素主要有线速和线张力。从线切割的技术发展方向和产业对效率的追求来看，钢线运动的高线速是金刚线切割的必然发展趋势。理论上，线速越高对切割越有利，尤其对细线应用，可以减少切口损失，薄片切割对于减少硅耗影响重大。但是设备在做到高线速指标的同时必须保证钢线运动系统的运行稳定性，否则容易出现轴承箱故障、断线等问题，对切割造成不利影响，其中断线最容易引起硅片表面的色差。随着高线速、细线化的发展，设备张力控制的稳定性对断线、TTV 的影响愈加明显。

（2）冷却液系统的影响

冷却液系统中流量控制、温度控制、喷淋管位置、切割冷却液性能和过滤袋类型等因素都会对切割出的硅片质量有一定影响。确保切割冷却液的流量和温度按照工艺设定进行实时调整，是影响切割过程顺利进行和硅片质量的一个重要因素。当两者波动较大时，极易出现 TTV、线痕和隐裂等硅片缺陷。此外，温度还会影响切割冷却液性能的发挥。

喷淋管位置会对喷淋水帘的落点产生影响，从而对切割也存在一定的影响。水帘落点不合适容易导致硅片产生 TTV 和线痕等缺陷。切割冷却液本身的性能必然是影响硅片质量的重要因素。切割冷却液有四个重要特性：润滑、冷却、防锈和消泡，特别是润滑和冷却性能直接影响钢线性能的发挥。

不同类型的过滤袋对切割冷却液的过滤能力不同。目前主流的过滤袋材质有无纺布、尼龙及不锈钢，工艺有缝制、热熔及焊接，这几种材质和工艺各有其优缺点。过滤性能对钢线切割的影响因素主要在切割冷却液中大颗粒物质过滤能力，过滤能力不足容易导致钢线网跳线和断线，而钢线的跳线和断线会直接造成硅片上各种缺陷的产生，影响硅片的质量。

（3）进刀机构的影响

进刀机构的整体刚性以及工件台运动速度、位置控制精度对切割有一定的影响。通过合理设计进刀机构各部件结构以及运动副选型，可以改善进刀机构的整体刚性，进而减弱切割过程中硅棒受钢线横向切割力的影响。刚性不足硅片容易受到横向力的影响导致硅片出现 TTV 和色差等缺陷。通过选择合适的伺服电机及运动副，可以保证进刀机构的工件台运动速度和位置精度，满足工艺设计标准，否则容易导致硅片出现翘曲和色差等缺陷。

（4）控制系统的影响

控制系统对切割质量可能造成影响的因素主要有主辊同步模式、张力控制及补偿、系统稳定性和断电保护等。速度同步、扭矩同步是目前常用的两种主辊同步模式，共同目的都是为了保证线网张力的稳定并利于钢线切割能力的发挥。主辊的同步模式主要影响硅片的TTV 和线痕缺陷的产生。

设备切割过程中如何确保进入线网的钢线张力稳定并符合切割工艺要求，张力稳定性是对张力控制系统的重要指标。线网的张力稳定与主辊的同步模式影响类似，主要会影响硅片TTV 和线痕缺陷的产生。

控制系统的稳定性对设备运行至关重要，因为系统故障而导致的异常停机往往会导致断线，从而造成硅片上产生多种缺陷。工业上由于电网供电电压可能存在波动，当电压波动过大时，设备就无法正常运行，并导致断线。断电保护功能可以有效应对这种情况，并确保设备稳定停机而不断线。拥有断电保护就可以减少因断电导致的硅片质量的损失。

（5）设备机体的影响

设备机体对切割质量的影响主要体现在机体整体刚性及操作便捷性上，进刀机构的整体刚性会对硅片质量产生影响。随着切割线速及切割效率的提高，设备刚性优劣对切割质量的影响也愈发明显。刚性不足的机体无法胜任高线速及大进给的要求，影响钢线运动系统的稳定运行，易导致断线、TTV和线痕等异常的发生。

在实际工业生产中，机体合理的设备布局和完善的防呆设计可有效提高操作便捷性并降低误操作几率。既能提高切割效率，又能降低操作者劳动强度，对提高切割质量有一定的促进作用。

8.4 新型切割技术

传统方法制备晶硅片，需要切割柱状硅锭或硅棒，得到的硅片厚度约 $180\mu m$ 左右。这种工艺不可避免地会存在截口损失，使很大一部分硅变成硅粉。降低硅片的厚度并减小截口损失就能使同样体积的硅锭变成更多的硅片，大幅降低太阳能电池的成本。理论上，硅片达到 $20\sim30\mu m$ 的厚度制备出的太阳能电池光电转换效率会更高。下面介绍几种新型硅片制造技术。

（1）电火花线切割加工技术

电火花线切割加工（Wire cut Electrical Discharge Machining，简称 WEDM）的基本工作原理是利用连续移动的细金属丝（称为电极丝）作电极，对工件进行脉冲火花放电蚀除金属、切割成型。电火花线切割技术是特种加工的一种，它不同于传统加工技术需要用机械力和机械能来切除，主要利用电能来实现对材料的加工。所以电火花线切割技术不受材料性能的限制，可以加工任何硬度、强度、脆性的材料，在现阶段的机械加工中占有很重要的地位。

电火花线切割加工是通过电火花的放电原理对零件进行加工。将工件接入脉冲电源正极，采用钼丝或铜丝作为切割金属丝，将金属丝接高频脉冲电源负极作为工具电极，利用火花放电对加工零件进行切割。脉冲电源提供加工能量，加工过程中应用专用的线切割工作液清除加工中产生的碎屑。在电场的作用下，阴极和阳极表面分别受到电子流和离子流的轰击，使电极间隙内形成瞬时高温热源，使局部金属熔化和气化。气化后的工作液和工件材料蒸气瞬间迅速膨胀，在这种热膨胀以及工作液冲压的共同作用下，熔化和气化的工件材料被抛出放电通道，完成一次火花放电过程。当下一个脉冲到来时，继续重复以上的火花放电过程，从而将工件切割成形。通过数控编程对金属丝的切割轨迹进行控制。

太阳能级硅晶体由于其掺杂浓度比较高，电阻率在 $0.1\sim10\Omega\cdot cm$ 范围内，利用 WEDM 切割是适合的。比利时鲁义大学采用低速走丝电火花线切割技术进行了硅片切割研究，日本冈山大学采用 WEDM 进行了单晶硅棒切割加工研究，并研制了电火花线切割原理样机。用电火花线切割加工法所获得的硅片总厚度变化和弯曲程度与多线切割结果几乎一样。

（2）利用氢离子轰击的太阳能硅片工艺

双溪科技公司的工艺主要使用氢离子轰击技术。他们开发的海曝离 3（Hyperion 3）离子加速器在真空环境中将高能氢离子束轰击在 3mm 厚的晶硅盘上。通过光束电压将离子积累的精确深度控制在硅盘面下 $20\mu m$。硅盘内一旦积累了足够的离子，机械臂就会快速将硅盘移入炉子内。温度升高，硅盘中的离子就会形成微观氢气气泡并不断扩大，使硅盘中出现微小裂纹，最终使 $20\mu m$ 厚的硅片剥落下来。

（3）太阳能硅片的剥离生产工艺

阿斯特罗瓦特公司的工艺得到的是单面附着了金属薄层的薄硅片。这种工艺需要先将大硅锭切开得到 1mm 厚的厚片，随后沉积一层金属到厚硅片表面。加热厚硅片，由于金属和硅的热膨胀速度不同，这种复合材料内部就会产生张力发生变形。在变形的边缘戳开一条缝，裂纹会扩散到整个晶硅表面，这样就可以剥离金属膜及其粘附的一层 $25\mu m$ 的硅层。在剥离过程中，硅的晶体结构使裂纹可以均匀扩散到整个硅片，且硅是柔性的，所以硅片并不会碎裂而脱落下来。

（4）直接硅片技术

1366 技术公司的直接硅片技术（Direct Wafer）是一种依靠硅液的冷却直接取片的技术。这种创新性的技术效率很高，硅片的生产速率最高可以达到每秒一片，硅片的厚度约为 $180\sim200\mu m$，甚至还可以做到更薄。此外，这种工艺直接跳过了传统流程中的切片环节，直接在熔硅表面生长硅片。这种技术目前最大的瓶颈是直接生长会带来硅片内部应力难以消除且晶界密度过高。1366 公司通过研究部分克服了这种障碍，并在马来西亚投产了第一个工厂。

（5）化学气相沉积直接生长技术

Solexel 公司主要是利用化学气相沉积技术（Chemical Vapor Deposition，简称 CVD）在可循环使用的模板表面沉积硅薄片。这种工艺不同于传统电池组件制造流程，省略了提纯、长晶、开方、切片等流程，并直接用 CVD 法在模板上生长出单晶，得到的硅片厚度约为 $30\mu m$。得到硅片后无须脱模，在硅片上直接形成铝等金属膜电极。在最上方叠加柔性材料，最后再剥离模板重复使用。这种方法相比传统工艺可以节约 $10\sim15$ 倍的硅用量。

（6）丝带状晶硅提拉技术

常青太阳能公司的硅片生产技术使用的是一种类似豆腐皮制作工艺从硅液中直接提拉得到硅片的线牵引技术（String Ribbon Growth，简称 SRG）。该技术主要利用表面张力，将两条具有热抗性的石墨纤维线穿过熔硅，用于稳定带硅的边缘，提升石墨纤维线直接将一定厚度的带硅从熔硅中拉出。带硅生长速率由线上升速度决定，而硅的厚度是由表面张力、拉速、散热速率决定的。拉出的带硅一般厚度为 $100\sim300\mu m$，再将大片带硅切割成小片硅片。这种技术可以大量减少硅锭切片带来的截口损失，节省硅料和能源消耗。

习 题

1. 简述单晶硅和多晶硅硅片的加工步骤，并比较两者开方的不同之处。

2. 说明直拉单晶硅棒切断、滚磨和开方工序的目的。

3. 滚磨、开方会对加工硅料的表层形成机械损伤，可以采用化学腐蚀的方法去除。试分析酸腐蚀和碱腐蚀去除硅料表面机械损伤层的优缺点。

4. 简述直拉单晶硅切片工序的过程。

5. 简述硅片化学清洗的原理。

6. 超声波清洗系统主要利用空化效应进行清洗，什么是空化效应？超声波清洗系统主要由哪几部分构成？

7. 比较 SC-1、SC-2 和 DHF 清洗工艺的异同点。

8. 请查阅资料列出至少三种切片工序产生 TTV 片的主要原因，并做出一定的说明。

9. 金刚线切割对硅片质量造成影响的因素有哪些？

10. 查阅文献针对硅锭定向凝固工作出现的某一问题设计一份项目解决方案，包括问题形成的原因、影响及解决办法（提示：铸锭多晶的技术问题有平直固-液界面的控制、底部微晶不良、硅液溢流、红外探伤阴影、铸锭粘埚等，也可自行查阅文献确定项目主体。）。

第9章 硅材料的表征

9.1 硅锭的表征

检棒工序是对硅锭开方得到的硅棒进行表征，其表征项目主要为红外探伤、少子寿命测试、P/N 型测试和电阻率测试。

9.1.1 红外探伤

红外探伤是利用物体辐射红外线的特点来发现缺陷的一种无损检测技术。红外线是波长介于微波与可见光之间的电磁波，其波长在 $0.75\sim1000\mu m$ 之间，是波长比可见光长的非可见光。任何物体只要温度高于绝对零度时都会辐射红外线。物体向外界空间辐射红外线的原因是物体的分子热运动，物体的温度越高，分子热运动越剧烈，辐射出的红外线强度也越大。当物体自身各处温度不同或与环境温度不同时，即会发生热量的传递。由于材料或结构的不同，这种热量的转移会在物体表面形成温度不同的区域，这些表面温度不均匀的区域分布称为表面温度场。

表面温度场的分布受到物体表面状态的影响。当物体表面存在缺陷时，由于缺陷会阻碍热能传播，造成局部的热量积累，导致缺陷部位的表面温度比无缺陷处高，缺陷处的红外辐射较强。因此，物体辐射的红外线带有物体表面是否存在缺陷的信息。利用红外线传感器采集物体表面温度场的分布状态就能达到探测缺陷的目的。

硅棒和硅锭在铸造过程中内部可能会产生微裂纹、微晶和杂质等缺陷，通过肉眼观察和表面检测技术无法发现这些缺陷。这些体内缺陷会对后续切片的质量产生影响，需要采用无损硅锭体内缺陷检测技术进行检测。短波红外光能够穿透约 200mm 深度的硅锭，对硅材料具有透过性，因此纯硅锭在红外相机的照片中几乎是透明的。但是如果硅锭中存在杂质、微裂纹、黑点和微晶区等缺陷，这些缺陷对红外光有吸收、反射和散射作用，导致红外光的损失。硅锭中存在缺陷的地方在红外相机的照片会出现暗影。使用一台红外相机配合发射波长在 $0.7\sim5.5\mu m$ 的红外光源就可以对硅锭的内部进行无损检测，精准定位硅锭中的缺陷。目前红外探伤技术已经广泛应用于光伏工业中的晶硅硅锭或硅棒检测。红外探伤阴影的形成大概有几个方面的因素。

① 长晶速度过快产生微晶阴影。定向凝固开始以后，如果温度过低或者纵向温度梯度过大形成大量形核中心，硅锭迅速生长产生微晶，红外成像上表现为大面积条带状阴影。在

长晶的前期,固液界面往往会有一个由微凹到微凸的转变过程,在这一过程中,长晶速度一般较快,比较容易产生阴影,特别是杂质含量较高的情况下,杂质聚集产生众多形核中心,从而形成微晶。因此生产上最普遍的阴影往往出现在靠硅锭中央的硅块中,纵向位置在硅方的中下部最常见,正是因为该位置是平均长晶速度最快的地方。设置合理的配方工艺,可以控制合理的长晶速度,减少阴影的产生比例。

② 硅熔体中杂质过多或不能充分排杂,产生杂质型阴影及硬质夹杂。如果原料中杂质过多,例如,投料使用大量的头尾边皮等回收下脚料等,铸锭开方以后会发现阴影比例明显增加,该类型阴影以团簇状最常见。如果使用分辨率较高的红外探伤仪器在硅方中部检测到一些弥散的、颜色较淡的点状阴影,直径一到几个毫米大小。硅方抛光以后,再进行红外探伤,这些点状阴影更加清楚,还能够另外发现一些几百微米甚至更加细小的点状阴影。将这些团簇状阴影部分用强酸溶解后会得到一些不溶物,这些不溶物或是呈现黑色块状,或是黄色透明杆状,两者常共生存在,这些通常都被称作硬质夹杂。这些黑色块状夹杂相为 β-SiC,黄色透明杆状夹杂相为 β-Si$_3$N$_4$。团簇状阴影部分作为不合格品在后续加工中被切除,然而,那些点状的颗粒较小的硬质夹杂往往会检测不到,被有意或无意忽略。这两种夹杂相对后续切片造成严重危害,如果夹杂相粒度大于切割线直径,很容易在切片过程中造成断线,即使不断线也有可能在硅片上产生明显线痕。那些更为细小的硬质夹杂相,即使切片过程表现正常,但硅片在制成电池以后会因这些硬质夹杂产生严重漏电,降低光电转化效率。

控制碳和氮的来源是有效减少阴影或硬质夹杂的有效方法,例如在坩埚顶部加复合材料盖板,合理设计气流通路,使 CO 蒸气尽快排出,减少与硅液的反应,有效抑制整个硅锭中的碳含量。在氮化硅浆料里面添加一定比例的硅溶胶高温粘接剂,增强氮化硅涂层的附着力,有效减少涂层脱落和进入硅液的氮含量。另外,铸锭完成以后,绝大多数硬质夹杂相在硅锭顶部 10mm 范围内或者边皮料里面,这部分硅料在切除以后经过喷砂、酸洗等工序处理以后,重新回收利用,如此不断循环,夹杂相不断增多,导致化料以后硅液中夹杂物浓度升高。硅锭生长过程中,这些夹杂不可避免地因对流或沉降在硅锭中间形成硬质夹杂,因此,配料中适量控制边皮等下脚料的比例能够有效减少硬质夹杂的产生。

9.1.2 少子寿命测试

对于光伏组件来说,少子寿命越短,电池效率越低。作为评价硅片质量和太阳能电池生产工艺优劣的一个重要手段,少子寿命的地位是非常重要的。硅锭少子寿命主要受杂质含量和晶粒均一性等因素的影响。

少数载流子寿命有多种实验测量方法,各种测量方法都包括非平衡载流子的注入和检测两部分。非平衡载流子的注入常用的方法是光注入和电注入。非平衡载流子的检测有很多方法,例如检测电导率的变化、检测微波反射或透射信号的变化等。通过不同方法间的相互组合形成了各种少子寿命检测方法,达数十种之多,其中常见的有直流光电导衰减法、高频光电压法、少子脉冲漂移法和微波光电导衰减法等。

光伏产业中硅锭或硅棒少子寿命的测量主要采用微波光电导衰减法,这是一种快速、无损的检测技术,主要包括激光注入产生电子-空穴对和探测微波信号的变化这两个过程。首先使用激光注入硅表面激发硅表面浅层产生电子-空穴对,一般注入深度约为 $30\mu m$。电子-空穴对导致样品电导率的增加。撤去激光注入时,样品电导率会随时间呈现指数衰减。这种变化间接反映了少数载流子数量的变化趋势。因此,只要利用微波信号的变化量与电导率的变化量成正比的关系就能通过微波探测样品电导率随时间的变化,拟合指数衰减信号就可以得到少子寿命的值。

微波光电导衰减法是一种无损、无接触的快速测试方法，即使少子寿命较低也能测试。此法可以测试电阻率较低的样品，除了测试硅锭、硅棒的少子寿命，也能测试硅片和电池的少子寿命。样品不经过钝化处理就能直接测试，既可以测试 P 型硅锭也能测试 N 型硅锭。

9.1.3　P/N 型测试

导电类型是重要的基本电学参数，可以根据导电类型判断铸锭时掺杂的元素。目前测试半导体 P/N 型的方法很多，主要有点接触整流法、热电动势法和全类型系统测试法。

（1）点接触整流法

点接触整流法测试硅片导电类型的基本原理在于利用了金属与半导体接触时的整流特性，将直流微安表、交流电源与半导体上的两个接触点串联起来，如图 9-1 所示。通过半导体-金属点接触的电流方向，可测半导体的导电类型。当硅片为负极时，金属点接触与 N 型硅片之间会有电流通过。直流微

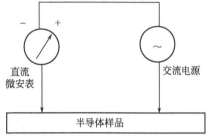

图 9-1　点接触整流法装置示意

安表所指示的电流方向能直接反映出半导体的导电型号。点接触整流法的探针用铜、钨、铝或银制成，一头呈锥形，接触半径不大于 $50\mu m$。大面积欧姆接触器由铅箔或铟箔等软性导体和弹簧夹具构成。电流检测器中心刻度为零，其满刻度灵敏度至少要高于 $200\mu m$。

金属与半导体点接触时，会表现出类似 P-N 结的单向导电性，将交流电源加在点接触和大面积欧姆接触之间，通过被测样品组成回路。若被测样品为 P 型，外加电流在正半周时，金属探针为正，样品为负，相当于反向阻流状态，检流计中没有电流通过；在负半周时，样品为正，金属探针为负，相当于正向流通状态，检流计中有电流通过，方向为正。反之，若被测样品为 N 型，则负半周为阻流状态，正半周为流通状态，检流计中电流方向为负。根据检流计中电流的方向就可以确定被测样品的导电类型。金属与被测样品的另一个接触为大面积欧姆接触，这种接触不会发生整流现象，不管加正向还是反向电压电流都会随电压而很快增大，相当于一个很小的电阻。因此检流计中电流的方向是由金属与半导体点接触处被测样品的导电类型所决定的。

点接触整流法进行测试时，首先要检查电路连接是否正确，点接触探针必须接于零位指示器正极，将大面积欧姆接触器放在清洁的样品上并固定好，用小于 49N 的力加到点接触探针上。观察零位指示器指针偏转情况，若指针偏向正，表示被测样品为 P 型，反之则为N 型。硅片表面的氧化层会导致检流计无指示，手或其他物品接触被测样品也可能引起干扰且被测硅片表面不适合化学腐蚀。点接触整流法适用于电阻率在 $1\sim1000\Omega \cdot cm$ 的硅片，对高电阻率的硅片不适用。

（2）热电动势法

热电动势法是利用温差电效应，通过观测温差电流的方向来测量半导体的导电型号。图9-2 为热电动势法装置的示意图。热电动势法可分为热探针法和冷探针法，这两种方法简单实用，应用广泛，以热探针法最为常见。热探针是将小的加热线圈绕在一个探针上，也可用小型电烙铁。热探针法两只探针的材料使用的是不锈钢或镍，针尖呈 60°锥体，其中一只绕有 $10\sim20W$ 的加热线圈，线圈与探针之间绝缘良好。调整电源电压，可使热探针温度升到

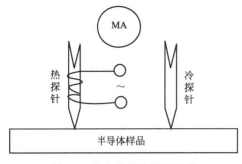

图 9-2　热电动势法装置示意

所需的 40～60℃范围。零位指示器中心刻度为零，其偏转灵敏度至少为 1×10^{-9} A/mm。具有不同温度的两只金属探针接触被测硅片表面后，硅片两接触点间产生温度差。与热探针接触的部位温度较高，称为热区；与另一探针接触的部位温度较低，称为冷区。由于热区载流子的热运动速度大于冷区，形成由热区到冷区的载流子热运动扩散流，使冷、热两端产生电荷积累，建立起电场。随着电荷积累，电场强度加大，最后在冷、热两端形成一稳定的电势差，称之为温差电动势。若在两探针间接入一个检流计，即会有电流流过，这就是温差电流。温差电流可以用简单的微伏表测量，也可用灵敏的电子仪器放大后测量，还可以通过三探针装置间歇加热法进行测试，其方向与硅片的导电类型有关，可以判断被测硅片的导电类型。

当被测硅片为 P 型时，由于其多数载流子为空穴，载流子热运动形成由热端到冷端的空穴流，在冷端产生空穴积累而带正电，热端缺乏空穴而带负电。冷、热两端间电场的方向由冷端指向热端，其温差电动势的方向与电场方向一致，温差电流从冷端流向热端，零位指示器表针向正方向偏转。如果被测硅片为 N 型，其多数载流子为电子，情形就与之相反。

采用热探针进行测试时，首先将热探针接零位指示器负端，冷探针接正端，然后加热热探针使温度升到 40～60℃。把两只探针向下稳定、不损坏硅片的压到硅片上，观察零位指示器指针偏转的情况。移动测试点以确定被测硅片的导电类型。热探针上的氧化层会造成不可靠的测试结果，要注意去除，保证被测硅片表面无氧化层。热探针温度要适宜，以免造成本征激发。如果本征激发的载流子数量接近或超过杂质电离产生的载流子时，由于电子的扩散速大于空穴，会造成制冷端的电子多于空穴，温差电动势总是负的，显示出 N 型硅片的特征，当被测硅片为 P 型时就会引起误判。因此，热探针法只适合于电阻率不太高的硅片，对于室温电阻率在 $1000\Omega\cdot cm$ 以下的硅片能得出可靠的结果。温差电动势随硅片电阻率的升高而加大，由于硅片电阻率很高，尽管电动势大温差电流却很小，不适合采用热探针法测试高电阻率的硅片。

（3）全类型系统测试法

全类型系统测试法分为三探针法和四探针法两种。三探针法也是利用了半导体的整流特性，而四探针法则是利用了半导体的温差电效应。

三探针法为目前晶硅 P/N 型的主要测试方法。图 9-3 为三探针法装置示意图，从图中可以看到三个探针等间距压在样品上，使探针与硅锭形成点接触，产生 P-N 结整

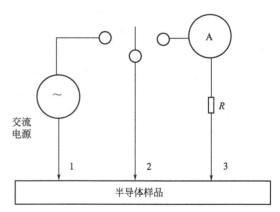

图 9-3　三探针法装置示意

流效应，等效于三个二极管。在探针 1 和 2 间接上 6～24V 的交流电源，同时在探针 2 和 3 间测量晶硅产生电动势的极性。如果是 N 型，探针 2 和 3 之间的电压差间具有正的直流分量，而 P 型则是负的直流分量。据此可以判断硅锭的 P/N 型。

9.1.4 电阻率测试

电阻率是硅锭、硅棒以及硅片的关键技术指标。晶格结构的完整性会极大程度地影响硅的导电性能，一般掺杂后硅的电阻率会显著降低。因此，制造硅锭和硅棒时，除了掺入有益的杂质以控制其导电性外，还要防止一些有害杂质污染硅锭和硅棒。硅锭与硅棒的电阻率与光伏组件的发电效率和其他电性能关系紧密，因此需要对硅锭和硅棒进行电阻率测试，便于及早发现电阻率不合格的样品，避免后续浪费。

（1）四探针法

电阻率的测试方法有很多，其中最简单的方法就是四探针法，其装置示意如图 9-4 所示。排列成一直线的四根等间距金属探针垂直地压在被测样品表面上，将直流电流在两外探针 1 和 4 号间通入样品，在两内探针间接入一电位差计或其他高输入阻抗的电子仪器，测量 2 号和 3 号探针之间由电流 I 引起的电位差 V。根据 I 和 V，使用合适的几何修正因子进行计算，就可以得到所测硅片的电阻率。

GB/T 1551—2009《硅单晶电阻率测定方法》对四探针法进行了描述与规范。探针装置：探针用钨或碳化钨制作，针尖为 45°～150° 圆锥形，尖端初始标称半径为 25～50μm。每根探针压力为 1.75N±0.25N 或 4.0N+0.5N。四根探针等间距（1mm）地排成直线，每一探针与其他探针及仪器任何部位之间的绝缘大于 $10^9\ \Omega\cdot cm$。探针架能使探针无横向位移地降到待测硅片表面。电学测量装置由恒流源、电流换向开关、数字电压表、欧姆计和标准电阻等组成，此外还有样品架和测厚仪。

假定样品的电阻率是均匀的，并且为半无限大，也就是样品只有一个平面，在这个平面下任意伸展。如果这平面上有一点电流源向样品输入电流 I，电流将在样品内部呈放射状均匀扩展，等位面为半球形，如图 9-5 所示。在以点电流源为中心半径为 r 的半球面上，任意点的电流强度是相等的，其电位为：

$$\varphi = \pm\rho I/2\pi r$$

式中，ρ 为样品电阻率。当电流流进样品时，φ 为正；流出样品时，φ 为负。

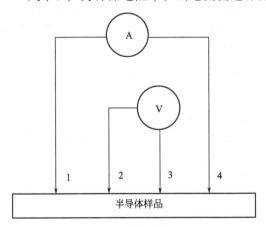

图 9-4　四探针法装置示意

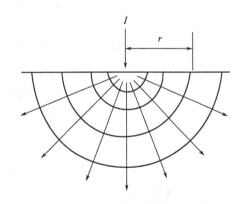

图 9-5　点电流源在半无限大样品
中的电流分布及等位面

图 9-4 中，如果电流从探针 1 流入，从探针 4 流出，在样品上成为两个点电流源。这时在样品内任意点的电位就等于这两个点电流源在该点电位的叠加。因此，探针 2 和探针 3 所在处的电位分别为：

157

$$\phi_2 = \frac{\rho I}{2\pi}\left(\frac{1}{r_{12}} - \frac{1}{r_{24}}\right) \qquad \phi_3 = \frac{\rho I}{2\pi}\left(\frac{1}{r_{13}} - \frac{1}{r_{34}}\right) \tag{9-1}$$

这两点间的电位差 V_{23} 为：

$$V_{23} = \phi_2 - \phi_3 = \frac{\rho I}{2\pi}\left(\frac{1}{r_{12}} - \frac{1}{r_{24}} - \frac{1}{r_{13}} + \frac{1}{r_{34}}\right) \tag{9-2}$$

根据式(9-2)可得出：

$$\rho = \frac{V_{23}}{I} \times 2\pi \left(\frac{1}{r_{12}} - \frac{1}{r_{24}} - \frac{1}{r_{13}} + \frac{1}{r_{34}}\right)^{-1} \tag{9-3}$$

因为四根探针是呈直线排列，探针间距分别为 S_1、S_2 和 S_3，式(9-3) 即可写为：

$$\rho = \frac{V_{23}}{I} \times 2\pi \left(\frac{1}{S_1} - \frac{1}{S_2 + S_3} - \frac{1}{S_1 + S_2} + \frac{1}{S_3}\right)^{-1} \tag{9-4}$$

又因为四根探针是等距排列，即 $S_1 = S_2 = S_3$，所以：

$$\rho = \frac{V_{23}}{I} \times 2\pi S \tag{9-5}$$

式中，$2\pi S$ 被称为探针系数，用 C 来表示，即：

$$C = 2\pi S$$

每一个探针头都有其固定的探针间距，探针系数 C 就是一个常数。只要测出探针间距，就可以计算出 C。在实际测量中，为了计算方便，常常将电流 I 取为与 C 相等的数值，这样由电位差计测得的电位差 V_{23} 就可以直接读为被测样品的电阻率。

如果样品有足够大的尺寸，使测量时探针头在被测面上距任何一个边缘的距离都足够远，就可以认为样品近似满足半无限大的条件。如果样品边缘离最近探针的距离不小于3倍探针间距 S 或样品厚度不小于3倍探针间距 S，也可以认为满足半无限大条件。如果上述条件不满足，需要进行修正。在硅片生产中，硅片通常为厚度小于1mm的圆片，需要进行几何修正，修正因子可以通过查表得到。

四探针法的测试步骤为：开启测试仪电源，预热15min；根据待测硅片目标电阻率，选择适当的电流量程，具体数值可参考表9-1；计算探针间距修正系数 FSP；选择调节电流值，输入必要参数。通常测量仪器都可以选择自动或手动测量，在自动测量时一般调节电流 I =直径修正因子，比如直径修正因子为 4.532 时，即调节电流 I 为 4.532，然后输入被测硅片厚度和 FSP；将待测硅片放在测试台上，压下探针进行测量，读取仪器显示数值，如果需要则进行计算。

表 9-1　电阻率测试时电流量程选择

电阻率/Ω·cm	电流量程/mA	电阻率/Ω·cm	电流量程/mA
<0.012	100	0.4~60	1
0.01~0.6	10	40~1000	0.1

(2) 非接触涡流法

四探针法设备简单，操作方便，测量精度较高，并且对样品的外形要求不高，但是对样品表层破坏较大。如果需要无损检测，可以使用非接触法。电阻率测试的非接触法利用的是涡流。当整块导体处于变化的磁场中或在磁场中运动时，在导体中会产生一环形感应电流，该电流的流向呈闭合旋涡状，称之为涡旋电流，这种现象称为涡流效应。涡流会消耗能量，为保持施加高频磁场的换能器电压不变，换能器的高频电流将增加。因此硅锭的电阻越低，

光伏硅晶体材料的制备、表征及应用技术

涡流越强，高频电流的增量越大，硅锭电阻与高
频电流呈反比关系。

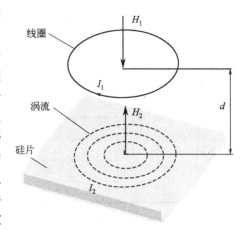

非接触涡流法测试原理见图9-6。当一个扁平
的线圈置于金属导体附近且线圈中通以正弦交变
电流I_1时，线圈周围就产生交变磁场H_1，置于
此磁场中的金属导体表面和近表面就感应产生电
涡流I_2。此电涡流也会产生磁场H_2，两个磁场
方向相反。由于磁场H_2的反作用使通电线圈的
有效阻抗发生变化。这种线圈阻抗的变化完整且
唯一地反映了待测物体的涡流效应，它与金属导
体的电阻率ρ、磁导率μ、线圈的形状几何参数
x、激励电流强度I、激励电流频率f以及线圈与
被测物体的距离d等参数有关。假定金属导体材

图9-6 非接触涡流法测试原理

质是均匀的，其性能是线性的，则线圈的阻抗可用如下函数表示：

$$Z = F(\rho, \mu, x, I, f, d) \tag{9-6}$$

对于非磁性金属材料，磁导率μ恒定不变，若保持x、I、f、d因素恒定不变时，阻抗Z
就成为电阻率ρ的单值函数。利用这个原理，只要测出阻抗Z的变化量就可以直接测出导
电体的电阻率。

非接触涡流法适用于直径大于或等于30mm且厚度为0.1~1mm的硅片，测量范围一
般为$1 \times 10^{-3} \sim 2 \times 10^2 \Omega \cdot cm$。GB/T 6616—2009《半导体硅片电阻率及硅薄膜薄层电阻测
定方法 非接触涡流法》中对非接触涡流法进行了描述与规范。涡流法装置由一对同轴线探
头、硅片支架、硅片对中装置和高频振荡器组成。探头中间有间隙可供被测硅片插入，硅片
支架需保证硅片与探头轴线垂直。传感器可提供与硅片电导成正比的输出信号。信号处理器
进行电学转换，将测量得到的薄层电导信号结合被测硅片的厚度，计算转换为电阻率。测厚
仪用于测量硅片的厚度。图9-7为涡流传感器装置示意图，将硅片平插进一对共轴探头之间，
与振荡回路相连接的两个探头之间的高频磁场在硅片上感应而产生涡流，硅片中的载流子将做
定向运动并以焦耳热的形式损耗能量。为使高频振荡器的电压保持不变，需要增加激励电流。
硅片的电阻率不同，需要增加的激励电流也不同，据此就能测量计算出被测硅片的电阻率。

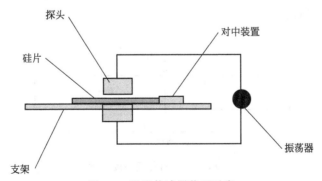

图9-7 涡流传感器装置示意

非接触涡流法测试标准片为电阻率标准片，具各种量值规格，用于校正测量仪器，其厚
度与待测片的厚度偏差应小于25%。参考片用于检查测量仪器的线性，其厚度与待测片的
厚度偏差应小于25%。标准中列出的电阻率标准片的标称值分别为$0.01\Omega \cdot cm$、$0.1\Omega \cdot$

cm、1Ω·cm、10Ω·cm、25Ω·cm、75Ω·cm 和 180Ω·cm；参考片的电阻率值如表 9-2 所示。标准片和参考片至少应各有 5 片，数值范围应跨越仪器的全量程。

表 9-2 参考片电阻率值

测量范围/Ω·cm	参考片电阻率/Ω·cm	测量范围/Ω·cm	参考片电阻率/Ω·cm
0.001~0.999	0.01	0.1~99.9	0.90
	0.03		3
	0.10		10
	0.30		30
	0.50		90

非接触涡流法进行测量时，首先需要校正仪器，进行线性检查，然后测量并输入待测硅片厚度，将待测硅片放入硅片支架上进行测量并读取测量结果。为避免涡流在硅片上造成温升，测量时间应小于1s。

9.2 硅片的表征

9.2.1 单晶切片工序相关硅片参数

与硅单晶切割工序有关的参数主要有厚度、TTV、BOW、WARP、硅片表面取向和硅片表面质量特性参数等。直径、截面尺寸、厚度、总厚度偏差、翘曲度、弯曲度等为硅片加工后的几何尺寸参数。

（1）直径、厚度和总厚度变化

直径主要用于描述单晶硅圆，指的是通过硅片表面中心且两个端点都在圆周上的直线长度。截面尺寸为边长×边长用于描述多晶硅和单晶硅片。厚度（THK）指通过硅片表面上一给定点垂直于表面方向穿过硅片的距离，一般指通过硅片表面中心点的厚度，见图 9-8。将硅片中心点的厚度作为该硅片的标称厚度，即通常所说的硅片厚度。硅片直径与用途不同则厚度规格不同，通常硅片厚度均小于 1mm，行业内以 μm 为其计量单位。硅片厚度按用户要求控制，切割时以用户要求的目标厚度加上经过各工序的去层量而设计。太阳能硅片的厚度通常在 $180\mu m$ 左右。

图 9-8 硅片直径及厚度示意

实际生产中各硅片的厚度不可能完全一致，需要有一个范围来约束，这就是所谓的厚度公差，也就是一批硅片中所能允许的厚度偏离。公差指加工中所允许的最大极限尺寸与最小极限尺寸之差值，公称尺寸与最大极限尺寸之差称为上偏差，与最小极限尺寸之差称为下偏差。

除了硅片个体之间的厚度差异外，在一片硅片上每一点的厚度也并不完全相同，可以用

光伏硅晶体材料的制备、表征及应用技术

总厚度变化来反映这种硅片各点厚度的差异程度。总厚度变化 TTV 是表征硅片各点厚度变化的参数，见图 9-9，定义为硅片各点最大厚度与最小厚度之差值，即：

$$TTV = T_{\max} - T_{\min} \tag{9-7}$$

式中，$T_{\max}$ 和 $T_{\min}$ 分别是硅片的最大和最小厚度。业内通常称 TTV 不合格的硅片为 TTV 片。硅片厚度一致性和总厚度变化是有差别的。厚度一致性指一批硅片中厚度的变化，指的是硅片中心点厚度；总厚度变化是指一个硅片的各点厚度变化。

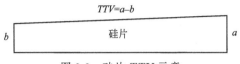

图 9-9　硅片 TTV 示意

硅片的直径与用途不同，对硅片 TTV 的要求也不相同。表 9-3 列出了国标 GB/T 12965—2018《硅单晶切割片和研磨片》和 GB/T 12964—2018《硅单晶抛光片》中的规定硅片 TTV，可以看出不同直径及类型的硅片其厚度、TTV 和翘曲度均有所不同，实际生产中则需要以用户的要求为准。

表 9-3　不同硅片的 TTV 标准

产品名称	直径/mm	50.8	76.2	100	125	150	200
切割片	厚度/μm	≥220	≥260	≥340	≥400	≥500	≥600
	TTV/μm ≤	10	10	10	10	10	10
	翘曲度/μm ≤	25	30	40	40	50	50
研磨片	厚度/μm	≥180	≥180	≥200	≥250	≥300	≥500
	TTV/μm ≤	3	5	5	5	5	5
	翘曲度/μm ≤	25	30	40	40	50	50
抛光片	厚度/μm	280	381	525	625	675	725
	TTV/μm ≤	8	10	10	10	10	10
	翘曲度/μm ≤	25	30	40	40	50	50

（2）弯曲度、翘曲度和粗糙度

弯曲度和翘曲度都是表征硅片体形变的参数，是硅片的体性质。弯曲度 BOW 指硅片表面处于自由状态下整个硅片中心平面的凹凸变形大小的量值，是硅片中线面凹凸形变的量度，见图 9-10 所示。中线面也称中心面，即硅片正、反面间等距离点组成的面。硅片弯曲度量值定义为 $\text{Bow} = (a - b)/2$。当硅片只向一个方向弯曲的时候，BOW 可以反映硅片的形变状态，但是当硅片弯曲凹凸的方向不是单一的时候，采用翘曲度 $WARP$ 才能更准确地描述其形变程度。$WARP$ 称为翘曲度，是硅片中线面与一基准平面偏离的量度，即硅片中线面与一基准平面之间的最大距离与最小距离的差值，常见的硅片翘曲度形态如图 9-11 所示。$WARP$ 与硅片可能存在的任何厚度变化无关，比 BOW 更能全面反映硅片的形变状态。

平均粗糙度 R_a 指求值长度 L 内相对于中心线（平均线），表面轮廓高度偏差的平均值。均方根微粗糙度 R_q 指表面轮廓高度在求值长度 L 内得出的相对于中心线的表面轮廓高度偏差的均方根值。

（3）硅片表面质量特性参数

硅片表面质量特性参数包括崩边、缺口、裂纹和刀痕。图 9-12 为崩边和缺口的示意图。

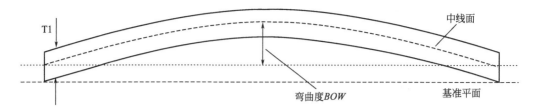

图 9-10　硅片中线面和 *BOW* 示意

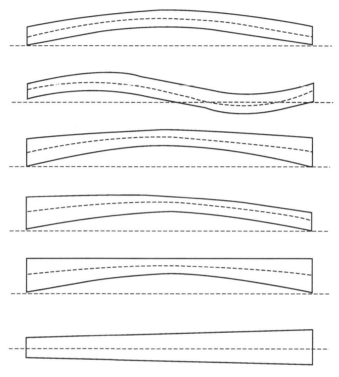

图 9-11　硅片翘曲度 *WARP* 的示意

从图可以看出崩边指硅片表面或边缘非穿通性的缺损，完全贯穿硅片厚度区域的边缘缺损称为缺口。延伸到硅片表面的解理或裂痕可能贯穿也可能不贯穿硅片厚度区域。刀痕（线痕）是硅片在生产加工过程中刀具在其表面留下的痕迹。内圆切割中呈现为一系列半径为刀具半径的曲线状凹陷或隆起，称为刀痕；线切割过程中由于钢线运动形成的凹凸痕迹称为线痕。

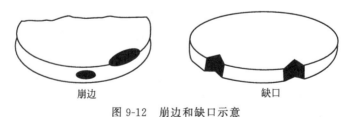

崩边　　　　　　　　　缺口

图 9-12　崩边和缺口示意

9.2.2　硅片参数检验

（1）硅片导电类型检验

硅片导电类型的检验有多种方法，主要有热电动势法、点接触整流法、全类型系统测试法和霍尔效应极性法等。热电动势法、点接触整流法和全类型系统测试法参考 9.1.3 节的 P/N 型测试部分。

如果用这三种方法测试都得不到满意的结果，还可以采用霍尔效应极性法。当电流垂直于外磁场通过导体时，在导体的垂直于磁场和电流方向的两个端面之间会出现电势差，这一现象便是霍尔效应，这个电势差也被称为霍尔电压。霍尔效应原理如图 9-13 所示，将载流导体板放在磁场中，使磁场方向垂直于电流方向，在导体板两侧 ab 之间就会出现横向电势差 U，U 又被称为霍尔电压。

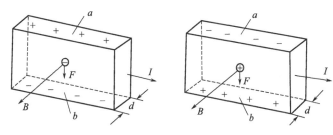

图 9-13　霍尔效应原理

设导体中电流方向如图 9-13 所示，如果载流子带负电，它的运动方向和电流方向相反，作用在它上面的洛伦兹力向下，导体上界面带正，下界面带负电；如果载流子带正电，则导体上界面带负电而下界面带正电。因此，只要测得上下界面间霍尔电压的符号就可以确定载流子的符号。用这种方法可以判断半导体究竟是 P 型还是 N 型，测定半导体的导电类型。

（2）硅片电阻率和径向电阻率均匀性检验

常用的硅片电阻率测量方法有两种，非接触涡流法和接触式四探针法，具体原理及操作参考 9.1.4 电阻率测试。

每批硅片检验前及长时间连续测量时应用电阻率标准样片进行校对，误差＜5％时才可进行测量，电阻率标准样片应选用与待测硅片电阻率相接近的样片。如果测试仪器位于高频发生器附近，应该有良好的屏蔽。测量过程中要避免光电导和光生伏特效应的影响。被测硅片表面清洁平整，最好经过研磨处理。可根据 GB/T 1551—2009《硅单晶电阻率测定方法》推荐的测试电流选取适当的测试电流。被测硅片温度应保持恒定，通常应在恒温环境中放置一定时间后进行测量。常规生产检验环境温度一般控制在 $23℃±2℃$，必要时可以进行温度修正。

硅片径向电阻率变化又叫做硅片径向电阻率均匀性，其测量按 GB/T 11073—2007《硅片径向电阻率变化的测量方法》进行，采用四探针接触方式测量，按照规定的测量取点方案测试硅片各点的电阻率，然后通过计算得到硅片的径向电阻率变化。

（3）硅片厚度和总厚度变化（TTV）检验

硅片厚度和总厚度变化（TTV）检验可以用接触式或非接触式方法进行。接触式测量一般采用电感测微仪或千分表来进行，简单方便并直观。非接触测量通常利用静电电容法来实现，在全自动硅片检验尤其是硅抛光片的检验中被大量使用。

电感测微仪是一种能够测量微小尺寸变化的精密测量仪器，它由主体和测头两部分组成，配上相应的测量装置，例如测量台架等，能够完成各种精密测量。电感测微仪可以检查工件的厚度、内径、外径、椭圆度、平行度、直线度、径向跳动等，被广泛应用于精密机械制造业、晶体管、集成电路制造业以及国防、科研、计量部门的精密长度测量。电感测微仪在硅片生产中主要用于测量硅片厚度，指针式或数显式均可，通常测量分辨率在 $0.1\mu m$ 以上。电感测微仪由显示电箱、电感传感器和测量台架三部分组成。

千分表以其灵活、方便及小巧的特点被广泛使用于硅片加工生产中，通常量程为 1mm，主要用于硅片厚度的检查，尤其是在线检查。千分表有指针式和数显式两种，其外观如图 9-14 所示。指针式千分表的大盘指针转一圈时，小圆内指针移动一个刻度，表示表头位移 0.1mm。大盘圆周被分为 100 份并有对应刻度，每个小格代表 $1\mu m$。此外还有数显式千分表。

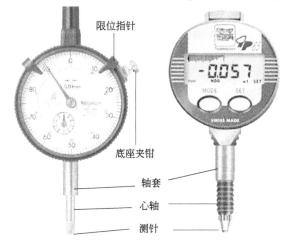

图 9-14　指针式和数显式千分表外观

静电电容法测量硅片厚度的示意图见图 9-15。在上、下两个探头输入高频信号，其间产生高频电场。被测硅片置于此电场中，电容传感器的电容极板与硅片的表面构成一电容，这个电容与传感器内的标准电容之间的偏差量与交流信号的频率及振幅成比例，可以通过一个标准线性电路求出电流的变化量，并通过电流的变化量求出硅片的电容量。对于平板电容，有

$$C=\frac{\varepsilon S}{D} \tag{9-8}$$

式中，C 为电容器的容量；S 是平板的面积；D 为板间的距离；ε 是介电常数。由此公式可以计算出 d_1 和 d_2，再由式

$$T=D-d_1-d_2 \tag{9-9}$$

计算出硅片厚度。

式中，d_1 为上探头与硅片上表面距离；d_2 为下探头与硅片下表面距离；T 为硅片厚度。

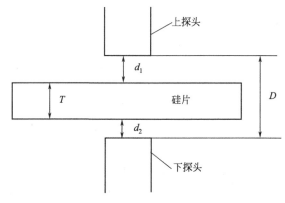

图 9-15　静电电容法测量硅片厚度示意

光伏硅晶体材料的制备、表征及应用技术

硅片总厚度变化（TTV）检验可以采用分立点式测量和扫描式测量两种方式进行，两种方式均可以利用手动或自动模式得以实现，GB/T 6618—2009《硅片厚度和总厚度变化测试方法》中对这两种方法进行了规范性描述。

分立点式测量通常用于接触式测量，如千分表或电感测微仪等，在非接触测量中也可以使用。测量硅片中心点和距硅片边缘 6mm 圆周上的四个对称点处的厚度，然后根据测量结果计算硅片的总厚度变化（TTV）。测量点位置见图 9-16，一共有五个测量点：中心一点，与硅片主参考面垂直平分线逆时针方向的夹角呈 30°的直径上两点，与该直径垂直的另一条直径上两点，因此又称为五点法。

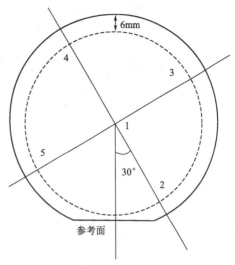

图 9-16　分立点式测量点位置

扫描式测量用于非接触式测量，硅片由某种方式支撑，按规定的扫描路径及一定的取点量对硅片各处厚度进行扫描测量，然后根据测量结果计算出硅片的总厚度变化（TTV）。手动扫描测量装置由一个可移动的基准环、带指示器的固定探头装置、定位器和平板组成。

进行硅片厚度或总厚度变化测量前先用标准厚度样片校准仪器或计量器具。标准厚度样片要选择与待测硅片厚度接近的。分立点式测量按规定的测量点测量各点厚度，记录为 T_1、T_2、T_3、T_4 和 T_5。扫描式测量将基准环放在测试平台上，使探头位于环的中心位置，把待测硅片放在环上支承柱上，使主参考面与基准环上参考面取向标线平行，测量硅片中心点厚度，记为 T_1；移动基准环，使探头位于扫描起始位置，指示器复位，沿扫描路径平稳地移动基准环进行硅片总厚度变化测量。硅片中心点厚度 T_1 为该片的标称厚度。根据硅片的总厚度变化公式

$$TTV = T_{max} - T_{min} \tag{9-10}$$

计算 TTV。

9.3　硅片自动分选机

目前工业生产中一般使用自动分选机进行硅片的分选与检测，硅片通过自动分选机分选后，将硅片包装入库。自动分选机目前的主流品牌有 Fortix、Semilab、Hennecke 和 HANMI 等品牌，各个厂家的自动分选机功能及原理大致相似。图 9-17 为 Hennecke 分选机，整个测试分选系统主要由上料台、测量系统和分选系统三个部分组成。硅片从上料台通过皮带传送进入测量系统。测量系统作为整个分选系统的核心部分，包含了厚度及总厚度变化模组、电阻率及导电类型模组、线痕模组、隐形裂纹模组、脏污模组、边缘模组和尺寸、翘曲模组。

（1）厚度及总厚度变化模组

硅片的厚度及总厚度变化（TTV）检测模组由三对感应器及一个控制单元组成。厚度检测模组工作原理是采用电容耦合的方法测量硅片的厚度。该模块内的三对厚度测量感应器各有上下两个电容传感器，其原理见 8.1.5 硅片检验部分。对电容传感器施加恒定振幅的交

| 双上料台 | 测量系统(核心部分) | 分选系统 |

图 9-17　Hennecke 分选机

流电流,硅片进入时上下电容传感器会各自根据与硅片的距离分别产生不同的电压值,由于距离与电压一般成正比,所以根据电压值可以计算出两个传感器到硅片上下表面的距离 D_{top} 和 D_{bottom}。上下两个电容传感器之间的距离为固定值 D,则硅片的厚度 $T=D-D_{top}-D_{bottom}$。当硅片通过传感器时,传感器会不断检测到电压信号。每对厚度测量感应器会采集 600 个数据,三个感应器一共采集 1800 个数据,因此最终厚度值为 1800 个数据的平均值,TTV 则为 1800 个数据的极差值。因此检测得到的厚度数值是非常精确可靠的。需要注意的是,对于一个理想的平行板电容器,极板间距离的变化或极板间介质状态参数发生变化都会引起电容量的变化,因此测试过程需要保持环境的温度和湿度在标准范围内。同理,测量过程中硅片不能带静电,否则测量结果会不准确。

(2) 电阻率及导电类型模组

硅片电阻率测量通过非接触涡流法完成,其原理见 9.1.4 电阻率测试。硅片被置于两个感应线圈之间,10MHz 的交流电流通过感应线圈。由于线圈中的电磁场作用,硅片内产生涡流。涡流的强度依赖于硅片的导电性。借助硅片内的涡流,振荡电路中的电功率被除去。为了维持振幅,电功率必须被再次加到线圈上。通过测量有硅片及无硅片时振荡电路的输出电压来达到测量硅片电阻率的目的。电阻率可通过下式计算得到:

$$\rho = \frac{K_1 D}{(U_M - U_Z) + K_2} \tag{9-11}$$

式中,D 为硅片厚度,cm;U_M 为有硅片时的输出电压,mV;U_Z 为无硅片时的输出电压,mV;K_1 和 K_2 为设备规定校准的系数,单位分别为 mV·Ω 和 mV。K_1 的值取决于环境温度,一般为 23℃时的值。如果环境温度不是 23℃,其值可通过下式进行修正:

$$K_1(T) = K_1 \cdot F(T) \qquad F(T) = 1 - [0.007 \cdot (T-23)] \tag{9-12}$$

开始测试后,电阻率传感器沿硅片的中位线连续测量约 550 个点,最终电阻率值为这 550 个点的电阻率平均值。

硅片导电类型测量采用光激发法。测量硅片时为单点测量,测量位置约为硅片的中心点位置。测量时硅片被光激发,诱导产生额外的电子空穴对,少数载流子移动到硅片表面,改变表面的电势。对于 P 型半导体,电子为少数载流子,当硅片被光激发时,电子聚集表面,表面电势变成负的。而对于 N 型半导体,空穴为少数载流子,表面电势变成正的。一旦硅片停止光激发,额外的电子空穴对再结合,表面电势降回到平衡状态。通过电容的测量,可以确定表面电势。硅片与一个电极分别作为电容器的电极板,测定表面电势交替的信号。

光伏硅晶体材料的制备、表征及应用技术

（3）线痕模组

线痕检测模组的作用是检测硅片表面的线痕并反映平整度。线痕检测模组主要由矩阵相机和激光发射器组成，其测试原理见图 9-18。用激光以一恒定角度射向硅片表面，同时相机在硅片传送过程中拍摄多张图片。如果硅片表面平整度不足，存在线痕时，投射的激光线会发生偏移。垂直于硅片的矩阵相机在硅片传送过程中连续拍摄照片，记录激光线在硅片表面的偏移情况，照片中会呈现高低不平的图像。对图像进行放大、处理，通过测得轮廓单元高度并拟合出轮廓单元高度曲线，计算取值宽度内的波峰和波谷的差值，由此计算出线痕深度。线痕的数量、分布和深度都会降低平整度并影响光电转换效率。分选机里线痕的表现形式一共有三种：沟槽线痕（Groove）、台阶线痕（Step）和波浪线痕（Wave），其轮廓线如图 9-19 所示。

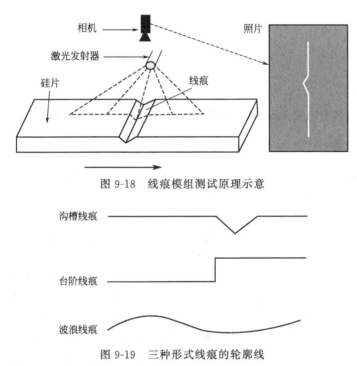

图 9-18　线痕模组测试原理示意

图 9-19　三种形式线痕的轮廓线

（4）隐形裂纹模组

隐形裂纹检测模组的作用是通过线性相机和红外光源来检测硅片的隐形裂纹，该模块也可以检测硅片中的杂质。该模块利用红外光对硅的透过性对硅片中的隐形裂纹和杂质进行检测。波长为 1050nm 的红外光可以穿透 $200\mu m$ 厚的硅，波长 1300～1500nm 的红外光可以穿透任意厚度的硅。隐形裂纹模组测试原理见图 9-20。红外光源以 45°角倾斜安装，红外光从硅片下方以 45°角斜射到硅片上。线性相机垂直安装于硅片上方，拍摄记录透过硅片投射到相机上的红外光。由于红外光倾斜照射，所以直射红外光不在照相机的视场内，仅辐射红外光被拍摄记录。正常情况下红外光会透射过硅片，但是多晶硅片晶向不同会产生散射光，图像中会显示出不同的灰度，这与肉眼观察多晶硅片外观基本一致。若硅片有裂纹，红外光照射时，在裂纹区域红外光不会发生透射，而会向各个方向反射或折射，只有少量的红外光被辐射到相机，使图像上的隐形裂纹或杂质区域在拍摄的照片中呈暗区，可以通过计算机自动将暗区识别出来。这种隐形裂纹严重情况下会导致单个电池片的一部分失效，损失效率。

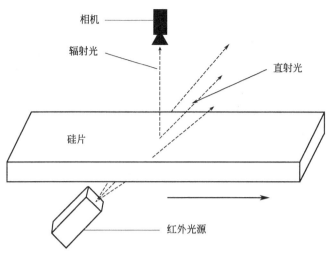

图 9-20　隐形裂纹模组测试原理示意

（5）脏污模组

脏污检测模组使用白光 LED 阵列和线性扫描相机拍照进行灰度比较来判别脏污。图 9-

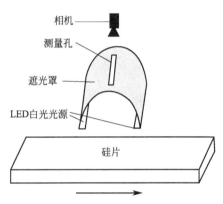

图 9-21　脏污模组测试原理示意

21 是脏污模组测试原理示意图。该模组有两组白光 LED 阵列及遮光罩和两台垂直于硅片方向的线性扫描相机组成，分别用于硅片上下两个面的检测。硅片被分为若干区块，每个区块又被分成若干个基本像素（每个像素大约为 $100\mu m$）。每个区块分别计算内部的平均灰度，并与相邻的区块做比较。如果灰度差值大于标准，即认定该区块为污渍区块。为避免多晶硅的不同晶向反射造成的灰度差异，将白光 LED 光源上加装遮光罩用于对光源发出的光进行反射，使得光能成全角度射向硅片表面的各个区域。测量多晶硅片时，可以使每个晶粒受到全方位的光的照射，弱化因自身晶向的不同而产生灰度差异，避免晶花误判为脏污。

（6）边缘模组

边缘检测模组上、下各有一个垂直于硅片方向的线性相机和与硅片呈 45°夹角的红外 LED 光源，分别检测硅片上下表面的边缘缺陷、崩边、缺角、可见裂纹及表面缺陷，见图 9-22。线性相机通过连续拍摄形状为长条的硅片照片，拼接起来构成硅片的边缘轮廓检测图像。缺角可以从硅片的投影中检查到，缺角深度的测量可以通过虚构的边缘基准线到硅片中心的距离得到。缺角的个数及最大深度和宽度被传送到测量计算机。红外 LED 光以 45°角投射到硅片上，反射光被照相机拍摄。对于无崩边硅片，100％光被反射；对于崩边硅片，仅有不到 20％的光被反射，照相机拍摄的图像上会出现黑色区域。因此计算机通过分析不同像素的灰度和灰阶值判断破裂、缺角、崩边、气孔和裂纹。

（7）尺寸、翘曲模组

尺寸、翘曲检测模组主要由垂直于硅片方向的矩阵相机、红外 LED 光源和激光发射器组成，见图 9-23。可见 LED 光投射到硅片上，照相机拍摄记录图片。通过所拍摄的图片得

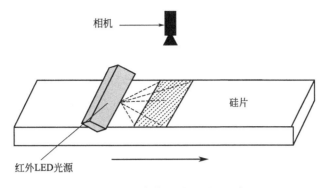

图 9-22　边缘模组测试原理示意

到边长尺寸、对角线尺寸、垂直度、倒角长度的像素点数据，再通过系统设定的像素点和长度的对应关系，计算出各测量项的长度值。当检测弯曲度和翘曲度时，使用两道与硅片行进方向平行的激光，以一定角度入射到硅片上。通过在硅片上投射出的影像长度，计算出 BOW 和 $WARP$ 值。

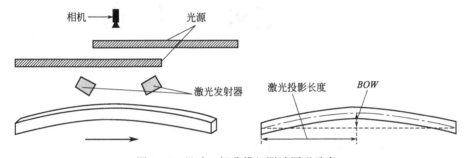

图 9-23　尺寸、翘曲模组测试原理示意

　　硅片在经过这 7 个模组的检测，通过与设定标准的对比后，由分选系统根据测量的数值将硅片经下料台分选到对应的硅片仓盒中。依据这些标准将硅片分成不同的等级，为后续制造光伏组件的性能提供了保障。

习　题

　　1. 名词解释：TTV、BOW、$WARP$、崩边、线痕。

　　2. 简述红外探伤的机理，说明硅锭红外探伤阴影主要是由什么造成的？

　　3. 常见的半导体 P/N 检测有哪些方法？任选一种说明其检测原理。

　　4. 说明四探针检测硅锭电阻率的原理。

　　5. 测量系统作为整个分选系统的核心部分，包含了哪几个模组？任选两种说明其工作原理。

第四部分　硅片的光伏应用
——太阳能电池

　　太阳能电池是一种半导体二极管，吸收太阳光能量转换为电能。太阳光具有粒子性和波动性，能量为 $E = h\nu$，只有能量大于半导体硅带隙的光子才可能被吸收，激发产生非平衡少数载流子，形成电子-空穴对。太阳能电池按材料种类可以分为单晶硅太阳能电池、多晶硅太阳能电池、多晶硅薄膜电池、非晶硅薄膜电池、有机太阳能电池、染料敏化电池及其他新型电池，其中晶硅太阳能电池占据市场的主导地位。本部分主要介绍硅基太阳能电池相关的物理基础、工艺过程及测试技术。

第10章　太阳能光电物理基础

10.1　半导体物理基础

10.1.1　能带结构

图 10-1 为砷化镓的动量-能量关系曲线，其价带顶部与导带最低处发生在相同动量处（$p=0$）。因此，当电子从价带转换到导带时不需要动量转换，这类半导体称为直接带隙半导体。对硅而言，其动量-能量关系曲线中价带顶部发生在 $p=0$ 时，导带的最低处则发生在沿 [100] 方向的 $p=p_c$，见图 10-2。因此，当电子从硅的价带顶部转换到导带最低点时，不仅需要能量转换（$\geqslant E_g$）也需要动量转换（$\geqslant p_c$），这类半导体称为间接带隙半导体。直接与间接带隙结构的差异在发光二极管与激光等应用中相当重要。

在 K 空间中，假设某一球形等能面的半径为 k，则：

$$k = \left\{ \frac{2m_n^*[E(k)-E_C]}{h^2} \right\}^{\frac{1}{2}}$$ (10-1)

式中，m_n^* 为粒子的有效质量；$E(k)$ 为半径 k 处的能量；E_C 为导带。所谓有效质量指的是在半导体晶体中，因为原子核的周期性电势，自由电子质量动能公式 $E=p^2/2m_0$ 不再适合，而应该通过该材料的能量-动量曲线所表征的能量与动量关系式，由 E 对 p 的二次微分得到，$m_n=(d^2E/dp^2)^{-1}$。电子有效质量视半导体的特性而定。球所占的 k 空间的体积 $\overline{V}=4\pi k^3/3$。假设这个球内所包含的电子态数为 $Z(E)$，电子运动状态（即轨道）占据 k 空间相应的点，每个点的体积为 V，则：

$$Z(E) = \frac{2V}{2\pi^3 V}$$ (10-2)

能量由 E 增加到 $E+dE$，k 空间体积增加：

$$\overline{V} = 4\pi k^2 \cdot k$$ (10-3)

则电子态数变化 $dZ(E)$：

$$dZ(E) = \frac{2V \times \overline{V}}{(2\pi)^3} = \frac{2V}{(2\pi)^3} \times 4\pi k^2 \cdot k$$ (10-4)

$$Z(E) = 4\pi V \left(\frac{2m_n^*}{h^2} \right)^{3/2} [E(k)-E_C]^{1/2} \cdot E$$ (10-5)

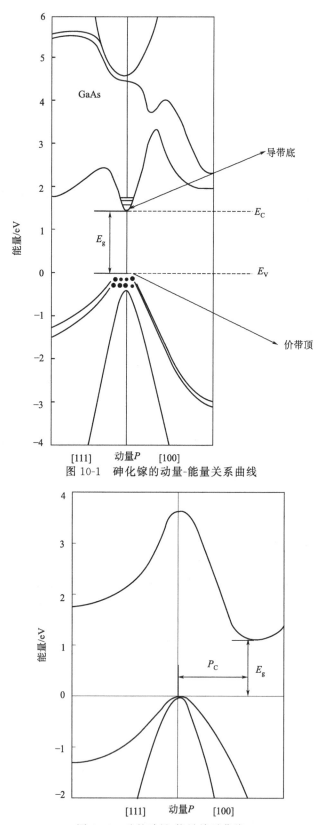

图 10-1　砷化镓的动量-能量关系曲线

图 10-2　硅的动量-能量关系曲线

光伏硅晶体材料的制备、表征及应用技术

导带底附近单位能量间隔的电子态数，即量子态（状态）密度为：

$$g_C(E) = \frac{\mathrm{d}Z}{\mathrm{d}E} = 4\pi V \left(\frac{2m_n^*}{h^2}\right)^{3/2} [E(k) - E_C]^{1/2} \quad (10\text{-}6)$$

对于价带顶：

$$g_V(E) = 4\pi V \left(\frac{2m_p^*}{h^2}\right)^{3/2} [E_V - E(k)]^{1/2} \quad (10\text{-}7)$$

式中，g_V 为量子态密度；m_p^* 为空穴有效质量；E_V 为价带顶能量。

硅的能带导带最低能值在 [100] 方向，极大值点 k_0 在坐标轴上有 6 个形状一样的旋转椭球等能面，如图 10-3 所示，则 A、B、C、D 4 个方向的椭球等能面电子有效质量相等，即

$$(m_y^*)_A = (m_x^*)_B = (m_y^*)_C = (m_x^*)_D$$

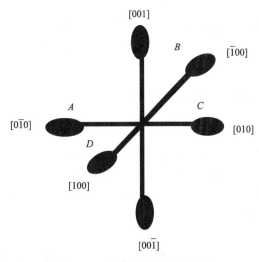

图 10-3　硅的能带导带等能面

假设球形等能面的半径为 k，极值点 $k_0 \neq 0$ 时，导带底附近粒子的能量为：

$$E(k) - E_C = \frac{\hbar^2}{2}\left[\frac{(k_x - k_{x0})^2}{m_x^*} + \frac{(k_y - k_{y0})^2}{m_y^*} + \frac{(k_z - k_{z0})^2}{m_z^*}\right] \quad (10\text{-}8)$$

式中，k_x、k_y、k_z 分别为粒子所在 k 值的 x、y、z 三个方向的分量；k_{x0}、k_{y0}、k_{z0} 为极值点 k_0 的 x、y、z 三个方向的分量。

导带底附近的状态密度为

$$g_C(E) = \frac{\mathrm{d}Z}{\mathrm{d}E} = 4\pi VS \frac{2^{3/2}(m_x^* m_y^* m_z^*)^{1/2}}{h^3} [E(k) - E_C]^{1/2} \quad (10\text{-}9)$$

式中，S 为导带极小值的个数，$S_{Si} = 6$，$S_{Ge} = 4$。

令

$$m_{dn} = S^{2/3}(m_x^* m_y^* m_z^*)^{1/3} \quad (10\text{-}10)$$

则

$$g_C(E) = 4\pi V \left(\frac{2m_{dn}}{h^2}\right)^{3/2} [E(k) - E_C]^{1/2} \quad (10\text{-}11)$$

式中，m_{dn} 为导带电子的状态密度有效质量。

硅的价带极大值位于布里渊区的中心（坐标原点 $k = 0$），$E(k)$ 为球形等能面。存在极

大值重合的两个价带，外面的能带曲率小，对应的有效质量大，称该能带中的空穴为重空穴 $(m_p^*)_h$。内能带的曲率大，对应的有效质量小，称此能带中的空穴为轻空穴 $(m_p^*)_l$。因此，硅的价带顶量子态密度为两个价带量子态密度之和：

$$g_V(E)=g_{Vh}(E)+g_{Vl}(E)=4\pi V\left(\frac{2(m_p^*)_h}{h^2}\right)^{3/2}[E_V-E]^{1/2}+4\pi V\left(\frac{2(m_p^*)_l}{h^2}\right)^{3/2}[E_V-E]^{1/2}$$

$$=4\pi V\frac{2^{3/2}[(m_p^*)_h^{3/2}+(m_p^*)_l^{3/2}]}{h^3}[E_V-E]^{1/2}$$

令

$$m_{dp}=[(m_p^*)_h^{3/2}+(m_p^*)_l^{3/2}]^{2/3}$$

则

$$g_V(E)=4\pi V\left(\frac{2m_{dp}}{h^2}\right)^{3/2}[E_V-E]^{1/2} \tag{10-12}$$

式中，g_{Vh} 和 g_{Vl} 分别为重空穴和轻空穴的量子态密度；m_{dp} 为价带空穴的状态密度有效质量。因此，状态密度 $g_C(E)$ 和 $g_V(E)$ 与能量 E 呈抛物线关系，还与有效质量有关，有效质量大的能带中状态密度大。

10.1.2 半导体的光吸收和光复合

10.1.2.1 半导体的光吸收

光在导电介质中传播时具有衰减现象，即产生光的吸收。半导体材料通常能强烈的吸收光能，自由电子和束缚电子的吸收都很重要。价带电子吸收足够的能量从价带跃迁入导带是半导体研究中最重要的吸收过程。与原子吸收的离散谱线不同，半导体材料的能带是连续分布的，光吸收表现为连续的吸收带。

（1）本征吸收

价带电子吸收能量大于或等于禁带宽度的光子使电子从价带跃迁入导带的过程被称为本征吸收。当半导体被光照射后，如果光子的能量等于禁带宽度 E_g，则半导体会吸收光子而产生电子-空穴对，多余的能量（$h\nu-E_g$）将以热的形式耗散，这一过程称为本征跃迁或称为能带至能带的跃迁。若 $h\nu$ 小于 E_g，则只有在禁带中存在由化学杂质或物理缺陷所造成的能态时，光子才会被吸收，这种过程称为非本征跃迁。本征吸收形成一个连续吸收带，并具有一长波吸收限 $\nu_0=E_g/h$，因此从光吸收谱的测量可以求出禁带宽度 E_g。

光子的动量 $p=h/\lambda$，远远小于晶格动量 $p=h/l$，在光子吸收过程中，必须满足电子的守恒定律，吸收系数为：

$$\alpha(h\nu)\propto\sum P_{12}g_V(E_1)g_C(E_2) \tag{10-13}$$

式中，P_{12} 是吸收概率；$g_V(E_1)$ 和 $g_C(E_2)$ 分别为初态的电子密度和终态的可容纳密度。对于直接带隙，电子动量相同，如 GaAs、GaInP 等。间接带隙，如 Si、Ge，电子动量不同，如果要保持动量守恒，要求额外的粒子参与。声子代表晶格的振动，具有低的能量和高的动量，适合于间接吸收过程。图 10-4 为直接带和间接带吸收示意图。对于间接带隙，光吸收是二级的过程，不仅和电子的态密度有关，还和发射吸收声子的概率有关，所以相对于直接带隙吸收系数很小。图 10-5 为 Si 和 GaAs 在 300K 下的吸收系数和能量关系图，由图可以看出 GaAs 的吸收系数比 Si 高两个数量级。一般间接带隙的光吸收和光的穿透深度比直接带隙要深。实际上，不管是直接带隙材料还是间接带隙材料，两种吸收过程都存在，只是哪一种占主导地位的问题。

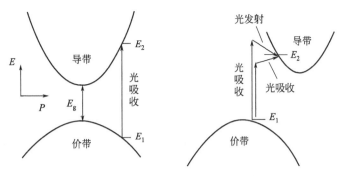

图 10-4　直接带和间接带吸收示意

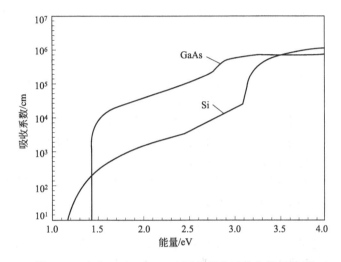

图 10-5　Si 和 GaAs 在 300K 下的吸收系数和能量关系

　　吸收深度指的是光在被完全吸收之前进入半导体的深度，与吸收系数成反比关系。吸收深度显示了光在其能量下降到最初强度的 1/e（36％左右）的时候在材料中进入的深度。高能量光子的吸收系数很大，所以在距离表面很短的深度就被吸收了。生成率是指被光线照射的半导体每一点生成电子的数目。假设减少的那部分光线能量全部用来产生电子-空穴对，那么通过测量透射过电池的光线强度便可以算出半导体材料生成的电子-空穴对的数目：

$$G = \alpha N_0 e^{-\alpha x} \tag{10-14}$$

　　式中，N_0 为表面的光子通量，光子/单位面积·秒；α 为吸收系数；x 为进入材料的距离。光的强度随着在材料中深度的增加呈指数下降，即材料表面的生成率是最高的。

　　对光伏应用来说，入射光是由一系列不同波长的光组成的，因此不同波长光的生成率也是不同的。图 10-6 显示三种不同波长的光在硅材料中的生成率。从图可以看出，随波长的增加，光的能量减小，吸收深度增加。对于蓝光，载流子迅速衰减，而红外光可以在较深的距离依然保持一定的载流子生成率。计算一系列不同波长的光的生成率时，净的生成率等于每种波长生成率的总和。图 10-7 显示入射到硅片的光为标准太阳光谱时，不同深度的生成率大小。Y 轴的范围大小是呈对数的，显示着在电池表面产生了数量巨大的电子空穴对，而在电池的更深处，生成率几乎是常数。

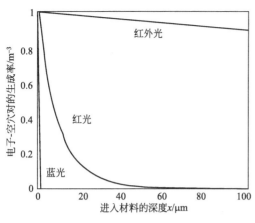

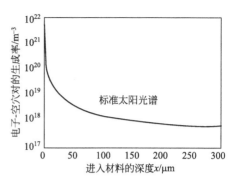

图 10-6　三种不同波长的光在硅材料中的生成率　　　图 10-7　光入射到硅片不同深度的生成率大小

（2）激子吸收

在低温时发现，某些晶体在本征连续吸收光谱出现以前，即 $h\nu < E_g$ 时，会出现一系列吸收线，但产生这些吸收线的过程并不产生光电导，说明这种吸收不产生自由电子或空穴。在这种过程中，由于光子能量 $h\nu < E_g$，受激发后的价带电子不足以进入导带成为自由电子，仍然受到空穴的库仑场作用。实际上，受激电子和空穴互相束缚而结合在一起成为一个新的系统，称为激子，产生激子的光吸收称为激子吸收。激子中电子与空穴之间的作用类似氢原子中电子与质子之间的相互作用。激子在晶体中某处产生后，并不一定停留在该处，可以在整个晶体中运动。固定不动的激子称为束缚激子，可以移动的激子称为自由激子。由于激子是电中性的，因此自由激子的运动并不形成电流。

半导体中的激子能级非常密集，激子吸收线与本征吸收的长波限差别不大，常常要在低温下用极高分辨率的测试仪器才能观察到。对 Ge 和 Si 等半导体，因为能带结构复杂并且有杂质吸收和晶格缺陷吸收的干扰，激子吸收更不容易被观察到。必须使用纯度较高、晶格缺陷很少的样品才能观察到。

（3）自由载流子吸收

对于一般半导体材料，当入射光子的频率不够高，不足以引起本征吸收或激子吸收时，仍有可能观察到光吸收，而且其吸收强度随波长增大而增加。这是自由载流子在同一带内的跃迁引起的，这种跃迁同样必须满足能量守恒和动量守恒关系，称为自由载流子吸收。和本征吸收的非直接跃迁相似，电子的跃迁也必须伴随着吸收或发射一个声子。自由载流子吸收一般是红外吸收。以 Ge 的价带结构为例，Ge 价带由三个独立的能带组成，每一个波矢 k 对应于分属三个带的三个状态，见图 10-8 所示。价带顶实际上是由两个简并带组成，空穴主要分布在这两个简并带顶的附近，第三个分裂的带则经常被电子填满。在 p-Ge 的红外光谱中观测到的三个波长分别为 $3.4\mu m$、$4.7\mu m$ 和 $20\mu m$ 的吸收峰，分别对应于图中的 c、b 和 a 跃迁过程。这个现象是确定价带重叠的重要依据。

（4）杂质吸收

束缚在杂质能级上的电子或空穴也可以引起光的吸收。杂质能级上的电子可以吸收光子跃迁到导带，杂质能级上的空穴也同样可以吸收光子跃迁到价带，这种光吸收称为杂质吸收。由于束缚状态并没有一定的准动量，这样的跃迁过程不受选择定则的限制，因此电子可以跃迁到任意的导带能级，引起连续的吸收光谱。

杂质吸收的最低的光子能量 $h\nu_0$ 等于杂质上电子或空穴的电离能 E_i，因此杂质吸收光

光伏硅晶体材料的制备、表征及应用技术

谱的长波吸收限 ν_0 由杂质电离能 $E_i = h\nu_0$ 决定。一般情况下，电子向导带底以上的较高能级跃迁或空穴向价带顶以下的较低能级跃迁的概率都比较小，因此杂质吸收光谱主要集中在吸收限 E_i 附近。由于 E_i 小于禁带宽度 E_g，杂质吸收一般在本征吸收限以外的长波区域形成吸收带。图 10-9 为杂质吸收的吸收光谱。对于大多数半导体，施主和受主能级很接近于导带底和价带顶，相应的杂质吸收出现在远红外区，如图 10-9 所示。另外，杂质吸收也可以是电子从电离受主能级跃迁入导带或空穴从电离施主能级跃迁入价带。这时，杂质吸收光子的能量应满足 $h\nu \geqslant E_g - E_i$。杂质吸收比较微弱，特别在杂质含量很少时观测更为困难。对于浅杂质能级，电离能 E_i 较小，只能在低温下当大部分杂质中心未被电离时，才能够观测到这种杂质吸收。

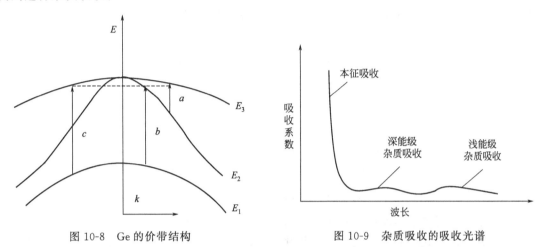

图 10-8　Ge 的价带结构　　　　　　图 10-9　杂质吸收的吸收光谱

除上述吸收外，在晶体吸收光谱的远红外区还会发现一些吸收带，这是由晶格振动吸收形成的。在这种吸收中，光子能量直接转换为晶格振动的动能，即声子的动能。由于声子的能量是量子化的，晶格振动吸收谱具有谱线特征而非连续谱。在实际情况中，这些谱线会因各种原因展宽成有一定半高宽的吸收带。晶格振动吸收通常称为红外吸收，是研究材料组分和键合结构的重要手段。通常采用吸收光谱表征材料对光的吸收，图 10-10 为半导体吸收光谱示意图，由图可以看出各种吸收机制的发生区域。

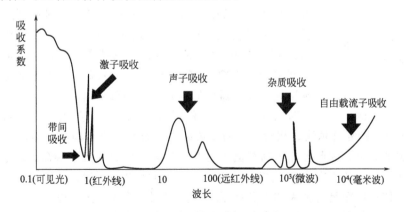

图 10-10　半导体吸收光谱示意

10.1.2.2　半导体的光复合

外界作用（光、电、高能粒子辐射、热注入等）使半导体中载流子的分布偏离了平衡态分布，称这些偏离平衡分布的载流子为过剩载流子，也称为非平衡载流子。外界作用使半导体中产生非平衡载流子的过程称为非平衡载流子的注入。产生过剩载流子的办法主要有光注入、电注入、热激发、高能粒子辐照等。

一般情况下，注入的非平衡载流子浓度比平衡时的多数载流子浓度要少得多，$\Delta n = \Delta p \ll n_0$（N 型），$\Delta n = \Delta p \ll p_0$（P 型），满足此条件的注入称为小注入。反之，称为大注入。即使在小注入的情况下，非平衡载流子浓度还是可以比平衡时的少数载流子浓度多。通常说的非平衡载流子，一般都是指非平衡少数载流子。外部作用撤销后，激发到导带的电子又回到价带，电子和空穴成对消失，非平衡态恢复到平衡态，过剩载流子消失，即复合过程。复合途径有直接复合和间接复合，见图 10-11。直接复合是导带底的电子跃迁到价带与空穴复合。间接复合则是导带底跃迁的电子先跃迁到缺陷能级，然后再跃迁到价带与空穴复合。

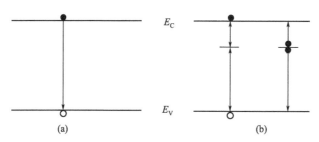

图 10-11　直接复合和间接复合示意

载流子复合时要放出能量，释放能量有三种方法：a. 辐射复合。电子与空穴复合的能量以发射光子的方式释放。复合过程中能量释放的途径可是直接的或者间接的。辐射复合是没有声子参加的绝热电子跃迁。b. 非辐射复合。电子与空穴复合的能量以热量的方式释放，需要声子参加的复合。释放的能量均以发射声子的方式交给晶格，造成晶格温度升高，此过程极易发生。c. 俄歇复合。俄歇复合是一种特殊的非辐射复合，它的能量释放途径不同于非辐射的释放能量方式，是三个粒子参与的作用。俄歇过程是导带中的电子 1 与价带中的空穴 2 复合，带间复合释放的能量交给晶体中另一个邻近的电子 3，将电子 3 从导带底跃迁到导带的高能态，最后高能态的电子再通过发射声子而回到导带底，其复合过程见图 10-12。俄歇复合是三粒子过程，为非辐射复合，带间俄歇复合在窄禁带半导体中及高温情况下起重要作用；与杂质有关的俄歇复合常常是影响半导体发光器件的发光效率的重要因素。

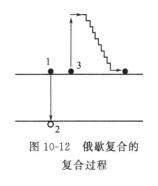

图 10-12　俄歇复合的复合过程

非平衡载流子的平均生存时间就是非平衡载流子的寿命 τ。τ 越大，非平衡载流子复合得愈慢，τ 越小，则复合越快。相对非平衡多数载流子而言，非平衡少数载流子的影响处于主导的、决定的地位，因此，非平衡载流子的寿命常称为少数载流子寿命。τ 与半导体中的缺陷以及深能级杂质的存在有着直接的关系。单位时间内非平衡载流子的复合概率为 $1/\tau$。单位时间单位体积内净复合消失的电子-空穴对数即为非平衡载流子的复合率，为 $\Delta p/\tau$。光照停止后回复平衡状态，单位时间内非平衡载流子浓度的减少为 $-\mathrm{d}\Delta p(t)/\mathrm{d}t$，而单位时间内复合的载流子数为 $\Delta p/\tau$，则

$$-\mathrm{d}\Delta p(t)/\mathrm{d}t = \Delta p/\tau \tag{10-15}$$

小注入情况下，τ 是恒量，由式（10-15）积分得：

光伏硅晶体材料的制备、表征及应用技术

$$\Delta p(t) = Ce^{-\frac{t}{\tau}}$$

设 $t=0$ 时，$\Delta p(0) = (\Delta p)_0$，代入式中可得 $C = (\Delta p)_0$，因此：

$$\Delta p(t) = (\Delta p)_0 e^{-\frac{t}{\tau}}$$

由此可知，非平衡载流子浓度随时间按指载衰减的规律。寿命标志非平衡载流子浓度减小到原值 $1/e$ 经历的时间。寿命不同，非平衡载流子衰减的快慢不同。

定义单位时间、单位体积内产生的电子-空穴对定义为产生率 G，复合掉的电子空穴对为复合率 R，则每一个电子在单位时间、单位体积内都有一定的概率和空穴复合，其复合率与空穴浓度成正比

$$R = rnp$$

式中，r 为比例系数，称为电子空穴复合概率，一般与电子空穴的运动速率有关。热平衡下

$$G = R = rnp = rn_0 p_0 = rn_i^2$$

非平衡状态下，净复合率

$$U_d = R - G = r(np - n_i^2) = r[(n_0 + \Delta n)(p_0 + \Delta p) - n_0 p_0]$$

由于外场注入的电子空穴浓度相等，$\Delta n = \Delta p$，则

$$U_d = r(n_0 + p_0)\Delta p + r\Delta p^2 \qquad (10\text{-}16)$$

由此可得少数载流子寿命

$$\tau = \Delta p/U_d = 1/r[(n_0 + p_0) + \Delta p] \qquad (10\text{-}17)$$

在小注入情况下 $n_0 + p_0 \gg \Delta p$，则

$$\tau = 1/r(n_0 + p_0) \qquad (10\text{-}18)$$

对于 N 型为 $1/rn_0$，P 型则为 $1/rp_0$，即小注入下 τ 为恒定值。

大注入情况下 $n_0 + p_0 \ll \Delta p$，则

$$\tau = 1/r\Delta p \qquad (10\text{-}19)$$

室温时本征锗、硅的寿命 τ 根据上述计算分别为 0.3s 和 3.5s，但是实际上锗、硅材料的寿命更低，最大 τ 不过几毫秒，主要是由于锗、硅的寿命不是由直接复合过程决定的，而是由其他复合机制起主要作用。半导体中的杂质和缺陷在禁带中引入能级具有促进复合的作用，杂质和缺陷越多，寿命越短。复合中心指的是促进复合过程的杂质和缺陷中心。非平衡载流子通过复合中心的复合即为间接复合。

除了上述复合过程外，晶体周期性在表面中断产生大量悬挂链、表面损伤及外来杂质吸附等，都可能在带隙中引进缺陷态即表面态，表面或界面态对电子和空穴起复合中心的作用，会增加载流子在表面或界面区的复合。在太阳能电池的制备中，表面及界面复合对短路电流产生直接的影响，低的表面与界面复合是制备高效电池的重要因素。表面经过细磨的样品，载流子寿命短；细磨后再经过化学腐蚀的样品，载流子寿命长；同样表面情况的样品，样品小，载流子寿命短，主要是由于表面有促进载流子复合的作用。较高的表面复合速度会使更多的注入载流子在表面复合消失，影响器件性能，因此需要减小表面复合。但是利用金属探针测试样品表面时，需要设法增大表面复合，以减小探针注入效应。

外界条件作用下，非平衡载流子产生并出现不同形式的复合。如果外界作用消失，这些产生的非平衡载流子会因复合而很快消失，恢复到原来的平衡状态。

10.1.3 载流子的传输

输运指的是导带和价带自由载流子在外场（电场、磁场、温度场等）作用下的运动，例

如载流子在电场作用下的漂移运动、载流子空间分布不均匀引起的扩散运动等。载流子的运动方式主要有漂移和扩散。

载流子的漂移指的是在电场作用下，自由空穴沿电场方向移动或电子逆电场方向移动，均可形成电流。一方面，载流子从电场不断获得能量而加速；另一方面，载流子在晶体场中受到偏离周期场的畸变势的散射作用，失去原来的运动方向或损失能量，这种偏离周期势的散射作用使载流子漂移速度不会无限地增大。图 10-13 显示了 $T=300K$ 时，Si 载流子迁移率随杂质浓度的变化图。从图中可以看出，载流子的迁移率随杂质浓度的增加而不断降低，这主要是由散射造成的。当固体中粒子浓度分布不均匀时将发生扩散运动，载流子从高浓度向低浓度扩散是载流子重要输运方式。光照在半导体材料的局部位置，产生非平衡载流子。去除光照后，除了产生非平衡载流子的复合外，非平衡载流子将以光照点为中心向低浓度区域扩散，直至非平衡载流子由于复合而消失。载流子运动过程中将发生碰撞和散射，这些碰撞的目标有晶格原子、杂质离子、晶格缺陷和其他的电子空穴。

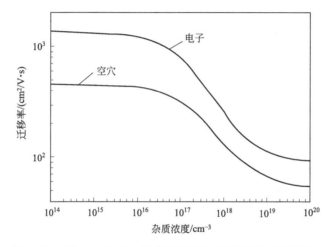

图 10-13 $T=300K$ 时，Si 载流子迁移率随杂质浓度的变化

半导体载流子的扩散，主要是发生在少数载流子一方，多数载流子的扩散往往可以忽略。因为半导体电中性的要求，只有少数载流子才能形成一定的浓度梯度，并且尽管少数载流子浓度很小，但是却可以产生很大的浓度梯度，因此少数载流子的扩散运动可以导致出现很大的电流、热流等。多数载流子一般难以形成浓度梯度，所以可以忽略多数载流子的扩散。但是多数载流子的漂移运动却很重要，因为在电场作用下所产生的漂移电流是与载流子浓度本身成正比的。

扩散电流密度指的是单位时间通过垂直于单位面积的载流子数，反映非平衡少数载流子的扩散本领，用 S_p 表示

$$S_p(x) = -D_p \frac{\mathrm{d}p(x)}{\mathrm{d}x} \tag{10-20}$$

式中，D_p 为载流子扩散系数；$p(x)$ 为载流子浓度。

外电场作用下，电子、空穴漂移电流都与电场方向一致，如图 10-14 所示。扩散电流密度为：

$$J_{n扩} = qD_n \frac{\mathrm{d}\Delta n(x)}{\mathrm{d}x} \qquad J_{p扩} = -qD_p \frac{\mathrm{d}\Delta p(x)}{\mathrm{d}x} \tag{10-21}$$

式中，D_n 和 D_p 分别为电子和空穴的扩散系数。

光伏硅晶体材料的制备、表征及应用技术

漂移电流密度为：

$$J_{n漂}=q(n_0+\Delta n)\mu_n|E|=qn\mu_n|E| \qquad J_{p漂}=q(p_0+\Delta p)\mu_p|E|=qp\mu_p|E|$$

$$(10\text{-}22)$$

扩散和漂移同时存在时，总电流是扩散电流与漂移电流之和：

$$J=J_p+J_n=q|E|(p\mu_p+n\mu_n)+q\left(D_n\frac{\mathrm{d}\Delta n}{\mathrm{d}x}-D_p\frac{\mathrm{d}\Delta p}{\mathrm{d}x}\right) \qquad (10\text{-}23)$$

各电流方向见图 10-15。扩散只与非平衡载流子浓度梯度相关，漂移与平衡、非平衡载流子浓度都相关。

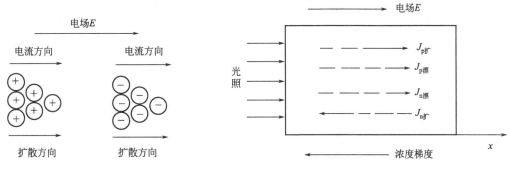

图 10-14　电子和空穴在外电场作用下　　　　　图 10-15　载流子各电流方向示意
　　　　　漂移电流方向示意

连续性方程是扩散、漂移、复合与产生同时存在时，少数载流子所遵守的运动方程。在一维、N 型、外电场 E、少子空穴浓度是位置 x 的函数且随时间 t 变化的条件下，单位体积内空穴随时间的变化率为：

$$\frac{\partial p}{\partial t}=D_p\frac{\partial^2 p}{\partial x^2}-\mu_p p\frac{\partial p}{\partial x}-\mu_p p\frac{\partial E}{\partial x}-\frac{\Delta p}{\tau}+g_p \qquad (10\text{-}24)$$

式中，第一项为扩散；第二、三项表示漂移运动；第四和第五项分别表示复合和产生。连续性方程为二阶微分方程，需要结合实际边界条件进行简化求解。例如对于光激发的载流子衰减，光照在均匀半导体内部均匀产生非平衡载流子，无外电场且 $g_p=0$，则

$$E=0 \qquad \frac{\partial E}{\partial x}=0 \qquad \frac{\partial \Delta p}{\partial x}=0 \qquad g_p=0$$

代入、简化连续性方程，$t=0$ 时撤去光照可以得到

$$\frac{\partial(\Delta p)}{\partial t}=-\frac{\Delta p}{\tau}$$

求解得

$$\Delta p=\Delta p_0\exp(-t/\tau) \qquad (10\text{-}25)$$

即非平衡载流子随时间是指数衰减。

10.2　太阳能电池基本原理

10.2.1　P-N 结

10.2.1.1　P-N 结的原理及制备方法

P 型半导体和 N 型半导体功函数不同，多数载流子种类不同。当 P 型半导体和 N 型半

181

导体紧密结合而成的一个体系时，为了达到热平衡状态，会出现载流子的转移，电子从功函数小的半导体发射到功函数大的半导体或者载流子从浓度大的一边扩散到浓度小的一边。这种掺有施主杂质的 N 型半导体和掺有受主杂质的 P 型半导体的有机结合称为 P-N 结，形成具有特定功能的结构，是构成半导体器件及其应用组成件的基本单元，不仅是太阳能电池结构的基础还是其他许多电子器件的基础，如 LEDS、激光、光电二极管还有双极结二极管（BJTS）。P-N 结把之前描述的载流子复合、产生、扩散和漂移全部集中到一个器件中。由同一种材料且带隙宽度相同但导电类型不同的材料组成的 P-N 结为同质结；由带隙宽度不同的材料组成的为异质结。半导体的掺杂是均匀的，P-N 结形成后在界面两边的杂质空间分布是突变的称为突变结；半导体的掺杂是不均匀的，P-N 结形成后在界面两边的杂质空间分布是逐渐变化的称为缓变结。突变结和缓变结的杂质分布见图 10-16，太阳能电池工艺中形成的 P-N 结一般为缓变结。对于同质结，载流子的转移主要是浓度梯度所引起的扩散；对于异质结，载流子的转移则主要是功函数不同所引起的热发射。

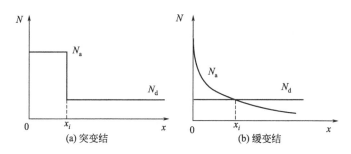

图 10-16　突变结和缓变结的杂质分布

在 P 型半导体与 N 型半导体的接触边缘附近，当有空穴从 P 型半导体扩散到 N 型半导体之后，在 N 型半导体中增加了正电荷，同时在 P 型半导体中减少了正电荷，在 P 型半导体中留下了不能移动的负离子中心；与此同时，当有电子从 N 型半导体扩散到 P 型半导体之后，在 P 型半导体中增加了负电荷，同时在 N 型半导体中减少了负电荷，在 N 型半导体中留下了不能移动的正离子中心。这些由正、负离子中心和载流子所提供的多余电荷即称为空间电荷，它们局限于接触边缘附近处，以电偶极层的形式存在。两种半导体接触边缘的附近处存在的正、负空间电荷分列两边的偶极层，产生出一个从 N 型半导体指向 P 型半导体的电场。电场造成漂移电流，其方向与扩散电流相反，阻止由于扩散引起的空间电荷区电场的增强。当扩散电流等于漂移电流即两者达到平衡时，在空间电荷区最终建立的电场称为 P-N 结内建电场，见图 10-17。内建电场仅局限于空间电荷区范围以内，在空间电荷区以外

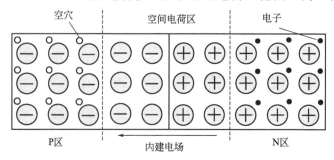

图 10-17　P-N 结内键电场示意

光伏硅晶体材料的制备、表征及应用技术

都是不存在电场的电中性区。因此 P-N 结主要由三个区域组成，分别是空间电荷区、准中性的 P 区和准中性的 N 区。空间电荷区内没有可移动的载流子，载流子耗尽，也称耗尽区或势垒区。

内建电场的方向阻挡着空穴进一步从 P 型半导体扩散到 N 型半导体去，同时也阻挡着电子从 N 型半导体进一步扩散到 P 型半导体。从能量上来看，由于内建电场的出现，就使得电子在 P 型半导体一边的能量提高，同时空穴在 N 型半导体一边的能量也提高；在界面附近处产生出了一个阻挡载流子进一步扩散的 P-N 结势垒。根据内建电场所引起的这种能量变化关系，即可画出 P-N 结的能带变化图，如图 10-18 所示。在达到热平衡之后，两边的费米能级 E_F 是拉平的，能带的倾斜就表示着电场的存在。

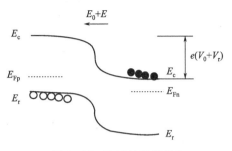

图 10-18　P-N 结能带变化

内建电场使得 P 型半导体与 N 型半导体之间产生了内建电势差。电场越强，内建电势差就越大。此内建电势差所对应的能量差即为 P-N 结的势垒高度。内建电场在势垒区中的分布可能不一定均匀，这决定于空间电荷密度的分布，因此势垒高度并不直接反映的内建电场的大小，但是内建电场分布曲线下面的面积却总是一定的，即内建电压不变。所以，电场越强，势垒高度也就越大。

实际上 P-N 结不是 P 型半导体光电材料和 N 型光电材料的简单物理结合，而是采用不同的掺杂工艺 P 型半导体与 N 型半导体制作在同一块半导体基片上得到的，常用的制备方法主要有合金法、扩散法、离子注入法和薄膜生长法。

合金法指在一种半导体晶体上放置金属或半导体元素，通过升温等工艺将掺杂元素通过热扩散进入单晶形成 P-N 结。以 In-Ge 异质结为例，将铟晶体放置在 N 型的锗单晶上，加温至 500～600℃，铟晶体逐渐熔化成液体，在两者界面处的锗单晶原子溶入液体，在锗单晶的表面形成一层合金液体，锗在其中的浓度达到饱和。然后降温，合金液体和铟液体重新结晶，合金液体会结晶成含铟的锗单晶，单晶锗是 P 型半导体，与 N 型锗单晶构成 P-N 结，见图 10-19。

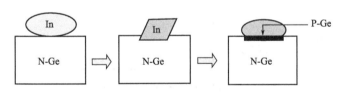

图 10-19　合金法制备 P-N 结

扩散法指的在 N 型或 P 型半导体材料中，利用扩散工艺掺入相反类型的杂质，在一部分区域形成与体材料相反类型的半导体，构成 P-N 结。例如将硅晶体加热至 800～1200℃，通入 P_2O_5 气体，气体在硅表面分解，磷沉积在硅表面并扩散到体内，在硅表面形成一层含高浓度磷的单晶硅，成为 N 型半导体，其与 P 型硅材料的交界处就构成 P-N 结，见图 10-20。

离子注入法指将 N 型或 P 型半导体掺杂剂的离子束在静电场中加速，使之具有高动能，然后注入 P 型半导体或 N 型半导体的表面区域，在表面形成与体内相反的半导体构成 P-N 结。例如利用静电场将 B 离子加速，使之具有数万到几十万电子伏特的能量，注入 N 型单

183

晶硅中，就能够在表面形成 P 型半导体，组成 P-N 结。

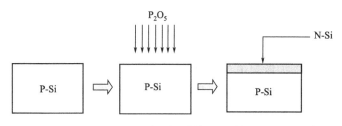

图 10-20 扩散法制备 P-N 结

薄膜生长法则是将 N 型或 P 型半导体表面通过气相、液相等外延技术，生长一层具有相反导电类型的半导体薄膜，在两者的界面处形成 P-N 结。将单晶硅材料加热至 600～1200℃，加入硅烷气体，同时通入适量的 P_2O_5 气体，气体在晶体硅表面遇热分解，在晶体硅表面形成一层含 P 的 N 型单晶硅薄膜，与 P 型单晶硅材料接触形成 P-N 结。

10.2.1.2 P-N 结的电流电压特性

在一定偏置状态下的 P-N 结称为非平衡 P-N 结。两端加正向偏压，即 P 区接电源正极，N 区接负极，称为正向 P-N 结；反之，加反向偏压称为反向 P-N 结。

P-N 结加正向偏压，在势垒区内产生一个外加电场，这个外加电场与原来的自建电场方向相反，削弱了势垒区中的电场强度。势垒区宽度变窄，势垒高度降低，破坏扩散与漂移运动间的平衡。加正向偏压正向注入非平衡少子后，少子在边界附近积累，形成 P 区从边界到内部浓度梯度并向体内扩散，同时进行复合，最终形成一个稳态分布。扩散区中的少子扩散电流都通过复合转换为多子漂移电流。势垒区边界积累的少数载流子浓度随外加电压按指数规律增加。图 10-21 为正向偏压下 P-N 结的能带结构。由图可以看出，从 N 型中性区开始依次经过三个区域达到了 P 型中性区。在 N 型中性区，P 区注入到 N 区的非平衡少数载流子已经复合完毕，电子和空穴具有统一的费米能级 $(E_F)_N$；空穴扩散区，在小注入的情况下，电子的浓度与热平衡电子浓度相比基本没变，因此电子的准费米能级 E_{Fn} 与 N 区的费米能级 $(E_F)_N$ 保持一致；因为扩散区比势垒区大得多，准费米能级的变化主要发生在扩散区，认为准费米能级近似保持不变；电子扩散区由 N 区注入到 P 区的电子成为该区的少

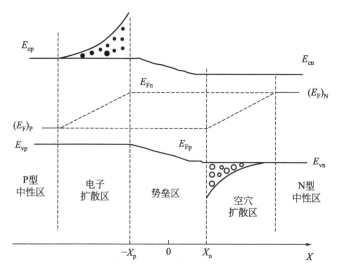

图 10-21 正向偏压下 P-N 结的能带结构

光伏硅晶体材料的制备、表征及应用技术

子在势垒区 P 区一侧边界 X_p 处少子浓度最高，随着电子向 P 区纵深方向扩散，电子边扩散边复合，浓度逐渐减少，电子的费米能级也逐渐降低；最后到 P 型中性区，非平衡电子基本复合完毕，成为 P 区的费米能级 $(E_F)_P$。

P-N 结加反向偏压时，外加电场与自建电场方向相同，空间电荷区电场加强，势垒区宽度变大，势垒高度增加。反偏时漂移作用占了优势，因此要把 P 区边界的电子拉到 N 区，把 N 区边界的空穴拉到 P 区去。在 P 区内部的电子和 N 区内部的空穴要跑到边界去补充，形成了方向从 N 区指向 P 区的反向电流。上述情况就好像是 P 区和 N 区的少数载流子不断地被抽出来，所以称为 P-N 结的反向抽取作用。随着反向电压的增大，反向电流将趋于恒定，仅与少子浓度、扩散长度和扩散系数有关，称之为反向饱和电流。少数载流子浓度与本征载流子浓度平方成正比，并且随温度升高而快速增大，因此反向扩散电流会随温度升高而快速增大。

将 P-N 结的正向特性和反向特性组合起来就形成 P-N 结的伏安特性，见图 10-22 所示。在正向偏压和反向偏压作用下，曲线是不对称的，表现出 P-N 结具有单向导电性，或称为整流效应。

10.2.2　光生伏特效应

光电效应指的是物体吸收了光能后转换为该物体中某些电子的能量而产生的电效应。根据电子吸收光子能量后的不同行为，光电效应可分为外光电效应和内光电效应。外光电效应指的是在光作用下，物体内的电子逸出物体表面向外发射的现象，其主要应用有光电管和光电倍增管。光照射到半导体材料上激发出电子-空穴对而使半导体产生了电效应称为内光电效应，可分为光电导效应和光生伏特效应。光电导效应是指光照射下半导体材料的电子吸收光子能量从键合状态过渡到自由状态，从而引起材料电阻率的变化，其主要应用为光敏电阻。光生伏特效应是指光照射下物体内产生一定方向的电动势的现象，其应用主要有光伏电池、光敏二极管、光敏三极管等。

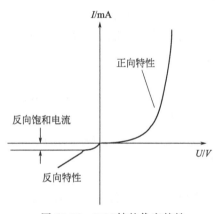

图 10-22　P-N 结的伏安特性

用适当波长的光照射非均匀半导体，例如 P-N 结，由于内建场的作用半导体内部结区两侧产生电动势，如将 P-N 结外部短路会出现电流，称为光生电流。这种由于光照引起的物质内部电场的变化称为光生伏特效应。利用光伏效应可以制成太阳能电池，直接把光能转换成电能，这是它最重要的应用。另外，光生伏特效应也广泛应用于光电探测器。通常，光伏电池所涉及的物理机制和过程是相当复杂的，随着电池的材料和结构的不同而有所差异。总的来说，任何光伏电池的工作需要有三个必要条件：入射光子被吸收产生电子-空穴对、电子-空穴对在复合前被分开且分开的电子和空穴传输至负载。

10.2.2.1　光生伏特效应的物理过程

以 P-N 结为例，假设入射光垂直于 P-N 结面。如果结较浅，光子将进入 P-N 结区甚至更深入到半导体内部。能量大于禁带宽度的光子由本征吸收在结的两边产生电子-空穴对，形成 P-N 结。P-N 结势垒区内存在较强的内建场，结两边的光生少数载流子受该电场的作用各自向相反方向运动。P区的电子穿过 P-N 结进入 N 区，N 区的空穴进入 P 区，使 P 端电势升高，N 端电势降低，于是在 P-N 结两端形成了光生电动势。相当于在 P-N 结两端加正向电压 V，使势垒降低为 $qV_D - qV$，产生正向电流 I_F。在 P-N 结开路情况下，光生电流和正向电流相等时，结两端建立起稳定的电势差 V_0，这就是光电池的开路电压。如果将 P-N 结与外电路接通，只要光照不停止就会有源源不断的电流通过电路，P-N 结起了电源的作用，这就是光电池或光电二极管的基本原理。

金属-半导体形成的肖特基势垒层也能产生光生伏特效应，这是肖特基光电二极管的基本原理，其电子过程和 P-N 结相类似，不再赘述。

10.2.2.2　太阳能电池的电流电压特性

太阳能电池由硅 P-N 结构成，在表面及背面形成无整流特性的欧姆接触。假设除负载电阻 R 外，电路中无其他电阻成分。当具有 $h\nu > E_g$ 能量的光子照射在 P 型半导体上时，产生电子-空穴对，电子被激发到比导带底还高的能级处。由于导带的能级几乎都是空的，电子又马上落在导带底，多余能量 $h\nu - E_g$ 以声子的形式传给晶格。落到导带底的电子有的向表面或结扩散，有的在半导体内部或表面复合而消失。到达结的载流子受结处的内建电场加速流入 N 型硅中。在 N 型硅中，由于电子是多数载流子，流入的电子按介电弛豫时间的顺序传播，同时为满足 N 型硅内的载流子电中性条件，与流入的电子相同数目的电子从连接 N 型硅的电极流出。这时，电子失去相当于空间电荷区的电位高度及导带底和费米能级之间电位差的能量。设负载电阻上每秒每立方厘米流入 N 个电子，则加在负载电阻上的电压

$$V = NQR = IR \tag{10-26}$$

式中，Q 为电子电量；R 为太阳能电池的电阻。由于电路中无电源，电压 $V = IR$ 实际加在太阳电池的结上，即结处于正向偏置，二极管电流朝着与光激发产生的载流子形成的光电流相反的方向流动，形成正向电流。根据 P-N 结整流方程，在正向偏压 V 作用下，正向电流

$$I_d = I_0 [\exp(qV/nkT) - 1] \tag{10-27}$$

式中，I_d 为二极管的正向电流；I_0 是暗电流；q 为电子电量；V 是正向偏置电压。

假设用一定强度的光照射光电池，因存在吸收，光强度随着光透入的深度按指数规律下降，光生载流子产生率 Q 也随光照深入而减小，即产生率 Q 是 x 的函数。为了简化，用 Q 表示在结的扩散长度内非平衡载流子的平均产生率，并设扩散长度 L_P 内的空穴和 L_N 内的电子都能扩散到 P-N 结面而进入另一边，这样光生电流 I_{ph} 应该是

$$I_{ph} = qQA(L_p + L_n) \tag{10-28}$$

式中，A 是 P-N 结面积；q 为电子电量。光生电流 I_{ph} 从 N 区流向 P 区，与 I_d 反向。如果光电池与负载电阻接成通路，通过负载的电流应为

$$I = I_{ph} - I_d = I_{ph} - I_0 [\exp(qV/nkT) - 1] \tag{10-29}$$

式中，I_{ph} 为光生电流。这就是负载电阻上电流与电压的关系，也就是光伏电池的伏安特性。以此为依据做图，可以得到 P-N 结的伏安特性曲线，见图 10-23。

在 P-N 结开路的情况下，R 趋近于无穷大，两端的电压即为开路电压 V_{OC}。流经 R 的电流 $I = 0$，即 $I_{ph} = I_d$，由 IV 关系可得开路电压 V_{OC}：

$$V_{OC} = \frac{nkT}{q} \ln\left(\frac{I_{ph}}{I_0} + 1\right) \tag{10-30}$$

如果将 P-N 结短路，$V = 0$，则 $I_d = 0$，这时所得的电流为短路电流 I_{SC}。显然短路电流等于

光伏硅晶体材料的制备、表征及应用技术

光生电流，即 $I_{SC} = I_{ph}$，此时

$$V_{OC} = \frac{nkT}{q} \ln\left(\frac{I_{SC}}{I_0} + 1\right) \qquad (10\text{-}31)$$

在可以忽略串联、并联电阻的影响时，短路电流 I_{SC} 与入射光强度 I_0 成正比。在很弱的阳光下，$I_{SC} \ll I_0$，因此

$$V_{OC} = \frac{nkT}{q} \times \frac{I_{ph}}{I_0} \qquad (10\text{-}32)$$

在很强的阳光下，$I_{SC} \gg I_0$

$$V_{OC} = \frac{nkT}{q} \ln \frac{I_{SC}}{I_0} \qquad (10\text{-}33)$$

由此可见，在较弱阳光时硅太阳能电池的开路电压随光的强度作近似直线的变化，当有较强的阳光时，开路电压则与入射光的强度的对数成正比。

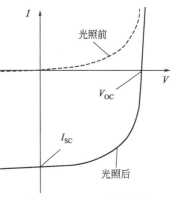

图 10-23　P-N 结的伏安
特性曲线

10.2.2.3　太阳能电池的等效电路

为了描述电池的工作状态，往往将电池及负载系统用等效电路来模拟。在恒定光照下，一个处于工作状态的太阳能电池，其光电流不随工作状态而变化，在等效电路中可把它看作是恒流源。光电流一部分流经负载 R_1，在负载两端建立起端电压 V，反过来它又正向偏置于 P-N 结二极管，引起与光电流方向相反的正向电流 I_d，一个理想的 P-N 结太阳能电池的等效电路就可以绘制成图 10-24。由于前面和背面的电极和接触，以及材料本身具有一定的电阻率，基区和顶层都不可避免地要引入附加电阻。流经附加电阻时，必然引起电流损耗。在等效电路中，将它们的总效果用一个串联电阻 R_s 来表示。由于电池边缘的漏电和制作金属化电极时在电池的微裂纹、划痕等处形成的金属桥漏电等，使一部分本应通过负载的电流短路，这种作用的大小可用一并联电阻 R_{sh} 来等效。等效电路就可以绘制成图 10-25 的形式，这时的结电压并不等于负载的端电压。

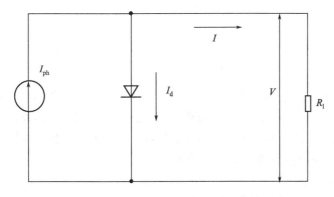

图 10-24　理想 P-N 结太阳能电池的等效电路

正向电流 I_d 为结电压 V_j 的函数，而 V_j 又是与输出电压 V 相联系的，因此根据图 10-25 的等效电路图可以写出输出电流 I 和输出电压 V 之间的关系：

$$I = \frac{R_{sh}}{R_s + R_{sh}}\left[I_{ph} - \frac{V}{R_{sh}} - I_d(V)\right] \qquad (10\text{-}34)$$

当负载 R_1 从 0 变化到无穷大时，输出电压 V 则从 0 变到 V_{OC}，同时输出电流便从 I_{SC} 变到 0，由此可以得到电池的伏安特性曲线，如图 10-26 所示。曲线上任何一点都可以作为工作

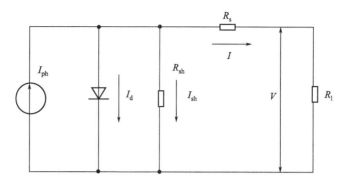

图 10-25　实际太阳能电池的等效电路

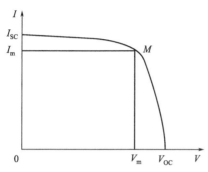

图 10-26　太阳能电池的伏安特性曲线

点，工作点所对应的纵横坐标，即为工作电流和工作电压，其乘积 $P=IV$ 为电池的输出功率。

10.2.3　太阳能电池的特性参数

10.2.3.1　短路电流

短路电流是指当电池被短路时的电流，通常记作 I_{SC}。短路电流源于光生载流子的产生和收集。对于电阻阻抗最小的理想太阳能电池来说，短路电流就等于光生电流，因此短路电流是电池能输出的最大电流。将串联、并联电阻考虑进去，电流为：

$$I=I_{ph}-I_d-I_{sh}=I_{ph}-I_0\left[e^{\frac{q(V+IR_s)}{kT}}-1\right]-\frac{V+IR_s}{R_{sh}} \tag{10-35}$$

当负载被短路时，$V=0$，且此时流经二极管的暗电流非常小，可以忽略，上式可以写为

$$I_{SC}=I_{ph}-I_{SC}\frac{R_s}{R_{sh}} \tag{10-36}$$

即

$$I_{SC}=\frac{I_{ph}}{[1+R_s/R_{sh}]} \tag{10-37}$$

因此，实际上短路电流总是小于光生电流，其大小与串、并联电阻有关。提高 I_{SC} 的途径在于提高光生载流子产生率、增加少子寿命和减少表面复合，因此太阳能电池的表面积、入射光的强度、入射光的光谱、电池的吸收和反射特性、电池的收集概率等影响产生率、少子寿命和复合的因素均会影响太阳能电池的短路电流。

10.2.3.2　开路电压

开路电压 V_{OC} 是太阳能电池能输出的最大电压，此时输出电流为零。开路电压的大小相当于光生电流在电池两边加的正向偏压。开路电压是太阳能电池的最大电压，即净电流为零时的电压。短路电流和开路电压分别是太阳能电池能输出的最大电流和最大电压。然而，当电池输出状态在这两点时，电池的输出功率都为零。一般 $I_{SC}\gg I_0$，则：

$$V_{OC}=\frac{kT}{q}\ln\frac{I_{SC}+I_0}{I_0}\approx\frac{kT}{q}\ln\frac{I_{SC}}{I_0} \tag{10-38}$$

由式可以看出，减少复合以减小暗电流、增加各区掺杂浓度等均可以增加开路电压。

光伏硅晶体材料的制备、表征及应用技术

10.2.3.3 输出功率和填充因子

太阳能电池的输出功率为：

$$P = IV = [I_{SC} - I_0(e^{qV/kT} - 1)]V \tag{10-39}$$

对式(10-39)求解极值，可得：

$$V_{mp} = V_{OC} - \frac{kT}{q}\ln\left(1 + \frac{qV_m}{kT}\right) \qquad I_{mp} \approx I_{SC}\left(1 - \frac{kT}{qV_m}\right) \tag{10-40}$$

最大的功率点（V_{mp} 和 I_{mp}）可以通过下式求出：

$$P_{mp} = I_{mp}V_{mp} \approx I_{SC}\left[V_{OC} - \frac{kT}{q}\ln\left(1 + \frac{qV_m}{kT}\right) - \frac{kT}{q}\right] \tag{10-41}$$

最大输出功率与 $V_{OC}I_{SC}$ 之比称为填充因子，用 FF 表示。对于开路电压 V_{OC} 和短路电流 I_{SC} 一定的特性曲线来说，填充因子越接近于 1，电池效率越高，伏安特性曲线弯曲越大。因此 FF 也称曲线因子，表达式为

$$FF = \frac{P_{mp}}{V_{OC}I_{SC}} = \frac{V_{mp}I_{mp}}{V_{OC}I_{SC}} \tag{10-42}$$

FF 是用以衡量太阳能电池输出特性好坏的重要指标之一。在一定光强下，FF 愈大，曲线愈方，输出功率越高。对于有合适效率的电池，该值应在 $0.70 \sim 0.85$ 范围之内。

流经负载 R_1 的电流 I 为：

$$I = I_{SC} - I_d - I_{sh} = I_{SC} - I_d - \frac{I(R_s + R_1)}{R_{sh}} \tag{10-43}$$

负载输出电功率为：

$$P = IV = \left[I_{SC} - I_{01}(e^{q(V+IR_s)/kT} - 1) - \frac{I(R_s + R_1)}{R_{sh}}\right]V \tag{10-44}$$

10.2.3.4 光电转换效率

电池最重要的指标为光电转换效率。电池的输出功率与入射光功率之比 η 称为光电转换效率，简称效率。

$$\eta = \frac{P_{mp}}{P_{in}} = \frac{FFV_{OC}I_{SC}}{P_{in}} \tag{10-45}$$

光电转换效率 η 是表征太阳能电池性能的最重要的参数。要提高太阳电池的效率，必须提高开路电压、短路电流和填因子这三个基本变量。除了反映太阳能电池的性能之外，效率还决定于入射光的光谱、光强以及电池本身的温度。所以在比较两块电池的性能时，必须严格控制其所处的环境。测量陆地太阳能电池的条件要采用标准测试条件（STC），测试条件为：温度 25℃，光强 1000W/m²，大气质量 $AM1.5$，光伏组件铭牌、说明书以及销售、购买时的功率均以 STC 下测试条件为基准。AM 指的是大气质量。地球大气层外接受到的太阳辐射，未受到大气层的反射和吸收，称为大气质量为 0 的辐射，用 $AM0$ 表示。太阳入射到地球不同维度的天顶角，即入射光线与地面法线的夹角不同，光程不同，相对的等效大气质量也不同，可以简单用公式

$$AM \approx 1/\cos(z)$$

来表示。

式中，z 为天顶角。$AM1.5$ 对应于天顶角 $48.2°$，包括中国、欧洲、美国在内的大部分国家都处在这个中纬度区域，但是并不意味着这些区域始终是 $AM = 1.5$，例如在夏天的中午，会比 1.5 小不少，冬天的早上和晚上会比 1.5 大不少，但是 $AM = 1.5$ 可以代表上述区

域的年平均值，因此一般地表上的太阳光谱都用 $AM1.5$ 表示，能量取 $1000\mathrm{W}/\mathrm{m}^2$。

电池最大光电转换效率随禁带宽度的变化而变化，禁带宽度在 $0.8\sim1.6\mathrm{eV}$ 范围有较高的效率输出，最大效率发生在 $E_\mathrm{g}=1.1\mathrm{eV}$ 处，为 48%。目前对于禁带宽度为 $1.12\mathrm{eV}$ 的单晶硅电池，最大效率可达 24.7%。带隙减小能够拓宽电池对太阳光谱的吸收，但带隙的减小使本征载流子浓度呈指数增加，会使开路电压降低，引起输出电压的减小，且过高的带隙宽带使材料的吸收光谱变窄，降低载流子的激发，减少光电流。因此电池最大转换效率随禁带宽度的变化呈现先增加后减小的趋势。少子寿命也是影响太阳能电池参数的关键因素。少子寿命长可以制备高性能的电池，非平衡载流子复合则是决定少子寿命的关键因素。图 10-27 为少子寿命对电池参数的影响，由图可以看出，随着少子寿命的增加，太阳能电池的 V_OC、I_SC 和 FF 都有不同程度的增加。

背面场也会影响 FF、I_SC 和 V_OC。I_SC 和 V_OC 随着背表面复合速度的增加而下降，而表面复合是与工艺有关的参量。温度对电池效率的影响较复杂，见图 10-28。温度升高半导体材料带隙减小，拓宽电池的光吸收范围，短路电流有所提高，但是开路电压随温度上升而下降。总体来说，随着温度上升电池效率有所降低。除此之外，太阳能电池效率还受材料、器件结构及制备工艺的影响，包括电池的光损失、材料的有限迁移率、复合损失、串联电阻和旁路电阻损失等。对于一定的材料，电池结构与工艺改进对提高效率是重要的。

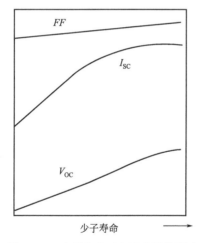

图 10-27　少子寿命对电池参数的影响

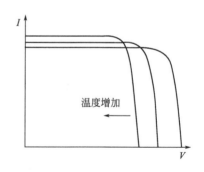

图 10-28　温度对电池效率的影响

硅中掺杂浓度高于 $10^{18}\mathrm{cm}^{-3}$ 时称为高掺杂。高掺杂会引起禁带收缩、杂质不能全部电离和少子寿命下降等高掺杂效应。禁带收缩减少了开路电压，使本征载流子浓度增加，从而增加了反向饱和电流。杂质不能全部电离，使有效掺杂浓度下降，从而使开路电压下降。而少子寿命对太阳能电池效率非常敏感。各区中由光激发产生的过剩少数载流子必须在通过扩散和漂移越过 P-N 结之前不被复合，才能对输出电流有贡献。因此，扩散层和基区中的少子寿命都希望足够长。少子寿命长，不仅可以增加光电流，还会减少复合电流，增加开路电压，从而对效率有双重影响。一般要求少子寿命必须保证少子的扩散长度大于各区厚度。

太阳能电池的串联电阻主要来源于半导体材料的体电阻、电极电阻、载流子在顶部扩散层的运输以及金属和半导体材料之间的接触电阻；并联电阻主要由复合及漏电造成。图 10-29 为串、并联电阻对太阳能伏安特性曲线的影响。从图可以看出，串联电阻对开路电压无明显影响，但填充因子和短路电流会随串联电阻的增加而减小。并联电阻对短路电流无明显影响，但随着并联电阻的减小，开路电压和填充因子都会减小。

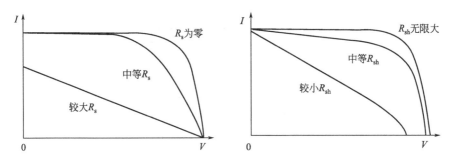

图 10-29   串、并联电阻对太阳能伏安特性曲线的影响

当测量短路电流时，串联电阻充当了电路负载，测到的是负载为 R_s 的电路电流，所以会随 R_s 增大而减小。而测量开路电压时，实际上是在测量以并联电阻 R_{sh} 为负载的电路的端电压，所以会随 R_{sh} 的减小而减小。当存在外电路负载 R_1 时，因为串、并联电阻也会消耗电池的功率，所以负载功率自然要减少，填充因子也因此而下降。因此，提高电池效率需要选择合适的基片材料、优化电池设计、提高工艺水平。需要尽量减少光损失，降低复合，减小暗电流和高掺杂效应，并减小串联电阻，增大并联电阻等。

10.2.3.5   太阳能电池的光谱响应和量子效率

要提高太阳能电池的能量转换效率和输出功率，就必须充分利用太阳能，这要求太阳能电池的光谱响应与太阳光谱有一致的分布。太阳能电池的光谱响应指短路电流与入射光波长的函数关系，就是指某一波长下，每一个射进电池的光子对应所能收集到的平均载流子数。光谱响应受光生载流子的收集几率的影响。光谱响应在概念上类似于量子效率，量子效率描述的是电池产生的光生电子数量与入射到电池的光子数量的比，而光谱响应指的是太阳能电池产生的电流大小与入射能量的比例。

量子效率分为内量子效率和外量子效率。内量子效率指的是被电池吸收的每个光子在短路电流条件下所产生的电子-空穴对被 P-N 结收集的比例。外量子效率则是每个注入的光子所产生的电流在短路条件下流到外电路的多少。内量子效率一般要高于外量子效率。

量子效率既可以与波长相对应又可以与光子能量相对应。如果某个特定波长的所有光子都被吸收，并且其所产生的少数载流子都能被收集，则这个特定波长的所有光子的量子效率都是相同的，而能量低于禁带宽度的光子的量子效率为零。图 10-30 描述了太阳能电池的量子效率曲线，从图中可以看出理想的量子曲线为能量低于禁带宽度的光不被吸收，量子效率为零，高于禁带宽度的光完全吸收，量子效率为 1。对于实际的太阳能电池，由于复合、吸收等作用，量子效率曲线低于理想曲线。曲线前端表面复合导致蓝光响应减小；反射效应和过短的扩散长度引起总量子效率的降低，对应于图中较平坦的中间部分。红光响应降低则是由于背表面反射、对长波长的吸收减少和短扩散长度造成的。

10.2.3.6   暗电流

从前面太阳能电池伏安特性的讨论中，可以看到暗电流明显地消耗光电流，降低开路电压。所以减小暗电流是提高太阳能电池效率的重要方面。对于均匀掺杂的 P-N 结硅太阳能电池，暗电流为

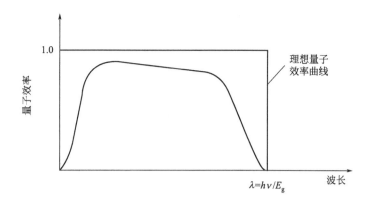

图 10-30　太阳能电池的量子效率曲线

$$J_D = \left(q D_n \frac{n_i^2}{N_A L_n} + q D_p \frac{n_i^2}{N_D L_p} \right) (e^{qV/kT} - 1) + \frac{1}{2} q \frac{n_i}{\tau} W (e^{qV/2kT} - 1) \qquad (10\text{-}46)$$

式中，N_A、N_D 分别为受主和施主的掺杂浓度；L_n 和 L_p 为电子和空穴的扩散长度；n_i 为本征载流子浓度。式中第一项为注入电流，掺杂浓度 N_A、N_D 越大，少子寿命越长，扩散长度越长，暗电流中注入电流成分越少；后一项为复合电流，它与耗尽区宽度 W 成正比，与耗尽区中载流子平均寿命成反比。所以，要减少暗电流中的复合电流分量就要减少耗尽区宽度，减少耗尽区中的复合中心，提高载流子的寿命。

习　题

1. 名词解释：直接带隙半导体、间接带隙半导体、本征吸收、吸收深度、激子、非平衡载流子、扩散流密度、突变结和缓变结、光生伏特效应、填充因子、大气质量、$AM1.5$、光谱响应。

2. 简述载流子复合释放能量的方法。

3. 描述 P-N 结的形成过程及其能带变化情况。

4. 画图说明 P-N 结的电流电压特性。

5. 太阳能电池等效电路中的串联电阻和并联电阻是由什么原因造成的？

6. 太阳能电池伏安特性曲线的影响因素有哪些？任选两种说明其如何影响太阳能电池的伏安特性曲线。

7. 为什么太阳能电池的量子曲线与理想量子效率曲线不同？

第11章 太阳能电池的制备

11.1 太阳能电池制备工艺

根据基质材料和扩散杂质的不同，太阳能电池基本结构分为两类：基质材料为 P 型半导体光电材料，在 P 型基质材料表面形成 N 型材料制备 P-N 结，N 型材料为受光面；基质材料为 N 型半导体光电材料，在 N 型基质材料表面形成 P 型材料制备 P-N 结，P 型材料为受光面。由于硅中电子的迁移率大于空穴的迁移率，所以在实际应用工艺中一般都采用第一种结构，即 P 型硅半导体材料作为基质材料，N 型材料为受光面，在上面覆盖减反射层，背面覆盖欧姆接触层，就构成一个太阳能电池，其基本结构如图 11-1 所示。

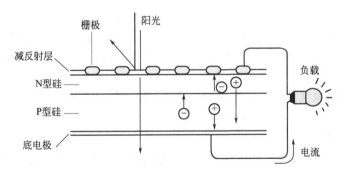

图 11-1　太阳能电池基本结构

晶体硅太阳能电池是典型的 P-N 结型太阳能电池，它的研究最早、应用最广，是最基本且最重要的太阳能电池。一般利用 $1\Omega \cdot cm$ 左右的掺硼的 P 型硅材料作为基质材料，通过扩散 N 型掺杂剂形成 P-N 结。虽然硅的 N 型掺杂剂包括磷、砷和锑，但是由于价格优势，通常使用磷作为 N 型掺杂剂。图 11-2 为太阳能电池片生产工艺，从硅片生产线送来的硅片

图 11-2　太阳能电池片生产工艺

经过硅片检测、表面制绒、扩散制结、等离子刻蚀、去磷硅玻璃、镀减反射膜、丝网印刷、快速烧结和检测分装等主要步骤制成太阳能电池片，送往组件生产线。

11.1.1 硅片检测

硅片是太阳能电池片的载体，硅片质量的好坏直接决定了太阳能电池片转换效率的高低，因此需要对来料硅片进行检测。该工序主要用来对硅片的一些技术参数进行在线测量，这些参数主要包括硅片表面不平整度、少子寿命、电阻率、P/N型和微裂纹等。该组设备分自动上下料、硅片传输、系统整合部分和检测模块。光伏硅片检测模块对硅片表面不平整度进行检测，同时检测硅片的尺寸和对角线等外观参数；微裂纹检测模块用来检测硅片的内部微裂纹；还有其他检测模块，例如在线测试模块测试硅片体电阻率和硅片类型等，参考11.1.5部分内容。在进行少子寿命和电阻率检测之前，需要先对硅片的对角线、微裂纹进行检测并自动剔除破损硅片。硅片检测设备能够自动装片和卸片，并且能够将不合格品放到固定位置，从而提高检测精度和效率。

11.1.2 表面制绒

11.1.2.1 多晶硅表面制绒技术

光面的太阳能电池表面对太阳光的反射率在35%以上，如果不做处理太阳能电池的短路电流很低，无法达到高效性能。为了降低反射，有必要采用光陷阱结构。绒面电池比光面电池的反射损失小，再加上减反射膜其反射率可进一步降低。入射光在绒面表面多次反射，改变了入射光在硅中的前进方向，不仅延长了光程，增加了光子的吸收，有较多的光子在靠近P-N结附近产生光生载流子，从而增加光生载流子的收集几率。在同样尺寸的基片上，绒面电池的P-N结面积比光面大得多，可以提高短路电流，转换效率也有相应提高。但是绒面对工艺要求提高且由于它减反射的无选择性，不能产生电子空穴对的有害红外辐射也被有效地耦合入电池，使电池发热。除此之外，绒面易造成金属接触电极与硅片表面的点接触，使接触电阻损耗增加。

目前多晶硅表面制绒方法分为干式制绒技术和湿式制绒技术。干式制绒技术包括机械刻槽、等离子刻蚀法、激光加工（光刻技术）；湿式制绒技术主要包括酸性腐蚀及碱性腐蚀技术。

（1）机械刻槽法

机械刻槽法通过使用V形刀具刻划实现多晶硅片表面的刻槽，制成微结构绒面并达到减反效果，机械刻槽法制作的多晶硅绒面结构见图11-3。将一系列刀片固定在同一个轴上，刀片的顶角变化范围为35°～180°，刀片厚度约为40～150μm，刀片的顶角为35°时，得到最有效的陷光结构。多刀片刀具具有刻槽速度快、工艺简单和图形均匀的优点，刻槽后的机械损伤可用体积比为 $HF(50\%):HNO_3(65\%):CH_3COOH(96\%)=3:4:7$ 的溶液去除。

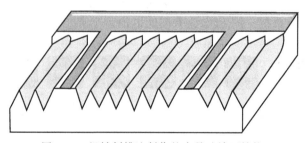

图 11-3 机械刻槽法制作的多晶硅绒面结构

光伏硅晶体材料的制备、表征及应用技术

机械刻槽技术虽然具有刻槽速度快、工艺简单和图形均匀等优点，其生产量也能满足工业生产需要，但是槽的深度一般为 $50\mu m$，要求硅片的厚度至少超过 $200\mu m$，不适合薄衬底。也会存在硅片在加工过程中的碎片以及表面较深的沟槽影响太阳能电池电极制作的问题。

（2）等离子刻蚀法

等离子体对基片的刻蚀通常分为物理刻蚀和化学反应刻蚀两类。物理刻蚀指的是加速通过鞘层的离子（如 Ar^+、Xe^+）对基片表面的撞击，将基片表面的原子溅射出来，形成刻蚀效果。刻蚀效率为一个入射离子在撞击表面时溅射出来的原子数。溅射效率随离子束入射角的改变而改变，最大溅射效率发生在入射角为 $70°\sim80°$ 附近。物理刻蚀会在阻蚀层上刻蚀出小台面和在基片表面上刻蚀出深槽，另外还破坏侧壁的陡直度。因此，在反应等离子刻蚀过程中应尽量减少物理反应。反应离子刻蚀制绒工艺是将清洗后的硅片置于含有 SF_6、O_2 的氧化性混合气体中，在高频射频电场下气体辉光放电将气体电离分解为包含自由基、离子和自由电子的等离子体，综合等离子体受电场作用加速撞击硅片的物理效应和游离活性化学基的化学刻蚀作用，在多晶硅表面形成纳米级的微金字塔阵列。

图 11-4 为多晶硅等离子刻蚀系统示意图。反应等离子在放电过程中产生了许多离子和许多化学活性中性物质。相对原来的气体分子而言，这些中性物质常常是活跃的刻蚀剂。它与基片发生化学反应，其典型反应为：

$$F^* + Si = SiF_4$$

这类反应只有在反应放热较大时才能自发进行，而且作为反应物的自由基不带电荷只进行自由热运动，所以反应是各向同性的，因此在 MEMS 工艺中应采取措施进行抑制。另一种化学反应是正离子在鞘层电场作用下与基片发生反应，而且反应集中在电场方向上进行，使反应具有各向异性刻蚀的特征，其典型反应为：

$$F^+ + Si = SiF_4$$

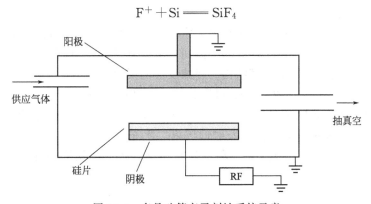

图 11-4　多晶硅等离子刻蚀系统示意

等离子刻蚀 RIE 往往是上述几种反应的综合，既包含物理刻蚀，也包括化学反应刻蚀，但气相化学反应刻蚀起主要作用。RIE 制绒工艺的优点为：a. 绒面小且分布均匀，减反效果好；b. 通过调节电场参数、混合气体比例、蚀刻时间等工艺参数，可实现反射率在 $1\%\sim20\%$ 的范围内可控；c. 可用于较薄硅片的制绒，蚀刻厚度一般为 $3\sim5\mu m$，节约硅料成本。RIE 制绒工艺的缺点为：a. 离子轰击带来的晶格损伤等表面/亚表面损伤以及残留在表面的不可挥发反应生成物，增加表面复合。通过酸洗、碱洗等工艺去除损伤层，可以增加反射率；b. 需要等离子体及相应的控制系统，且需要低温泵和溅射离子泵相结合以满足极高的真空度要求，设备成本高。

（3）光刻技术

采用光刻技术的原理为沉积一层 Si_3N_4 或 SiO_2 作为掩膜和 Si 交替出现的平面结构，然后用某种腐蚀液，例如 HF-HNO$_3$ 溶液进行腐蚀。由于腐蚀液只沿着 Si 向下腐蚀，会腐蚀出一种蜂窝状结构，可以起到很好的陷光作用，有效地降低表面反射率。光刻技术可以制备出陷光效果很好的绒面表面，对于高效单晶硅电池可采用光刻倒置金字塔结构和化学腐蚀制绒面。倒置金字塔结构虽然对光线有更好的作用，但是工艺复杂，成本较高，不适合于工业化生产上使用。

光刻技术先在工件表面镀一层掩膜，在掩膜表面生成规则的微孔阵列，随后进行整体蚀刻，最后将掩膜腐蚀去除从而得到微结构形态及分布可控的蜂房状绒面。掩膜制作需要采用 PECVD 镀膜方式，而掩膜制孔则需要激光设备，从而导致加工成本较高。掩膜蚀刻工艺可以实现高深宽比且分布均匀的蜂房状绒面制作，绒面微结构的尺寸参数及分布的可控性好。蜂房内壁呈现一定的粗糙性，且可适用于薄型硅片的制绒。该方法具有潜在的应用价值，但在加工成本及加工效率方面仍有待完善。

（4）电化学腐蚀法

电化学腐蚀法是在外加电场下，硅在 HF-H$_2$O 系统中进行电化学腐蚀。电化学腐蚀法中硅表面的空穴由外加电场提供，也称为阳极腐蚀。阳极腐蚀是将硅放在腐蚀槽内接上电源正极，使硅作为阳极，贵金属如铂接电源负极，为阴极。电化学腐蚀能够制备出减反射效果良好的多晶硅绒面，但影响腐蚀效果的因素较多，比如电流密度、外界光照、掺杂类型、掺杂浓度等。优点是反应条件一旦确定，过程易于控制；缺点是腐蚀较大面积硅片时需要较大电流，且电流在硅片上的分布复杂，均匀性不易控制。

（5）湿化学腐蚀法

湿化学腐蚀法是用酸、碱溶液通过化学反应对硅片进行腐蚀，在硅片表面形成绒面结构。化学腐蚀法容易控制、成本低廉、便于大规模生产，目前硅太阳能电池工业化生产都是采用这种方法制绒面。

① 单晶硅湿化学绒面技术　在碱性溶液中，硅片不同晶向的腐蚀速率不同，利用这种腐蚀速率的差异即异性腐蚀可以将<100>晶向的硅片制成表面绒面结构。经过腐蚀后就会出现以 4 个<111>面形成的金字塔结构。腐蚀反应的反应式如下：

$$Si + 2NaOH + H_2O \Longrightarrow Na_2SiO_3 + 2H_2$$

金字塔结构的减反射原理见图 11-5。入射光线在金字塔某侧面上的第一点入射后，反射光会在另外的一个金字塔侧面再次入射形成第二次光吸收，还有 11% 的二次反射光可能进行第三次反射和折射，算得绒面的反射率为 9.04%，大大降低了表面的反射率。

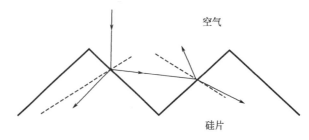

图 11-5　金字塔结构的减反射原理示意

单晶硅腐蚀工艺中的各种条件，包括 NaOH 浓度、NaSiO$_3$·9H$_2$O 浓度、IPA 浓度、温度以及时间，对绒面的形成在不同方面有着不同程度的影响。图 11-6 为不同碱浓度下单晶硅绒面的显微结构，从图中可以看出随着碱浓度的增加，金字塔结构逐渐增大。

光伏硅晶体材料的制备、表征及应用技术

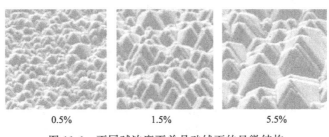

| 0.5% | 1.5% | 5.5% |

图 11-6　不同碱浓度下单晶硅绒面的显微结构

② 硅的各向异性腐蚀及其控制因素　各向异性就是由化学反应的各向速率不同造成的。腐蚀速率快慢由腐蚀液流至被腐蚀物表面的移动速率、腐蚀液与被腐蚀物表面产生化学反应的反应速率和生成物从被腐蚀物表面离开的速率这三个反应速度来决定。腐蚀的反应物和生成物是利用腐蚀液的浓度梯度产生的扩散现象来达到传质的目的。所以，第一和第三种又可称为扩散限制溶解过程（diffusion-limited dissolution），通过搅拌可以提高。而第二种的速率取决于腐蚀温度、材料、腐蚀液种类及浓度，和搅拌方式无关，称为反应限制溶解过程（reaction-rate limited dissolution）。

水分子的屏蔽效应能够阻挡硅原子与 OH^- 的作用，原子排列密度越高越明显。在 {111} 晶面族上，每个硅原子具有两个共价键与晶面内部的原子键结合及一个裸露于晶格外的悬挂键，{100} 晶面族每一个硅原了具有两个共价键及两个悬挂键。当刻蚀反应进行时，刻蚀液中的 OH^- 会跟悬挂键结合而形成刻蚀，所以晶格上的单位面积悬挂键越多，表面的化学反应越快，形成金字塔结构。

硅的刻蚀速度与表面原子密度、晶格方向、掺杂浓度、腐蚀液成分、浓度、温度、搅拌等参数有关。NaOH 溶液浓度和反应温度是制绒的根本，IPA 和 $NaSiO_3$ 提高溶液的浓稠度，可以控制反应速度。通过搅拌能够提高反应物输运速度，从而控制扩散过程。温度和腐蚀液浓度越高腐蚀速度越快，IPA 浓度和 Na_2SiO_3 浓度越高腐蚀速率越慢。要得到好金字塔的关键是降低硅片表面/溶液的界面能，可以提高硅片表面的浸润能力，如添加 IPA 或者把硅片进行酸或碱的腐蚀。也可以减少溶液的张力，如添加添加剂。添加剂有很多极性或非极性的功能团来降低腐蚀液表面的张力。

③ 多晶硅湿化学绒面技术　在 $HF-HNO_3$ 的酸溶液中，多晶硅与混合酸反应与硅片的晶向无关，称之为同性腐蚀。同性腐蚀出的表面分布着条状的凹坑，凹坑比较深，光线入射后会在凹坑的两侧多次入射，从而起到陷光效果，凹坑结构的减反射原理如图 11-7 所示。

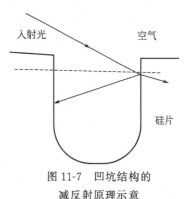

图 11-7　凹坑结构的
减反射原理示意

硅片表面的缺陷、腐蚀液的温度、腐蚀液所含杂质以及硅片-腐蚀液界面的吸附过程等因素对腐蚀液的选择程度及腐蚀速率有很大影响。用于这种化学腐蚀的试剂很多，包括各种盐类（如 CN 基、NH_4 基）和酸，但是由于受到能否获得高纯试剂以及避免金属离子沾污这两个因素的限制，因此广泛采用的是 $HF-HNO_3$ 腐蚀系统。

11.1.2.2　制绒药液及设备

（1）制绒药液

① 制绒添加剂。制绒添加剂是指在单晶硅太阳能电池的制绒工艺过程中，添加有利于

反应结果和产品性能的化学助剂。使用添加剂的制绒工艺成本大大降低，生产效率提高，电池性能提高。制绒添加剂一般为碱性，主要成分是水、IPA、NaOH、弱酸盐以及若干表面活性剂组成。

硅片制绒生产过程中，溶液失效是生产工艺波动的主要原因，失效的原因在于反应过程中 NaOH 的不断消耗和 Na_2SiO_3 的不断产生，导致反应物浓度降低，且硅片表面无法与其获得足够的接触速率；而且由于反应在 80～90℃ 左右进行，往往发生剧烈反应产生大量气泡，所得绒面并不理想。传统工艺一般是通过添加硅酸钠和 IPA 来抑制反应的进行，控制反应速率，从而得到比较好的绒面状态。最新工艺一般是通过在溶液中添加助剂以达到促进 Si 与 OH^- 的接触速率，稳定溶液体系，延长溶液失效周期，稳定工艺。

异丙醇是一种有机化合物，行业中称为 IPA。它是无色透明液体，有类似乙醇和丙酮混合物的气味。溶于水，也溶于醇、醚、苯、氯仿等多数有机溶剂。用在制绒药液中起到降低硅片表面张力、减少气泡在硅表面的吸附作用，能够使金字塔更加均匀一致。

硅酸钠除了降低硅表面张力，促进氢气泡的释放外，还能够增加溶液的黏稠度，减弱 NaOH 溶液对硅片的腐蚀力度，增强腐蚀的各向异性。使用硅酸钠时要注意含量适中，先用 100% 的浓盐酸滴定硅酸钠。若滴定一段时间后出现少量絮状物，说明硅酸钠含量适中；若滴定开始就出现一团胶状固体且随滴定的进行变多，说明硅酸钠过量。

表面活性剂的加入可以改善制绒液与硅片表面的润湿性，且制绒添加剂对腐蚀液中 OH^- 离子从腐蚀液向反应界面的运输过程具有缓冲作用，使得大批量腐蚀加工单晶硅金字塔绒面时，溶液中 NaOH 含量具有较宽的工艺范围，有利于提高产品工艺加工质量的稳定性。通常选择非离子表面活性剂，降低溶液的表面张力，让制绒反应更均匀，使硅片生成细密、均匀的金字塔，这样可以减少常规有机溶剂（IPA、无水乙醇等）的用量，减少溶剂挥发所造成的作业环境污染和废水处理费用，降低生产成本。

② HF 和 HNO_3。HF 为无色透明至淡黄色冒烟的液体，有刺激性气味，具有弱酸性，腐蚀性强。对牙齿、骨骼损害较严重，对皮肤有强烈的腐蚀作用。少量接触立即用水清洗，若大量接触先擦拭干净后用大量的水冲洗。在绒面制备中主要起到腐蚀作用，能够去除硅的氧化物，增加疏水性，使硅片更易脱水。

HNO_3 为无色透明液体，具有强氧化性和强腐蚀性，有窒息性刺激气味，在空气中冒烟，见光易分解成 NO_2 而显棕色。在制绒过程中能够与硅反应形成 SiO_2，对硅进行氧化，结合 HF 的腐蚀作用能够有效地对硅表面进行刻蚀。

③ KOH 和盐酸。KOH 为白色晶体，有强烈的腐蚀性，有吸水性，可用作干燥剂，溶于水时放出大量的热量。在制绒工艺中，KOH 主要用于去除多孔硅。

盐酸是无色液体，为氯化氢的水溶液，具有刺激性气味。盐酸具有强酸性，能够溶解许多金属（金属活动性排在氢之前的），生成金属氯化物与氢气。盐酸还具有配位性，部分金属化合物溶于盐酸后，会与氯离子进行络合。制绒过程中使用盐酸就是为了利用其酸和络合剂的双重作用去除硅片表面的金属杂质。

（2）制绒设备

常用的单晶制绒设备主要为槽式制绒设备，分为制绒槽、水洗槽、喷淋槽、酸洗槽等。可根据不同清洗工艺配置相应的清洗单元，即清洗功能单元模块化，各部分有独立的控制单元，可随意组合，结构紧凑，占地面积小，操作符合人机工程原理。

图 11-8 为多晶硅制绒设备，此设备采用链式制绒，槽体根据功能分为入料段、湿法刻蚀段、水洗段、碱洗段、酸洗段、溢流水洗段、吹干槽和出料段。图 11-9 为多晶硅制绒的

上料段和下料段。所有槽体的功能控制在操作电脑中完成，有效减少了化学药品使用量，是高扩展性模块化制程线。设备拥有完善的过程监控系统和可视化操作界面，优化流程，降低了人员劳动强度，通过高可靠进程降低碎片率，采用自动补充耗料实现稳定过程控制。

图 11-8　多晶硅制绒设备

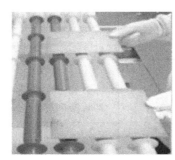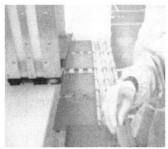

图 11-9　多晶硅制绒的上料段和下料段

11.1.2.3　表面制绒的工艺流程

硅片表面处理的目的是去除硅片表面的机械损伤层，清除表面油污和金属杂质，形成起伏不平的绒面，增加硅片对太阳光的吸收。硅锭切割过程中产生非晶质层、多晶层、弹性畸变层、微裂纹、位错、残余应力、表面缺陷等，使用碱溶液对硅片进行腐蚀从而去除硅片的损伤层以及其他杂质。

硅片表面沾污主要来源于有机物沾污、碳沾污、润滑剂的黏污等。如果润滑剂过黏，会出现无法有效进入刀口的现象，如润滑剂过稀则冷却效果不好。这些润滑剂在高温下有可能碳化黏附在硅片表面。硅片经过热碱处理后暴露在空气中，时间过长会与空气中的氧反应形成一层氧化层，这层氧化层一旦形成就很难再清洗下去。因此，在碱清洗后不能在空气中暴露 12s 以上。表面油脂沾污结果会造成减缓去损伤层的量，无法形成织构化的核，导致表面织构化无法形成。因此，需要加强制绒前硅片表面的处理，包括表面的清洗及去除损伤层。油脂可以用有机溶剂加超声清洗去除或采用 RCA 工艺清洗。通常工业中制绒采用湿法工艺，对于单晶和多晶分别采用碱腐蚀和酸腐蚀。

单晶硅碱腐蚀制绒的工序流程及参数见图 11-10 和表 11-1。硅的各向异性腐蚀液通常用热的碱性溶液，可用的碱有氢氧化钠、氢氧化钾、氢氧化锂和乙二胺等。大多使用廉价的浓度约为 1% 的氢氧化钠稀溶液来制备绒面硅，腐蚀温度为 70～85℃。为了获得均匀的绒面，还应在溶液中酌量添加醇类如乙醇和异丙醇等作为络合剂以加快硅的腐蚀。制备绒面前，硅片须先进行初步表面腐蚀，用碱性或酸性腐蚀液蚀去约 $20\sim25\mu m$，然后再进行腐蚀绒面及化学清洗。进入制绒车间要注意佩戴好防酸碱手套、围裙、口罩等，禁止裸手接触硅片。硅片甩干后要保持硅片表面干燥，及时将甩干后的硅片送入扩散车间，滞留时间不超过 1h。

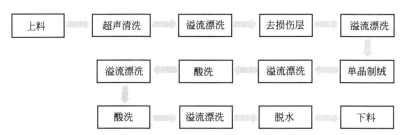

图 11-10　单晶硅碱腐蚀制绒的工序流程

表 11-1　单晶硅碱腐蚀制绒的工序参数

序号	工序	处理液	温度	时间	浓度	消耗量 (140L)	补液	换液 周期
1	超声清洗	DI 水	65℃	5min	—	—	—	一班一换
2	溢流漂洗	DI 水	RT	7.5min	—	—	—	—
3	溢流漂洗	DI 水	RT	7.5min	—	—	—	—
4	去损伤层	NaOH	85℃	0.5min	12.5%(质量)NaOH	20kg NaOH	10 批补 NaOH 500g	一班一换
5	溢流漂洗	DI 水	RT	7.5min	—	—	—	—
6	单晶制绒	碱液	80℃	20~35min	1%(质量)NaOH +0.2%(质量) Na_2SiO_3+5% (体积)IPA	1.7kg NaOH、 350g Na_2SiO_3 IPA4L	每批补 NaOH 200g IPA1.5L	10~12 批换液
7								
8	溢流漂洗	DI 水	RT	7.5min	—	—	—	—
9	单晶制绒	碱液	80℃	20~35min	1%(质量)NaOH +0.2%(质量) Na_2SiO_3+5% (体积)IPA	1.7kg NaOH、 350g Na_2SiO_3 IPA4L	每批补 NaOH 200g IPA1.5L	10~12 批换液
10								
11	溢流漂洗	DI 水	RT	7.5min	—	—	—	—
12	溢流漂洗	DI 水	RT	7.5min	—	—	—	—
13	纯水锁	DI 水	RT	7.5min	—	—	—	—
14	HCl 处理	HCl	55℃	8min	HCl：H_2O=1∶5	20L HCl	—	一班一换
15	溢流漂洗	DI 水	RT	7.5min	—	—	—	—
16	HF 处理	HF	RT	3min	5%~10% (体积)HF	7~14L HF	—	一班一换
17	溢流漂洗	DI 水	RT	7.5min	—	—	—	—
18	溢流漂洗	DI 水	RT	7.5min	—	—	—	—
19	溢流漂洗	DI 水	RT	7.5min	—	—	—	—

HCl 清洗是为了中和残留在硅片表面的碱液。利用盐酸具有酸和络合剂的双重作用，

光伏硅晶体材料的制备、表征及应用技术

与 Pt^{2+}、Au^{3+}、Ag^+、Cu^+、Cd^{2+}、Hg^{2+} 等金属离子形成可溶于水的络合物，达到去除硅片表面的金属杂质的目的。HF 清洗是为了去除前清洗中硅片表面产生的 SiO_2 层，获得更好的疏水面。

多晶硅碱腐蚀以 Schmid 设备清洗为例，图 11-11 为 Schmid 设备清洗模组，其工艺过程按照设备工作区域可分为 M1～M9 共 9 个模组，流程为硅片装载、制绒、清洗、中和抛光、清洗、化学疏水、清洗、烘干及硅片卸载。

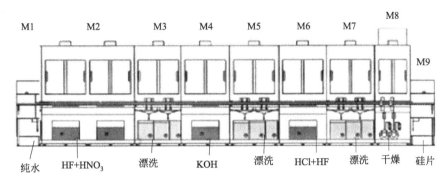

图 11-11　Schmid 设备清洗模组

M2 工序用制成的 HF-HNO$_3$ 药液沉浸硅片进行硅片刻蚀。硅片沉浸在酸溶液浴槽里，表面刻蚀掉约 $1\mu m$。运行速度、药液温度和药液配比均会影响此工序的效果。M3 清洗硅片的作用是停止 M2 模组的硅片和酸液的反应，清洗硅片表面，去除杂质和硅片表面残留的酸液，防止药液带入 M4 模组。M4 用 KOH 药液沉浸硅片，作用是中和片子表面残留的酸液，进行多孔硅表面处理和抛光。HNO_3 和 HF 腐蚀液腐蚀硅片，形成多孔硅层。多孔硅可以作为杂质原子的吸杂中心，提高光生载流子的寿命并且具有极低的反射系数。多孔硅结构松散、不稳定且具有高电阻和高的表面复合率，不利于 P-N 结的形成和印刷电极，可以用稀释的 KOH 溶液去除多孔硅膜。去除多孔硅膜后还要使用酸液中和多余的碱液，防止钾离子对电池性能造成影响。此工序的影响因素有温度和 KOH 溶液浓度。M6 是硅片在 HF 和 HCl 溶液中进行疏水处理，作用是中和片子表面残留的碱液。HCl 具有酸和络合剂的双重作用，氯离子能与 Au^{3+}、Ag^+、Cu^+、Hg^{2+} 等金属离子形成可溶于水的络合物，去除硅片表面金属杂质。HF 调节疏水性，去除硅片表面氧化层。M8 是硅片的干燥，通过两台空气压缩泵，经过粗过滤和细过滤两次过滤后送到两组风刀中对硅片进行烘干，空气最终温度可达到 40℃。此工序是气体分子之间的距离由小变大的过程，即散热的过程。

多晶制绒的影响因素主要有温度、硝酸浓度及添加剂。温度对氧化反应的影响比较大，对扩散及溶解反应的影响比较小。温度升高，反应速度常数会增大，物质传输速度也增大。水的加入主要降低了硝酸的浓度，减小了酸液对硅片的氧化能力。硫酸能提高溶液黏度，不参加腐蚀反应，但可以用以稳定反应速度，增加腐蚀均匀性。Rena 刻蚀设备加硫酸，而 Kuttler 设备不加此工序。制绒要控制好工艺，得到合适的绒面深度。如果制绒较深，会引起并联电阻减小，反向电流增大，甚至击穿。但是制绒较浅，会影响减反射效果。一般深度以 $3\sim5\mu m$ 为宜。

需要注意的是多晶硅制绒反应的发生点为晶体表面的缺陷点，如果过分完整的表面会无法制绒。另外，酸性溶剂在表面如遇空气很容易干燥形成氧化层的着色现象，一旦着色很难再行清除。因此，要保证多晶硅在酸洗之后还未经清水漂洗之前出水不应长于 8s，最好使用在线式连续清洗。酸性溶剂的浓度对于腐蚀速度的控制具有决定意义，应严格控制酸性溶剂的温度。

制绒过程中经常会遇到一些问题，其原因及解决方法列入表11-2供参考。

表 11-2　制绒过程中常见问题及解决方法

类别	现象	原因	解决方法
单晶制绒	白斑	绒面没有制满	延长制绒时间，增加 NaOH
	小雨点	H_2 没有及时脱离硅片表面	增加 IPA
	水痕	硅酸钠含量过大	重新配槽、改善喷淋
	手指印	脂肪酸玷污	规范生产操作手法
多晶制绒	黑绒	反应过于剧烈	增加 2♯槽 HNO_3
	表面发亮	反应过多	增加 2♯槽 HF
	扩散后发蓝	没有完全吹干	改善吹风，增加 6♯槽 HF 含量
	减重不在范围内	反应速度过快或过慢	手动添加 2♯槽的药液含量

11.1.2.4　绒面测试

清洗制绒后硅片需要进行检测，主要测试项目为表面形貌、反射率和减薄量。表面形貌主要通过金相显微镜和扫描电子显微镜直接观察。图 11-12 为单晶、多晶绒面的扫描电子显微镜照片，从图中可以看出单晶绒面为典型的金字塔结构，而多晶绒面为蠕虫状细坑。

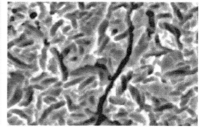

图 11-12　单晶、多晶绒面的扫描电子显微镜照片

绒面减薄量所用仪器为电子天平，减薄量标准是单晶 0.3g 左右，多晶 0.4g 左右。反射率采用标准 8 度角绒面积分式反射仪（D8）。标准 8 度角积分式反射仪又称积分式反射仪、绒面反射率仪和制绒反射率测试仪，其原理是通过漫反射激发电池片，然后通过 8 度角采用光谱仪检测，其结构主要包括光源模组、光谱仪、CCD 检测器、样品台、控制系统和整合积分球。一般在保持硅片减薄量的前提下，反射率越低越好，单晶不能大于 10%，多晶不能大于 15%。

11.1.2.5　黑硅技术

"黑硅"是美国研究发现的一种能大幅提高光电转换效率的新型电子材料。美国哈佛大学物理实验室 Eric Mazur 教授采用超短波、高强度激光脉冲扫描普通的硅片，经过 500 次脉冲扫描后，用肉眼观看硅片表面呈黑色，Eric Mazur 教授将这种物质命名"黑硅"。所谓黑硅电池，指的就是电池片外观呈黑色或近于黑色的微纳米绒面结构电池，主要是由表面反射大量减少造成的。

常规的黑硅电池工艺和商业化晶硅太阳能电池工艺是十分接近的，其主要工艺流程包括黑硅制备（相当于制绒工序）、扩散制结、黑硅发射结钝化、电极丝网印刷、共烧结等工序。其中，扩散制结、电极丝网印刷、共烧结工艺和商业化的晶硅电池扩散工艺是相同的，主要区别在于制绒工序。目前黑硅制绒具有代表性的制备方法有飞秒激光法、反应离子刻蚀 RIE、电化学腐蚀法和金属诱导化学腐蚀法，其中反应离子刻蚀 RIE（干法）和金属诱导化学腐蚀法（湿法）为主流技术。干法黑硅属于单面制备，受设备参数影响较大；湿法黑硅为两面制备，受硅片质量及工艺条件影响较大。

（1）飞秒激光法

在制备黑硅的过程中，飞秒激光器产生的激光脉冲通过一系列的光学装置被聚焦到硅片表面，腔室内的气氛为 SF_6，在激光脉冲的作用下 SF_6 被电离出 F 离子，会与硅片反应生成极易挥发的基团，如 SiF_2 和 SiF_4。硅片表面被 F 离子不断的刻蚀，从而形成黑硅结构。但是，该方法制备黑硅所需的设备十分昂贵，而且由于该方法中功率密度极高，很容易对衬底硅片造成破坏。虽然第一片黑硅是由飞秒激光法制备的，但由于其设备昂贵，现在还未在光伏领域有所应用，不过在军用光电探测器方面已有初步应用。

（2）反应离子刻蚀法 RIE

反应离子刻蚀法分为掩膜法和无掩膜法两种。掩膜法一般用于刻蚀硅材料的反应气体为 SF_6，为了得到硅表面陷光结构，必须在硅衬底表面制备掩膜，有掩膜的区域不会被刻蚀，而无掩膜的区域则会与 SF_6 电离出的 F 离子反应并被去除。无掩膜法在刻蚀的过程中通入 SF_6 和 O_2，离化后的 O 会与硅表面反应形成 SiO_2 层，由于 SF_6 电离后形成的 F^- 对 SiO_2 的刻蚀速度≪F^- 对 Si 的刻蚀速度，因此 SiO_2 就起了掩膜的作用。

（3）电化学腐蚀法

电化学腐蚀硅片过程中可以通过调节腐蚀电流密度来控制孔洞大小及形貌，且腐蚀电流密度有一个临界值，这一临界值与硅片的掺杂类型、掺杂浓度以及腐蚀液配比和腐蚀液的浓度等因素有关。当电化学腐蚀的电流密度低于该临界值时，硅片表面可腐蚀形成多孔硅；当电化学腐蚀电流密度高于该临界值时，硅片表面并不会形成多孔硅，此时硅片发生电化学抛光，原先的多孔硅层也会被腐蚀去除。

在多孔硅形成过程中，每反应一个 Si 原子就会有两个氢原子以氢气形式释放。随着腐蚀电流密度越来越接近临界电流值，产生的氢气逐渐减少，如果氢气的产生停止，那么就开始发生电化学抛光。一般情况下，多孔硅形成过程中硅片在 HF 酸溶液发生的化学反应如下：

$$Si + 6HF \longrightarrow H_2SiF_6 + H_2 + 2H^+ + 2e^-$$

电化学腐蚀法形成的黑硅由于多孔硅的孔径太小，与后续钝化和合金化工艺不兼容，不适用于太阳电池的制备。

（4）金属诱导湿法黑硅技术

湿法黑硅技术已经可以实现大规模产业化，它采用 Au、Ag 等贵金属粒子随机附着在硅片表面，反应中金属粒子作为阴极、硅作为阳极，同时在硅表面构成微电化学反应通道，在金属粒子下方快速刻蚀硅基底形成纳米结构。与常规的多晶电池相比，湿法黑硅电池不同之处在制绒这一工序，如图 11-13 所示。由于同样采用湿法化学腐蚀工艺，与现有的常规电池工艺能很好地兼容。

金属辅助化学腐蚀法腐蚀 Si 的具体反应过程有五个：首先在贵金属的催化作用下，腐蚀液中的氧化剂（如 H_2O_2）优先在贵金属表面被还原；由于氧化剂被还原所产生的空穴通过贵金属扩散并注入到与贵金属接触的 Si 中致使其被氧化成 SiO_2；HF 沿着 Si 和贵金属的

界面处将 SiO_2 去除，生成的副产物又沿着 Si 和贵金属的界面处扩散到溶液中；在 Si 和贵金属界面处的空穴浓度是有上限的，因此和贵金属接触的 Si 被腐蚀的速度远大于没有和贵金属接触的 Si 的腐蚀速度；当 Si 和贵金属界面处的空穴的消耗速度比此处的空穴注入速度小时，在贵金属底部的空穴将会扩散到没有贵金属的区域或者腐蚀孔壁上，导致这部分区域也会被腐蚀或形成微孔硅结构。

黑硅的产业化主要存在两个问题：第一个是黑硅结构的表面钝化。黑硅结构尺寸较小，间距为 100nm 左右，后续 PECVD 法沉积的 SiN_x 薄膜很难完全覆盖底部，从而在结构底部会形成裸硅表面，会增加载流子表面复合，造成电池效率下降。第二个问题是辅助金属的回收利用。湿法黑硅中采用的辅助金属都是贵金属，如 Ag、Au、Pt，现在产业化试生产中用的是 Ag。虽然用量不是

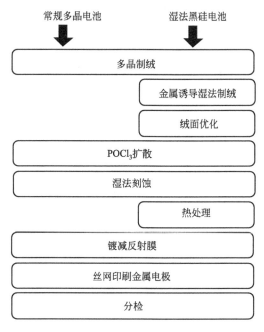

图 11-13　常规多晶电池与湿法黑硅电池制绒工艺比较

非常大，但毕竟是贵金属，占据了一定的制备成本，如能回收利用便可进一步降低生产成本。

11.1.3　扩散制结

11.1.3.1　扩散的基本原理

扩散理论主要从以下两个方面发展，即 Fick 扩散方程的连续性理论和涉及到点缺陷、空位和填隙原子以及杂质原子间相互作用的原子理论。连续性理论是根据具有适当的扩散系数的 Fick 方程的解来描述扩散现象。掺杂元素的扩散系数可以根据表面浓度、结深或浓度分布等实验测试和 Fick 方程的解来确定。杂质浓度不高时，测得的扩散分布性能良好且与扩散系数为常数的 Fick 方程相符合。杂质浓度较高时，扩散浓度与简单扩散理论所预言的结果有偏离，且杂质扩散还受简单 Fick 扩散定律未考虑在内的其他因素的影响。因为扩散分布的测量揭示出扩散效应对浓度依赖性，所以高浓度扩散必须应用与浓度有关的 Fick 扩散方程。与浓度有关的扩散系数由 Boltzman-Matano 分析或其他的解析式决定。基于缺陷-杂质相互作用的原子扩散模型用来解释与浓度有依赖关系的扩散系数和包括快速热处理（RTP）、快速热扩散（RTD）过程的其他反常扩散所得到的实验结果。

高温下，单晶固体中会产生空位和填隙原子之类的点缺陷。当存在主原子或杂质原子的浓度梯度时，点缺陷会影响原子的运动。在固体中的扩散能够被看成为扩散物质借助于空位或自身填隙在晶格中的原子运动。在高温情况下，晶格原子在其平衡晶格位置附近振动。当某一晶格原子偶然地获得足够的能量而离开晶格位置，成为一个间隙原子同时产生一个空位。当邻近的原子向空位迁移时，这种机理称为空位扩散。假如间隙原子从一处移向另一处而并不占据晶格位置，则称为填隙扩散。一个比主原子小的原子通常做间隙式运动。间隙原子扩散所需的激活能比那些按空位机理扩散的原子所需的激活能要低。采用统计热力学的方

光伏硅晶体材料的制备、表征及应用技术

法能估算给定晶体的点缺陷的浓度和激活能并发展其扩散理论。例如，硅Ⅲ和Ⅴ族元素通常认为是空位机理占优势的扩散。Ⅰ和Ⅷ族元素的离子半径不大，在硅中都能快速扩散，通常认为是间隙机理扩散。

杂质浓度和位错密度都不高时，杂质扩散可以唯像地用扩散系数恒定的 Fick 定律来描述。

（1）一维 Fick 扩散方程

1855 年 Fick 发表了扩散理论，假定在无对流液体稀释溶液内，按一维流动形式，每单位面积内的溶质传输可由如下方程描述：

$$J = -D \frac{\partial N(x,t)}{\partial t} \tag{11-1}$$

式中，J 为单位面积的溶质的传输速率或扩散通量；N 为溶质的浓度。假定 N 仅仅是 x 和 t 的函数，x 是溶质流动方向的坐标，t 是扩散时间，D 是扩散系数。公式（11-1）为 Fick 扩散第一定律，表明扩散物质按溶质浓度减少的方向及浓度梯度的负方向流动。

根据质量守恒定律，溶质浓度随时间的变化必须与扩散通量随位置的变化一样，即：

$$\frac{\partial N(x,t)}{\partial t} = -\frac{\partial J(x,t)}{\partial x} \tag{11-2}$$

将公式（11-1）代入式（11-2），得到一维形式的 Fick 第二定律：

$$\frac{\partial N(x,t)}{\partial t} = -\frac{\partial}{\partial x}\left[D \frac{\partial N(x,t)}{\partial x}\right] \tag{11-3}$$

溶质浓度不高时，扩散系数可以认为是常数，式（11-3）便成为：

$$\frac{\partial N(x,t)}{\partial t} = D \frac{\partial^2 N(x,t)}{\partial x^2} \tag{11-4}$$

为简单的 Fick 扩散方程。

（2）恒定扩散系数

硅晶体中形成结的杂质扩散可以在两种条件下进行，一种是恒定表面浓度条件，另一种是恒定掺杂剂总量条件。恒定表面浓度扩散指的是在整个扩散过程中，硅表面及表面以外的扩散掺杂剂浓度保持不变。$t=0$ 时初始条件为 $N(x,t)=0$，边界条件为 $N(x,t)=N_S$ 和 $N(x,t)=0$，方程式（11-4）满足初始条件和边界条件的解为：

$$N(x,t) = N_S erf \frac{x}{2\sqrt{Dt}} \tag{11-5}$$

式中，N_S 为恒定的表面浓度；D 为恒定的扩散系数；x 为位置坐标；t 为扩散时间；erf 为误差函数符号。扩散物质浓度等于基体浓度的位置，定义为扩散结 x_j。假定扩散层的导电类型与基体的导电类型相反，在误差函数分布曲线图上，可以方便地表示出扩散掺杂的分布和 P-N 结附近基体掺杂的分布。

假定在硅片表面上以固定（恒定）的单位面积掺杂剂总量为 Q，淀积一薄层掺杂剂并向硅里扩散。基体具有相反导电类型的掺杂浓度 N_b（原子/cm³）。初始条件为 $N(x,t)=0$，边界条件为 $\int_0^x N(x,t)\mathrm{d}x = Q$ 和 $N(x,\infty)=0$，令 $x=0$ 得到表面浓度：

$$N_S = N(0,t) = \frac{Q}{\sqrt{\pi Dt}} \tag{11-6}$$

则满足条件初始和边界条件的方程（11-4）的解为：

$$N(x,t) = \frac{Q}{\sqrt{\pi Dt}} \exp\left(-\frac{x^2}{4Dt}\right)$$

称为高斯分布，相应的扩散条件叫做预淀积扩散。

实际生产中所采用的扩散方法往往是上述两种扩散方式的结合，即两步扩散工艺。两步扩散工艺指的是先预扩散或预沉积，采用恒定表面源扩散方式。扩散温度低、时间短，因而扩散的很浅，可以认为杂质沉积在一薄层上，目的是为了控制杂质总量，杂质按误差函数分布；第二步为主扩散或再分布，将由预扩散引入的杂质作为扩散源，在高温条件下进行扩散。目的是为了控制表面浓度和扩散深度，杂质按高斯函数形式分布。在太阳电池制造工艺中通常为浅结扩散，一般采用预扩散。但是在后续高温处理工序中，会产生再分布效应。氧化气氛中再分布扩散方程涉及到可动边界问题，求解很难。

（3）扩散系数与温度的关系

在整个扩散温度范围内，实验测量得的扩散系数可以表示为：

$$D = D_0 \exp\left(-\frac{E}{kT}\right) \tag{11-7}$$

式中，D_0 为本征扩散系数，形式上等于扩散温度趋于无穷大时的扩散系数。根据原子扩散理论，本征扩散系数与原子跃迁频率或晶格振动频率及杂质、缺陷或缺陷-杂质对的跃迁距离有关。在扩散温度范围内，D_0 常常可以认为与温度无关；E 是扩散激活能，它与缺陷杂质复合体的动能和生成能有关；T 是温度；k 是玻耳兹曼常数。在金属和硅中某些遵循简单空位扩散模型的元素其扩散激活能 E 在 $3\sim4\mathrm{eV}$ 之间，而间隙扩散模型的 E 则在 $0.6\sim1.2\mathrm{eV}$ 之间。因此，利用作为温度函数的扩散系数的测量，可以确定某种杂质在硅中的扩散是间隙机理或是空位机理占优势。对于快扩散物质来说，实测的激活能一般小于 $2\mathrm{eV}$，其扩散机理可以认为与间隙原子的运动有关。

11.1.3.2　扩散参数

在太阳电池生产中，对扩散层的表面浓度有一定的要求。实践中，表面浓度可以通过测量扩散层的结深和方块电阻，然后计算得出。

（1）扩散结深

扩散结深就是 P-N 结所在的几何位置，也即扩散杂质浓度与低杂质浓度相等的位置到硅片表面的距离，用 x_j 来表示。结深 x_j 可以表示为：

$$x_\mathrm{j} = A\sqrt{Dt} \tag{11-8}$$

式中，A 为一个与 N_S、N_B 有关的常数。对应不同的杂质浓度分布函数，其表达式也不同。对于误差函数分布

$$A = 2erf^{-1}\frac{N_\mathrm{B}}{N_\mathrm{S}} \tag{11-9}$$

对于高斯函数分布

$$A = 2\left(\ln\frac{N_\mathrm{S}}{N_\mathrm{B}}\right)^{\frac{1}{2}} \tag{11-10}$$

式(11-9) 中，erf^{-1} 称为反误差函数；ln 为自然对数。在通常的工艺范围，$N_\mathrm{S}/N_\mathrm{B}$ 在 $10^2\sim10^7$ 范围时，可以查工艺图表确定。

（2）扩散层的方块电阻

扩散层的方块电阻又叫做薄层电阻，用 R_S 或 $R_\square$ 来表示，表示表面为正方形的扩散薄层，在电流方向上所呈现出来的电阻。由电阻公式

光伏硅晶体材料的制备、表征及应用技术

$$R = \rho \frac{L}{S} \tag{11-11}$$

可知，薄层电阻表达式可以写成：

$$R_{\mathrm{S}} = \bar{\rho} \frac{L}{x_{\mathrm{j}} L} = \frac{\bar{\rho}}{x_{\mathrm{j}}} = \frac{1}{x_{\mathrm{j}} \bar{\sigma}} \tag{11-12}$$

式中，$\bar{\rho}$ 和 $\bar{\sigma}$ 分别为扩散薄层的平均电阻率和平均电导率。由公式可以看出，薄层电阻的大小与薄层的长短无关，而与薄层的平均电导率成反比，与薄层厚度，即结深 x_{j} 成反比。为了表示薄层电阻不同于一般的电阻，其单位用（欧姆/方块）或 $\Omega/\square$ 表示。

在杂质均匀分布的半导体中，假设在室温下杂质已经全部电离，则半导体中多数载流子浓度就可以用净杂质浓度来表示。对于扩散薄层来说，在扩散方向上各处的杂质浓度是不相同的，载流子迁移率也是不同的。但是当使用平均值概念时，扩散薄层的平均电阻率与平均杂质浓度 $N(x)$ 应该有关系：

$$\bar{\rho} = \frac{1}{qN(x)\mu} \tag{11-13}$$

式中，q 为电子电荷电量；$N(x)$ 为平均杂质浓度；μ 为平均迁移率。代入电阻表达式，可以得到：

$$R_{\mathrm{S}} = \frac{\bar{\rho}}{x_{\mathrm{j}}} = \frac{1}{q\bar{N}(x)\bar{\mu}x_{\mathrm{j}}} \approx \frac{1}{q\mu Q} \tag{11-14}$$

式中，Q 为单位面积扩散层内的掺杂剂总量。由式(11-13)可以看到，薄层电阻与单位面积扩散层内的净杂质总量 Q 成反比，因此 R_{S} 的数值直接反映了扩散后在硅片内的杂质量的多少。

（3）扩散层的表面杂质浓度

表面杂质浓度是半导体器件的一个重要结构参数。在太阳电池的设计、制造过程中，或者在分析器件特性时，经常会用到它。采用现代仪器分析技术可以直接测量它，但是测量过程比较麻烦，费用价格昂贵。因此在生产实践中，通常采用工程图解法和计算法间接得到表面杂质浓度的数值。

11.1.3.3　扩散方法和工艺条件的选择

在半导体生产中，影响扩散层质量的因素很多，例如 N_2 流量及时间、工艺温度、源温、炉内气压和排风等，而这些因素之间又都存在着相互影响关系。温度和时间一定的情况下，源流量越大会使表面浓度越大，但是沉积在硅片表面的杂质源达到固溶度时，将对 N 型区域的磷浓度改变影响不大。工艺温度会影响杂质在硅中的固溶度，从而影响表面掺杂浓度；时间一定的情况下，温度越高结深越深，扩散温度和扩散时间对扩散结深影响较大。源温的变化会影响源气的挥发量，使带入炉管的杂质总量发生变化。炉管内的气压会影响到气体的反应速度和反应生成物的沉积，排风不畅，会使掺杂气体不能及时排出，集中在炉管之内，使掺杂电阻大小、均匀性变化。只有全面地正确分析各种因素的作用和相互影响，才能使所选择的工艺条件真正达到预期的目的。扩散条件的选择主要是杂质源、扩散温度和扩散时间三个方面。选择这些条件应遵循以下原则：能否达到结构参数及质量要求、能否易于控制、均匀性和重复是否好、对操作人员及环境有无毒害以及有无好的经济效益。

（1）扩散杂质源的选择

从杂质源的组成来看，有单质元素、化合物和混合物等多种形式；从杂质源的形态来看，有固态、液态和气态多种形式。选取什么种类的杂质源是根据器件的制造方法和结构参数的要求来确定的。杂质的导电类型要与衬底导电类型相反，应选择容易获得高纯度、高蒸汽压且使用周期长的杂质源。杂质在半导体中的固溶度要大于所需要的表面杂质浓度。尽量使用毒性小的杂质源。选择杂质源一定要慎重。

（2）扩散温度和时间的选择

扩散温度和时间是平面器件制造工艺中的两个重要的工艺条件，它们直接决定着扩散分布结果。因此，能否正确地选择扩散温度和扩散时间是扩散的结果能否满足要求的关键。由于扩散的目的是形成一定的杂质分布，使器件具有合理的表面浓度和结深。因此，如何保证扩散层的表面浓度和结深符合设计要求，就成为选择扩散温度和时间的重要依据。选择扩散温度时，尽量在所选的温度附近，杂质的固溶度、扩散系数和杂质源的分解速度随温度的变化小些。这样，可以减小扩散过程中温度波动对扩散结果的影响。在扩散过程中常常先初步选定扩散温度和扩散时间进行投片试验，看看扩散结果是否符合要求。然后再根据投片试验的结果对扩散条件作适当的修正，就能确定出合适的扩散温度和扩散时间。

11.1.3.4 扩散工艺

太阳能电池需要一个大面积的 P-N 结以实现光能到电能的转换，而扩散炉即为制造太阳能电池 P-N 结的专用设备。管式扩散炉主要由石英舟的上下载部分、废气室、炉体部分和气柜部分等四大部分组成。扩散一般用三氯氧磷液态源作为扩散源。把 P 型硅片放在管式扩散炉的石英容器内，在 $850\sim900℃$ 高温下使用氮气将三氯氧磷带入石英容器，通过三氯氧磷和硅片进行反应得到磷原子。经过一定时间，磷原子从四周进入硅片的表面层且通过硅原子之间的空隙向硅片内部渗透扩散，形成了 N 型半导体和 P 型半导体的交界面，也就是 P-N 结。这种方法制出的 P-N 结均匀性好，方块电阻的不均匀性小于百分之十，少子寿命可大于 $10\mu s$。制造 P-N 结是太阳电池生产最基本也是最关键的工序，因为正是 P-N 结的形成，才使电子和空穴在流动后不再回到原处，这样就形成了电流。

常用的太阳能电池制结的方法为热扩散法。生产实践中习惯以杂质源类型的不同来命名扩散方法，例如 $POCl_3$ 液态源磷扩散、氮化硼固态源扩散等。以太阳电池制造工艺采用的磷扩散方法为例。

（1）$POCl_3$ 液态源磷扩散

$POCl_3$ 是目前磷扩散用得较多的一种杂质源，为无色透明液体，具有刺激性气味，如果纯度不高则呈红黄色。比重为 1.67，熔点 2℃，沸点 107℃，在潮湿空气中发烟。$POCl_3$ 很容易发生水解，极易挥发。在潮湿的空气中，因水解产生酸雾，水解生的 HCl 溶于源中会使源变成淡黄色，此时须换源。工艺生成物 HPO_3 是一种白色黏滞性液体，对硅片有腐蚀作用并会使石英舟粘在管道上不易拉出。升温下与水接触会反应释放出腐蚀有毒易燃气体。

$POCl_3$ 液态源扩散方法具有生产效率较高，得到 P-N 结均匀、平整和扩散层表面良好等优点，这对于制作具有大面积结的太阳电池是非常重要的。其过程是用保护性气体通过恒温的液态源瓶，经过鼓泡或吹过表面，把杂质源蒸汽带入高温扩散炉中，经高温热分解同硅片表面反应，还原出杂质原子，并向硅片内扩散。

$POCl_3$ 在常温时就有很高的饱和蒸汽压，对制作高表面浓度的发射区扩散很适用。它在 600℃ 以上发生热分解，生成 PCl_5 和 P_2O_5。PCl_5 是一种难于分解的物质，如果它附着在硅片和扩散炉石英管表面会腐蚀硅片和石英管。因此在扩散时，要尽量消除 PCl_5 的产生。

$POCl_3$ 热分解时，如果没有外来的 O_2 参与其分解是不充分的，生成的 PCl_5 是不易分解的，并且对硅有腐蚀作用，破坏硅片的表面状态。但在有外来 O_2 存在的情况下，PCl_5 会进一步氧化分解成 P_2O_5 和 Cl_2。与扩散过程相关的化学反应方程式如下：

$$5POCl_3 \xrightarrow{600℃以上} 3PCl_5 + P_2O_5$$

$$4PCl_4 \xrightarrow{\triangle} 2P_2O_5 + 10Cl_2$$

$$2P_2O_5 + 5Si \xrightarrow{900℃以上} 5SiO_2 + 4P$$

所生成的磷原子扩散进入硅内部，形成 N 型杂质分布。产生的氯气随尾气排出，经过液封瓶吸收后再放空进入大气中。由此可见，在磷扩散时，为了促使 $POCl_3$ 充分的分解和避免 PCl_5 对硅片表面的腐蚀作用，必须在通 N_2 的同时通入一定流量的氧气。

多晶 $POCl_3$ 扩散的一般步骤为升温→（氧化）→预沉积→再分布→（氧化）→（吸杂）。升温过程指的是将炉管内温度升到工艺需要的温度。氧化是为了减少死层影响，提高表面钝化。透过氧化层进行扩散，可以减少高浓度浅结扩散中造成的晶格损伤，减少"死层"的影响，使电池的短波响应提高，使得 V_{OC} 和 I_{SC} 提高，提高效率。由于硼、磷、砷、锑等杂质在 SiO_2 中的扩散速度比在硅中慢得多，所以这些杂质可以利用一定厚度的二氧化硅膜作为扩散时的掩蔽膜，此原理可以用来设计 SE 电池。影响氧化的因素有衬底掺杂杂质浓度、压力、温度、氧化方式和原有氧化层厚度。杂质会增强氧化速率；压力增大、温度升高，氧化速率增大；氧化方式不一样，速率也会有差异，如湿氧氧化比干氧氧化快得多；氧化所需要的氧需要穿透先前生长的氧化层才能到达硅表面与硅反应形成 SiO_2，因此原有氧化层厚度也是影响氧化的因素。

用扩散工艺制作太阳能电池的 P-N 结时需要进行两步扩散，即预沉淀和再分布。预沉积是在硅片表面进行杂质的沉积，再分布是表面沉积的杂质向硅片内部扩散。这两种扩散方式的不同之处在于扩散表面源不同。前者属于恒定表面源扩散，后者属于限定表面源扩散，扩散后杂质在硅片中的分布不同。恒定表面浓度扩散的特点是在整个扩散过程中，硅片表面始终暴露在具有恒定而均匀的杂质源的气氛中。硅片表面杂质浓度始终不变，它与时间无关，只与扩散的杂质和扩散的温度有关。硅片内部的杂质浓度则随时间增加而增加、随距离增加而减少。限定源扩散的特点是在整个扩散过程中，硅片内的杂质总量保持不变，没有外来杂质补充，只依靠扩散前在硅片表面上已淀积的那一薄层内有限数量的杂质原子，向硅片体内扩散。随着扩散时间的增长，表面杂质浓度不断下降，并不断地向内部推进扩散，这时表面杂质深度发生了变化。

$POCl_3$ 液态源磷扩散的具体工艺流程如图 11-14 所示，扩散工艺参数见表 11-3。首先要利用三氯乙烷（$C_2H_3Cl_3$）进行清洗。$C_2H_3Cl_3$ 是无色液体，不溶于水，遇明火、高热能燃烧，并产生剧毒的氯化氢烟雾。急性中毒主要损害中枢神经系统，对皮肤有轻度脱脂和刺激作用。清洗开始时，先开氧气，再开三氯乙烷 TCA，清洗结束后，先关 TCA，再关氧气。三氯乙烷高温氧化分解，产生的氯分子与重金属原子化合后被气体带走，达到

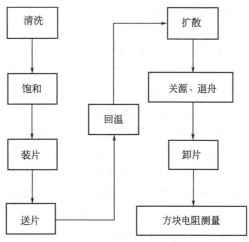

图 11-14　$POCl_3$ 液态源磷扩散的工艺流程

清洗石英管道的目的。其反应式为：

$$C_2H_3Cl_3 + O_2 =\!=\!= Cl_2 + H_2O + CO_2 + \cdots$$

当炉温升至预定温度（1050℃）后直接运行 TCA 工艺，直至 TCA＋饱和工艺结束。每班生产前，都需对石英管进行饱和。炉温升至设定温度时，以设定流量通小 N_2（携源）和 O_2 使石英管饱和，20min 后关闭小 N_2 和 O_2。初次扩散前或停产一段时间以后恢复生产时，需使石英管在 950℃通源饱和 1h 以上。

表 11-3　扩散工艺参数

TCA 清洗			
	温度	时间	小 N_2	O_2
参数设置	1050℃	240～480min	0.5L/min	10～25L/min

预饱和				
	温度	时间	小 N_2	大 N_2	O_2
参数设置	900～950℃	60min	1～2L/min	18～25L/min	1～2.5L/min

扩散工艺参数					
	温度/℃	时间/min	小 N_2/(L/min)	大 N_2/(L/min)	O_2/(L/min)	源温/℃
进炉	840～900	6	0	25～30	0	20
稳定	840～900	9	0	25～30	0	20
通源	840～900	20～30	1.6～2.0	25～30	1.8～2.2	20
吹氮	840～900	10	0	25～30	0	20
出炉	840～900	10	0	25～30	0	20

戴好防护口罩和干净的塑料手套，将清洗甩干的硅片从传递窗口取出，放在洁净台上。用吸笔依次将硅片从硅片盒中取出，插入石英舟。用舟叉将装满硅片的石英舟放在碳化硅臂浆上，保证平稳缓缓推入扩散炉。打开氧气，等待石英管升温至设定温度。开小 N_2，以设定流量通入小 N_2（携源）进行扩散。扩散结束后，关闭小 N_2 和 O_2，将石英舟缓缓退至炉口，降温以后，用舟叉从臂浆上取下石英舟并立即放上新的石英舟，进行下轮扩散。如没有待扩散的硅片，将臂浆推入扩散炉，尽量缩短臂浆暴露在空气中的时间。等待硅片冷却后，将硅片从石英舟上卸下并放置在硅片盒中，放入传递窗。

扩散后的硅片要检测其方块电阻，要求电阻数值应控制在 47～52Ω/□ 之间，同一炉扩散方块电阻不均匀度＜20％，同一硅片扩散方块电阻不均匀度＜10％，表面无明显因偏磷酸滴落或其他原因引起的污染。

（2）二氧化硅乳胶源磷扩散

二氧化硅乳胶源磷扩散是利用烷氧基硅烷的水解聚合物，将磷掺杂源溶于其中，再使用喷涂、旋涂等方法将其均匀涂布在硅片表面，在通有适当气氛的扩散炉内进行高温扩散。掺磷乳胶源在温度作用下还原为掺磷二氧化硅，其中的磷原子向硅中扩散，形成一定的杂质浓度分布，从而在硅片上形成 P-N 结。可以通过改变二氧化硅乳胶源中掺杂剂含量、涂布厚度、扩散温度、扩散时间及扩散时的气氛等条件来控制扩散分布。

（3）二氧化硅磷浆印刷磷扩散

与二氧化硅乳胶源磷扩散相似，只是涂布扩散源的方式采用丝网印刷的方法，在太阳电

光伏硅晶体材料的制备、表征及应用技术

池的生产过程中易于实现在线大批量连续加工，提高产率。

（4）快速热处理工艺（RTP）

快速热处理（RTP）已经成为半导体器件制造的关键技术，并在许多应用场合取代了传统高温炉工艺。例如超薄绝缘栅氧化、离子注入激活、金属硅化物层的形成等。与扩散相关的快速热处理工艺基于不连续的光源辐射能量和热能供给方式，与传统扩散炉工艺相比具有节约能耗、提高产率的优点，在工艺原理上也有着重要的区别。与传统的扩散炉工艺不同，小于 $0.8\mu m$ 波长的光子在 RTP 的热能传递过程中起着关键作用。由于高能量光子参与作用，掺杂原子的扩散系数得到了提高，因此能够在短时间内完成扩散掺杂过程。

传统扩散炉由于系统热容量和热量传输到硅片的工作方式，限制了它的最大升温速率和降温速率在十几 K 的范围。由于不均匀加热硅片引起的应力会导致硅片破裂，为了克服这一缺点，进出炉速度也必须限制在某一数值之下。快速热处理工艺采用辐射传热工作方式，单片处理可以实现均匀加热和冷却，升降温速率可以达到数百 K/s 而不引起硅片应力损伤。

大多数 RTP 使用卤钨灯作为辐射源，给硅片加热提供能量。卤钨灯由石英灯管和封装在灯管内的金属钨灯丝构成，石英灯管内还充满卤素（溴或碘），用来提高灯丝温度和延长灯丝寿命。石英管可以透过波长 $4\sim5\mu m$ 以下的所有光谱。卤钨灯发出的光谱与 $2000\sim3000K$ 的普朗克黑体辐射光谱非常接近。在绝对零度以上的所有物体，由于原子或分子的热运动，都有电磁辐射。辐射谱分布 $M(\lambda, T)$ 服从普朗克定律：

$$M(\lambda, T) = \varepsilon(\lambda, T) \frac{2\pi hc^2}{\lambda^5} \times \frac{1}{\exp(hc/k\lambda T) - 1} \tag{11-15}$$

式（11-15）中，λ 为波长；T 为温度；h 为普朗克常数；c 为光速；k 为波尔兹曼常数。在理想黑体情形下发射率 ε 为 1；在灰体情形，$\varepsilon(\lambda, T)$ 为 0～1 之间的常数，与 λ、T 无关。

在管式炉内，对流和传导对热传输起着重要作用，硅片和周围炉体处于热平衡状态。在 RTP 条件下，能量传输以光学辐射传输为主，硅片和周围炉体不必处于热平衡状态。硅片能够快速升温的基本条件是对于大范围的辐射光谱，它必须具有不为零的吸收系数。硅片中电磁辐射的吸收有基本吸收（带间跃迁吸收）、自由载流子吸收和声子吸收三种基本的吸收机制。因为所有的吸收机制都随温度升高而增加，吸收系数随温度升高急剧地增大。另外，由于和载流子吸收相关，吸收系数与硅片掺杂浓度有关。在室温下，本征的和低掺杂的硅片（$N_D < 10^{16} \text{cm}^{-3}$），厚度小于 0.3mm 时，对于能量低于带隙能量（1.12eV）的光子可以认为是透明的。但是，能量高于带隙能量的光子，将被硅片吸收而加热硅片。因此，当希望硅片从室温下快速加热升到高温时，必须提高加热光源中高能量光子的比例，卤钨灯可以满足这一需要。对于高掺杂的硅片（$N_D > 10^{18} \text{cm}^{-3}$），在室温下几乎所有入射的辐射能都被自由载流子吸收掉。自由载流子浓度随着温度的增加呈指数函数式地增加，因此其吸收机制有重要意义。600℃以下硅片呈现半透明的非灰体特性。在这种情况下，发射率强烈地依赖于表面粗糙度、硅片厚度和掺杂浓度。温度超过 600℃所有入射到硅片内的辐射在硅片表面附近的薄层区域内被迅速地吸收掉。因此，在紫外到可见光波段硅片就变成了不透明的灰体，并且与掺杂浓度有关，受表面粗糙度的影响甚为轻微。

硅片的扩散是一种半导体掺杂过程，各种形式的污染都将严重影响成品率和可靠性。生产中的污染，除了由于化学药剂不纯、气体纯化不良、去离子质量不佳引入之外，环境中的尘埃、杂质及有害气体、工作人员、设备、工具、日用杂品等引入的尘埃、毛发、皮屑、油脂、手汗、烟雾等都是重要污染来源。所以洁净技术是半导体芯片制造过程中的一项重要技术，要求扩散间净化等级为10000级，与外通道及其他车间保持3Pa正压。

11.1.3.5　扩散炉

图 11-15 为扩散炉结构示意图，高温氧化/扩散系统设备的总体结构分为控制部分、推舟净化部分、电阻加热炉体部分、气源部分。

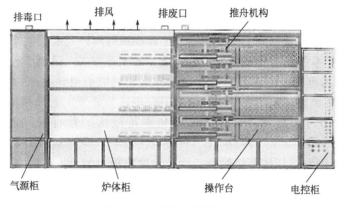

图 11-15　扩散炉结构示意

控制部分指控制柜的计算机控制系统，分布在各个层面，而每个层面的控制系统都是相对的独立部分，每层控制对应层的推舟、炉温及气路部分，是扩散/氧化系统的控制中心。电控柜外观见图 11-16。在每层相应的前面板上，分布着触摸屏和分布状态指示灯、报警器、急停开关和控制开关。

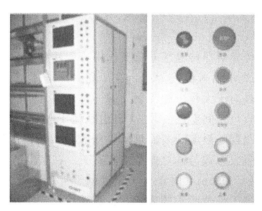

图 11-16　电控柜外观

推舟净化柜的顶部装有照明灯，正面是水平层流的高效过滤器及推舟的丝杠、导轨副传动系统及 SiC 悬臂浆座，丝杠的右端安装有驱动步进电机，导轨两端是限位开关。一方面是为硅片进出提供高洁净区，另一方面将高温热气流驱散，以免灼热的气流将过滤器及净化台顶部烤焦。气源柜顶部设置有排毒口，用以排除在换源过程中泄露的有害气体。柜顶设置有三路工艺气体及一路进气接口，接口以下安装有减压阀和截止阀，用以对进气压力进行控制及调节，气源柜气路见图 11-17。对应于气路，分别装有相应的电磁阀、气动阀、过滤器、单向阀及源瓶冷阱等。柜子底部装有电源、控制开关、保险等电路转接板及设备总电源进线转接板。

图 11-18 为 Tempress System 公司的卧式扩散炉的外观图。该炉有软着陆装载系统、密

光伏硅晶体材料的制备、表征及应用技术

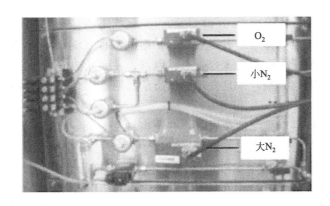

图 11-17　气源柜气路

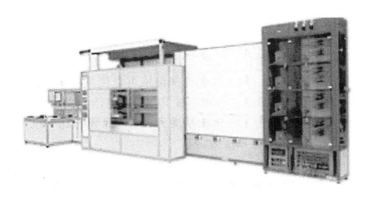

图 11-18　卧式扩散炉外观

闭的压力回路控制系统、Digital input/output 和 Analog input/output，主要部件有装载区、炉体、气体装置、主电源装置、DPC 数字程序控制器、DTC 数字温度控制器、ETC 扩展温度控制器、触摸屏和 TSC-2 电脑连接。软着陆系统与硬着陆系统相比能获得更好的气密性，

减少炉管污染，易于获得稳定的扩散气氛场。Tempress 设备的详细气路如图 11-19 所示，最上面为氧气管，第二管为大氮管，第三为小氮管，第四为氮补足管。每管都由质量流量控制器和阀门共同控制。右下角为测量炉内压力和炉外压力差的压力表。

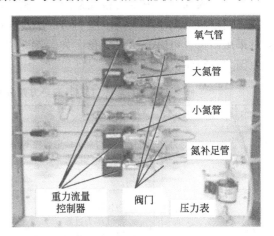

图 11-19　Tempress 设备的详细气路

在源瓶柜里还有两个阀门，它们共同控制小氮的通路，若开启则小氮通过源瓶携带 $POCl_3$ 流入炉内，若关闭则小氮直接通入炉内。在程序中，虽然小氮的流量设定为 1000sccm，但源阀是关闭的，不会有 $POCl_3$ 气体流入，这样也是为了清洗管道。Tempress 设备的压力控制方式主要是通过氮气补足的方法，尾气抽气量是一定的，可能有波动。在尾气管上增加一个由重力流量控制器控制的氮气补足管来平衡炉内压力，起到一个气体开关的作用。当炉内压力高的时候，减小补足，低的时候增大补足。

11.1.3.6 扩散质量的检验

扩散层质量的要求主要体现在表面质量、扩散的深度（结深）、扩散层的表面杂质浓度等方面。扩散层表面质量主要指有无合金点、麻点、表面光洁情况。这些表面质量问题一般用目检或在显微镜下观察判别。一旦发现上述质量问题，应立即进行分析找出原因，并采取相应的改进措施。

在硅片中掺入不同导电类型的杂质时，在距离硅片表面 x_j 的地方，掺入的杂质浓度与硅片的本体杂质浓度相等，即在这一位置形成了 P-N 结，x_j 称为结深。检验结深主要看其是否符合设计规定。较深的结一般可用磨角染色法、滚槽法测量，是采用几何、光学放大 P-N 结化学染色的原理实现的。对于太阳电池来说，其结构要求采用浅结，商业化地面用太阳电池的结深一般设计为 $0.5\mu m$ 以内，用上述两种方法都难于测量，采用阳极氧化去层法可以满足测量要求。

阳极氧化去层法又叫做微分电导率法，其测量方法是在室温条件下用电化学阳极氧化的方法在扩散硅片表面氧化生长一层有一定厚度的 SiO_2 膜层，然后用 HF 将膜去除，测定硅片表面的薄层电阻值。重复上述做法，直到导电类型反型为止。此时，根据所去除的氧化层总厚度可以计算出 P-N 结的结深。阳极氧化电解溶液可以使用四氢糠醇和亚硝酸钠的混合液，用铂片做阴极，硅片作为阳极。在两个电极间加一定电压，在硅片表面生长出一定厚度的二氧化硅层。每次氧化后去除的二氧化硅厚度为 d，去除 n 次达到反型，则去除的 SiO_2 总厚度为 nd。从硅片上去除的硅片厚度为：

$$x_j = 0.43nd \qquad (11\text{-}16)$$

式（11-16）中，系数 0.43 表示获得 $1\mu m$ 厚度的 SiO_2 只需消耗 $0.43\mu m$ 的硅层。这种测量方法的测量误差可以小于 $0.03\mu m$。

表面杂质浓度增加改善 N 区硅与金属的欧姆接触，导致电池片串联电阻的下降以及填充因子的增大，有助于电池片效率的提高。表面浓度增大的同时也放大了硅片表面的"死层"现象，加剧了表面复合作用，导致短路电流的减小，从而对效率有负面影响。在生产实践中，通常表面杂质浓度的检验采用工程图解法和计算法间接得到表面杂质浓度的数值。

方块电阻的大小由掺杂浓度和结深决定，即由掺杂杂质总量决定。一般薄层方块电阻的测量采用四探针电阻测试仪测量。如果测量结果异常，可以根据表 11-4 分析测量方阻异常的原因并进行解决。

表 11-4　测量方阻异常的原因和解决方法

问题	原因	解决方法
方块电阻在源一侧低，炉口处高	1. 炉门与炉管的密封性不好 2. 尾部排气严重 3. 假片数量太少	1. 调整炉门密封性 2. 减少尾部排气气流 3. 使用更多的假片
单片（交叉）方块电阻均匀性差	1. $POCl_3$ 不够 2. 排气压力过高 3. 沉积温度过高	1. 增加小 N_2 流量 2. 降低排气压力 3. 降低沉积温度
顶部的方块电阻低，底部的高；边缘处方块电阻低，中心高	1. 舟被污染 2. 测量的硅片可能被擦拭污染 3. 硅片在炉管中的位置太高 4. 浆比硅片和炉管温度低	1. 使用干净的舟 2. 使用清洁的没有擦拭过的硅片 3. 使用低脚的舟 4. 在升温步后插入稳定温度步骤

11.1.4 刻蚀和去磷硅玻璃

11.1.4.1 刻蚀

在扩散过程中即使采用背靠背扩散，硅片的所有表面包括边缘都将不可避免地扩散上磷，P-N 结的正面所收集到的光生电子会沿着边缘扩散有磷的区域流到 P-N 结的背面而造成短路，因此必须对太阳能电池周边的掺杂硅进行刻蚀，以去除电池边缘的 P-N 结。刻蚀作为太阳能电池生产中的第三道工序其主要作用就是去除扩散后硅片四周的 N 型硅，防止漏电。目前晶体硅太阳能电池一般采用干法和湿法两种刻蚀方法。

干法刻蚀是采用高频辉光放电反应，使反应气体激活成活性粒子，如原子或游离基，这些活性粒子扩散到需刻蚀的部位，在那里与被刻蚀材料进行反应形成挥发性生成物而被去除。它的优势在于快速的刻蚀速率同时可获得良好的物理形貌。在低压状态下，反应气体 CF_4 的母体分子在射频功率的激发下，产生电离并形成等离子体。

$$CF_4 \xrightarrow{e} CF_3, CF_2, CF, F, C$$

等离子体是由带电的电子和离子组成，反应腔体中的气体在电子的撞击下，除了转变成离子外，还能吸收能量并形成大量的活性基团。活性反应基团由于扩散或者在电场作用下到达 SiO_2 表面，在那里与被刻蚀材料表面发生化学反应，并形成挥发性的反应生成物脱离被刻蚀物质表面，被真空系统抽出腔体。干法刻蚀的影响因素主要是 CF_4、O_2 的流量、辉光时间和辉光功率。表 11-5 列出了某中试线所用工艺，以供参考。生产时需注意禁止裸手接触硅片，插片时注意硅片扩散方向，禁止插反。刻蚀边缘在 1mm 左右。刻蚀清洗完硅片要尽快镀膜，滞留时间不超过 1h。

表 11-5 某中试线所用工艺

工作气体流量/SCCM		气压/Pa	辉光功率/W	辉光颜色
O_2	CF_4	100	500	腔体内呈乳白色,腔壁处呈淡紫色
20	200			

工作阶段时间/s						
抽气	进气	辉光	抽气	清洗	抽气	充气
60	120	600	30	20	50	60

干法刻蚀采用刻边机，以 MCP 刻边机为例，其外观见图 11-20。该设备采用不锈钢材质做反应腔，解决了石英体腔在使用过程中频繁更换腔体带来的消耗。电极内置，克服了射频泄漏、产生臭氧的危害。射频辐射低，符合国家职业辐射标准。生产能力为 1200PCS/h。

湿法刻蚀是通过化学反应，由滚轮携带药液在硅片非绒面刻蚀，经过一次硅片 180°的旋转形成一个刻痕，将所处位置的 P-N 结刻断，以达到正面与背面绝缘的目的，同时进行选择性的刻蚀，将扩散深的 P-N 结变成一定深度的浅 P-N 结，最后经过 HF 酸槽去除扩散工序产生的磷硅玻璃层。湿法刻蚀避免使用有毒气体 CF_4，背面更平整，背面反射率优于干刻，能更有效地利用长波增加 I_{SC}。背场更均匀，减少了背面复合，从而提高太阳能电池的 V_{OC}。

刻蚀腐蚀机制是 HNO_3 氧化生成 SiO_2，HF 去除 SiO_2，水在张力的作用下吸附在硅片表面。下面为化学反应式：

$$2Si + 4HNO_3 + 18HF = 3H_2SiF_6 + 4NO + 8H_2O$$

$$2Si + 4HNO_3 \Longrightarrow 3SiO_2 + 4NO + 2H_2O$$
$$SiO_2 + 4HF \Longrightarrow SiF_4 + 2H_2O$$
$$SiF_4 + 2HF \Longrightarrow H_2SiF_6$$

图 11-20　MCP 刻边机外观

湿法刻蚀设备槽体根据功能不同分为入料段、湿法刻蚀段、水洗段、碱洗段、酸洗段、溢流水洗段、吹干槽。所有槽体的功能控制在操作电脑中完成。KUTTLER 刻蚀设备能够有效减少化学药品使用量，具有扩展性模块化制程线，拥有完善的过程监控系统和可视化操作界面。设备优化流程，降低人员劳动强度，通过高可靠进程降低碎片率，自动补充耗料实现稳定过程控制。KUTTLER 刻蚀先去 PSG，后刻蚀。此种方法优点是避免了先刻蚀由于毛细作用，导致 PECVD 后出现毛边。缺点是由于气相腐蚀的原因，在刻蚀后方阻会上升。该设备产能对于 125mm×125mm 硅片为 2180 片/h，对于 156mm×156mm 硅片为 1800 片/h。

SCHMID 刻蚀机分为 9 个模组，其对应的工艺及作用见表 11-6。硅片首先经过 2♯槽的水流，水流将绒面覆盖，方才进入 2♯槽，目的是防止酸腐蚀绒面；3♯槽中通过化学反应，由滚轮携带药液在硅片非绒面刻蚀，经过一次硅片 180°的旋转从而形成边缘刻痕，将所处位置的 P-N 结刻断，以达到正面与背面绝缘的目的；4♯槽的作用是清洗；5♯槽通过 KOH 溶液去除硅片表面的多孔硅，并将从刻蚀模组中携带的未冲洗干净的酸除去；6♯槽为清洗；7♯槽前半部分利用 HF 将硅片正面的磷硅玻璃层去除，后半部分抛光硅片下表面，与铝背场形成好的欧姆接触；8♯槽清洗；9♯槽烘干，通过两台空气压缩泵，通过粗过滤和细过滤两次过滤，最终送到两组风刀中对硅片进行烘干，空气最终温度可达到 40℃。SCHMID 设备及工艺中常见问题及解决方法列入表 11-7，以供参考。

表 11-6　SCHMID 刻蚀机对应的工艺及作用

槽号	2♯槽	3♯槽	4♯槽	5♯槽	6♯槽	7♯槽	8♯槽	9♯槽
溶液	DI water	HF+HNO₃	DI water	KOH	DI water	HF	DI water	
作用		刻蚀、背面抛光		去多孔硅		去 PSG、疏水		烘干硅片
温度	RT	14℃	RT	25℃	RT	25℃、22℃	RT	38℃

表 11-7　SCHMID 设备及工艺中常见问题及解决方法

问题	解决方法
台达卸载不吸片子	有碎片遮住传感器，及时清理传感器处的碎片。如果不能回复，重新启动台达卸载设备
叠片的处理	及时在装载处拿出叠片，如果发现时叠片已进入设备，制绒叠片以原来绒面为准重新制绒；刻蚀叠片暂留本区，待二次制绒
可赛不能进入台达设备	重新放置可赛，注意位置不要偏斜；如果可赛还是不能正常进入设备，重新启动台达设备；如果可赛还是不能正常工作，可能是可赛已经变形，需及时通知设备人员修理以防影响生产
可赛的放置方向	刻蚀卸载处的可赛均是白色方块向下放置，刻蚀装载处的可赛是白色方块向上放置
皮带问题；台达自动断电，吸盘失灵	原因分别为吸嘴破裂、线路老化、松动等，报告设备修理
传送带进片子歪	传送带将硅片送进可赛后会发现有时可赛中的第 50 片是歪片，是机器系统问题，需将电脑重新启动即可

光伏硅晶体材料的制备、表征及应用技术

问题	解决方法
刻蚀旋转台处碎片的处理	刻蚀旋转台的碎片会卡住旋转台或是挡住旋转台赴的传感器.从而引起大量叠片,需立即停止进片子,打开窗口,带上防酸手套取出叠片,对旋转台处的碎片进行清理
刻蚀机 M1 水流异常	如是水流量低可用工具将流水孔通一通或将阀门开大,如无效或无水流情况直接报告设备处理
M3、M5、M7 模组水流量过低	过滤嘴阻塞,报告设备人员对其清理即可
泵流量低	此时要停止硅片,待机器中硅片全部出来后,停机。钥匙转到维修模式,将滤芯取出清洗干净,再装回去。钥匙转回来,开机测试合格后开始生产
感应器报警	Reset 复位,复位无效,报告设备处理
开机后 M8 温度过低报警	关闭 blower 3. 达到设定温度后再打开
片子有细小滚轮印	M8 模组的温度过低,片子不干。可相应的调节热风和冷风泵的功率,使模组内温度达到 38℃左右。注意上热风的功率总是大于下热风的功率
模组气体报警	按下气体报警器的 reset 键,然后按下设备的消除键,报警解除
设备重新启动后刻蚀深度较低	开机之前对 M2 模组手动加入一定比例的酸液,然后在酸槽内加入适量的激活片,20min 后可开机测试刻蚀深度,也可同时降低传送片子的速度、升高温度来帮助提高刻蚀深度,待刻蚀深度正常后再调节参数至正常范围
扩散面为非制绒面	以扩散面为准进行刻蚀
异常停机中滞留的片子	制绒中具有双面滚轮印的片子作废片处理,具有单面滚轮印的片子以好面为基础重新制绒;刻蚀中具有双面滚轮印的片子作废片处理,具有单面滚轮印的片子以无滚轮印面为下表面二次制绒
刻蚀后片子有水痕印	加大 M1 水膜的覆盖,同时观察 M2 模组内的液面是不是过高,还有就是存在氮气柜的片子时间是否太长,如时间较长的话就会出现此情况
刻蚀机 M3、M6 的电导率异常	M3:电导率的高低是根据预算范围进行调试的,达到正常为止,一般在 20ms 为正常 M6:电导率的调试和制绒 M6 的相似,加减酸或加减 DI water
如出现 20min 以上的设备维修或空跑情况	需要停机或关闭 M2 的泵,否则挥发性的酸会通过排风排走,从而影响刻蚀深度

湿法刻蚀工序的影响因素有带速、温度、药液配比、液面高度、排风、补液量等,其对应的控制范围及调试方法见表 11-8。

表 11-8　湿法刻蚀工序的影响因素、控制范围及调试方法

影响因素	控制范围	调试方法
带速	1.58 ± 0.05	深度低减速;深度高加速
温度	14～16℃	深度低加温度;深度高降温度
药液配比	HNO_3：$HF=3$：1	不会变
液面高度	24～26mm	深度低加大泵的功率;深度高降低泵的功率
排风	$(350\pm100)m^3/h$	一般不调试
补液量	<5000mL/每次,酌情处理	深度低加大补液量;深度高减少补液量

需要注意新换药液后需等到槽温实际值,例如药液温度、M8 烘干温度、液面高度、电导率等,都要到设定值时方可进行投产,即电脑屏幕显示正常的绿色时才可以投产。批量投产前需先投入测试片,以观察实际腐蚀深度。当工艺稳定后每两小时进行一次腐蚀量测试。硅片单面腐蚀深度平均值为 $2.1\mu m\pm0.2\mu m$,如果超出范围当立即通知当班工艺人员进行调整。湿法刻蚀机更换药液后需要在腐蚀深度记录表中认真填写更换时间和更换班组。硅片表

面无可见脏污物、水印、指印、崩边、缺角等缺陷方可进行生产和下传。干法刻蚀和湿法刻蚀过程中常见的问题及其解决办法见表 11-9，以供参考。

表 11-9　干法刻蚀和湿法刻蚀过程中常见的问题及其解决办法

刻蚀方法	常见问题	原因	解决办法
干法刻蚀	刻蚀不足	刻蚀时间过短、气量不足、射频功率过低	相应调整刻蚀参数
	过刻	刻蚀时间过长、射频功率过高	相应调整刻蚀参数
湿法刻蚀	方阻上升过大	酸液串槽	加水稀释、重新配槽
		3#槽酸性气体浓度过高	检查、加大抽风
	整体过刻、刻不通	液面高度过高或过低	减小、增大泵浦功率
		气流不均匀	增大或减小抽风
	部分过刻或刻不通	液面不水平	调整抽风
		滚轮不水平	调换滚轮
		气流不均匀	调整抽风

刻蚀工序主要检测硅片的减薄量、上升的方阻和硅片边缘的 P/N 型。检测结果要求方阻上升和减重量在范围之内、药液浸入边缘在范围之内，检查片子是否吹干、表面状况是否良好。方阻所用仪器为四探针测试仪，方阻上升标准是方阻上升 5 个以内；减薄量所用仪器为电子天平，减薄量标准为多晶 0.05~0.1g；硅片边缘的 P-N 型检测所用仪器为冷热探针或三探针，边缘 P/N 型应显示 P 型。

11.1.4.2　去磷硅玻璃

$POCl_3$ 分解产生的 P_2O_5 淀积在硅片表面，P_2O_5 与 Si 反应生成 SiO_2 和磷原子，在硅片表面形成一层含有磷元素的 SiO_2，称之为磷硅玻璃 PSG。PSG 含有 P、P_2O_5 的 SiO_2。磷硅玻璃的存在使得硅片在空气中表面容易受潮，导致电流的降低和功率的衰减。死层的存在大大增加了发射区电子的复合，会导致少子寿命的降低，进而降低了 V_{OC} 和 I_{SC}。除此之外，磷硅玻璃还使得电池片在 PECVD 工序后产生色差。

氢氟酸是无色透明的液体，具有较弱的酸性、易挥发性和很强的腐蚀性。但氢氟酸具有一个很重要的特性是它能够溶解二氧化硅，因此不能装在玻璃瓶中。在半导体生产清洗和腐蚀工艺中，主要就利用氢氟酸的这一特性来去除硅片表面的二氧化硅层。去 PSG 工序就是通过化学腐蚀法也即把硅片放在 HF 溶液中浸泡，使其产生化学反应生成可溶性的络合物六氟硅酸，以去除扩散制结后在硅片表面形成的一层磷硅玻璃。去磷硅玻璃的设备一般由本体、清洗槽、伺服驱动系统、机械臂、电气控制系统和自动配酸系统等部分组成，主要动力源有氢氟酸、氮气、压缩空气、纯水、热排风和废水。氢氟酸能够溶解二氧化硅是因为氢氟酸与二氧化硅反应生成易挥发的四氟化硅气体。若氢氟酸过量，反应生成的四氟化硅会进一步与氢氟酸反应生成可溶性的络合物六氟硅酸。

去磷硅玻璃首先要配置清洗液，主要是将各槽中破损硅片等杂质清除，用去离子水将各槽壁冲洗干净。在 1 号槽中注入一半深度的去离子水，加入氢氟酸，再注入去离子水至溢流口下边缘。向后面的槽中注满去离子水。经等离子刻蚀过的硅片，检验合格后插入承载盒。注意刻蚀之后硅片在插入承片盒时也严格规定了放置方向。每盒 25 片，扣好压条，投入清洗设备。在配制氢氟酸溶液时，要穿好防护服，戴好防护手套和防毒面具，不能用手直接接触硅片和承载盒。当硅片在氢氟酸溶液中时，不能打开设备照明，防止硅片被染色。硅片在两个槽中的停留时间不能超过设定时间，防止硅片被氧化。当硅片从氢氟酸中提起时，观察其表面是否脱水，如果脱水，则表明磷硅玻璃已去除干净；如果表面还沾有水珠，则表明磷硅玻璃未被去除干净。甩干后，抽取两片硅片，在灯光下目测，表面应干燥、无水迹及其他污点。

11.1.5 镀减反射膜

抛光硅表面的反射率为35%，为了减少表面反射，提高电池的转换效率，需要镀一层氮化硅减反射膜。

11.1.5.1 减反射原理

光照射到平面的硅片上，其中一部分被反射，即使对绒面的硅表面，由于入射光产生多次反射而增加了吸收，但也有一部分的反射损失。在其上覆盖一层减反射膜层，可大大降低光的反射，四分之一波长减反射膜的原理指的是如果膜层的光学厚度是某一波长的四分之一，相邻两束光的光程差恰好为 π，即振动方向相反，叠加的结果使光学表面对该波长的反射光减少。适当选择膜层折射率，这时光学表面的反射光可以完全消除。图 11-21 为减反射膜的原理图，从第二个界面返回到第一个界面的反射光与第一个界面的反射光相位差180°，所以前者在一定程度上抵消了后者，减小反射。如果膜材料的反射率是其两边材料的折射率的几何平均值，则反射值为零。除了有合适的折射率外，减反射膜材料还必须是透明的，减反射膜常沉积为非结晶的或无定形的薄层，以防止在晶界处的光散射问题。

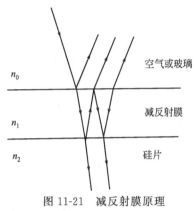

图 11-21 减反射膜原理

减反射膜经过 SiO 和真空镀膜技术，TiO_2 和热喷涂技术到现在的 SiN_x：H 减反射膜和 PECVD 技术。正常的 SiN_x 的 Si/N 之比为 0.75，即 Si_3N_4，但是 PECVD 沉积氮化硅的化学计量比会随工艺不同而变化，Si/N 变化的范围在 0.75～2 左右。除了 Si 和 N，PECVD 的氮化硅一般还包含一定比例的氢原子，即 $Si_xN_yH_z$ 或 SiN_x：H。SiN_x：H 可以应用于晶体硅太阳电池的减反射膜和钝化薄膜。它结构致密、硬度大，能抵御碱金属离子的侵蚀，介电强度高，耐湿性好，耐除 HF 和热 H_3PO_4 的酸碱。SiN_x 薄膜电阻率随 x 增加而降低，折射率 n 随 x 增加而增加，腐蚀速率随密度增加而降低。SiN_x 还具有优良的表面钝化效果、高效的光学减反射性能，采用低温工艺，有效降低了成本。含氢 SiN_x：H 还可以对 mc-Si 提供体钝化。除此之外，SiN_x 还具有卓越的抗氧化和绝缘性能，同时具有良好的阻挡钠离子和掩蔽金属离子和水蒸气扩散的能力，可以保护半导体器件表面不受污染物质的影响。

11.1.5.2 减反射膜制备技术

现在工业生产中常采用 PECVD 方法制备减反射膜。PECVD 即等离子增强型化学气相沉积。气体在一定条件下受到高能激发发生电离，部分外层电子脱离原子核，形成电子、正离子和中性粒子混合组成的一种形态，这种形态就称为等离子态。等离子体从宏观来说也是电中性，但是在局部可以为非电中性。PECVD 技术原理是利用低温等离子体作能量源，样品置于低气压下辉光放电的阴极上，利用辉光放电或另加发热体使样品升温到预定的温度，然后通入适量的反应气体，气体经一系列化学反应和等离子体反应，在样品表面形成固态薄膜。PECVD 方法区别于其他 CVD 方法的特点在于等离子体中含有大量高能量的电子，它们可以提供化学气相沉积过程所需的激活能。电子与气相分子的碰撞可以促进气体分子的分解、化合、激发和电离过程，生成活性很高的各种化学基团，因而显著降低 CVD 薄膜沉积的温度范围，使得原来需要在高温下才能进行的 CVD 过程得以在低温下实现。

PECVD 的一个基本特征是实现了薄膜沉积工艺的低温化，因此带来的好处有节省能源、降低成本、提高产能，减少了高温导致的硅片中少子寿命衰减。基片位于一个电极上，直接接触等离子体（低频放电 10~500kHz 或高频 13.56MHz）称为直接式 PECVD；基片不接触激发电极（如 2.45GHz 微波激发等离子）则称为间接式 PECVD。间接 PECVD 等离子产生在反应腔之外，然后由石英管导入反应腔中。在这种设备里微波只激发 NH_3，而 SiH_4 直接进入反应腔。沉积速率比直接的要高很多，这对大规模生产尤其重要。一般情况下，使用这种等离子增强型化学气相沉积的方法沉积的薄膜厚度在 70nm 左右，这样厚度的薄膜具有光学的功能性。利用薄膜干涉原理，可以使光的反射大为减少，电池的短路电流和输出就有很大增加，效率也有相当的提高。

单层减反射膜只能对某个波长和它附近的较窄波段内的光波起增透作用，为在较宽的光谱范围达到更有效的增透效果，常使用多层介质膜。常见的多层膜系统是玻璃-高折射率材料-低折射率材料-空气，简称 gHLa 系统。H 层通常用二氧化锆（$n=2.1$）、二氧化钛（$n=2.40$）和硫化锌（$n=2.32$）等，L 层一般用氟化镁（$n=1.38$）等。

减反射膜的光学参数主要有厚度的均匀性和折射率。通常要求厚度约 70nm，厚度均匀性要好，其标准为同一硅片、同一片盒内的硅片和不同片盒内的硅片 ±5%。折射率约 2.1，也要求其均匀性，同一硅片、同一片盒内的硅片和不同片盒内的硅片 ±0.5%。

11.1.6　金属电极制备

太阳电池经过制绒、扩散及 PECVD 等工序后，已经制成 P-N 结，可以在光照下产生电流。为了将产生的电流导出，需要在电池表面上制作正、负两个电极。制造电极的方法很多，而丝网印刷是目前制作太阳电池电极最普遍的一种生产工艺。丝网印刷是采用压印的方式将预定的图形印刷在基板上，该设备由电池背面银铝浆印刷、电池背面铝浆印刷和电池正面银浆印刷三部分组成。其工作原理为利用丝网图形部分网孔透过浆料，用刮刀在丝网的浆料部位施加一定压力，同时朝丝网另一端移动。油墨在移动中被刮刀从图形部分的网孔中挤压到基片上。由于浆料的黏性作用使印迹固着在一定范围内，印刷中刮板始终与丝网印版和基片呈线性接触，接触线随刮刀移动而移动，从而完成印刷行程。通常背电极印刷采用的浆料为 Ag/Al 浆，背电场印刷的浆料为 Al 浆，正面电极印刷的浆料为 Ag 浆。

经过丝网印刷后的硅片，不能直接使用，需经烧结炉快速烧结，将有机树脂黏合剂燃烧掉，剩下几乎纯粹的、由于玻璃质作用而密合在硅片上的银电极。当银电极和晶体硅在温度达到共晶温度时，晶体硅原子以一定的比例熔入到熔融的银电极材料中去，从而形成上下电极的欧姆接触，提高电池片的开路电压和填充因子两个关键参数，使其具有电阻特性，以提高电池片的转换效率。烧结炉分为预烧结、烧结、降温冷却三个阶段。预烧结阶段目的是使浆料中的高分子黏合剂分解、燃烧掉，此阶段温度慢慢上升；烧结阶段中烧结体内完成各种物理化学反应，形成电阻膜结构，使其真正具有电阻特性，该阶段温度达到峰值；降温冷却阶段，玻璃冷却硬化并凝固，使电阻膜结构固定地粘附于基片上。

干燥硅片上的银浆，燃尽浆料的有机组分，是浆料和硅片形成良好的欧姆接触。对电池片电性能影响主要表现在串联电阻和并联电阻，即 FF 的变化。铝浆烧结的目的使浆料中的有机溶剂完全挥发，并形成完好的铝硅合金和铝层。局部的受热不均和散热不均可能会导致起包，严重的会起铝珠。背面场经烧结后形成铝硅合金，铝在硅中是作为 P 型掺杂，它可以减少金属与硅交接处的少子复合，从而提高开路电压和短路电流，改善对红外线的响应。

Ag-Si 形成合金的最小温度为 830℃，比例为 Ag：Si＝14.5：85.5，银的熔点为 950℃。因此，在太阳电池的烧结温度下（850～900℃），银无法溶解于硅形成合金。但如果银和硅形成混合相，则可以在 830℃形成固态的合金。玻璃料的作用是形成一种 Ag 和 Pb 的混合态，以使其合金点下降，使得银在低于 830℃溶解。铝背场烧结后形成的 P+层，减少了载流子在界面处的复合。

11.2　太阳能电池的测试和分选

印刷烧结后太阳能电池的制作过程已经完成，但是还需要进行测试以及分选工序来判断太阳能电池的质量，只有符合要求的电池片才能够用于进行组件的制作。太阳能电池的测试分选就是通过模拟太阳光照射，在标准条件下对电池片进行测试，根据测得的电性能参数把不同的电池片分档。

11.2.1　分选机自动分选

太阳能电池在一定温度下受一定的辐照度的太阳光照射，在接受照射的同时变化外电路负载，记录流出负载的电流 I 和电池端电压 V 的数据和关系曲线。根据数据和曲线由计算机软件系统可以计算出各种电性能参数。图 11-22 为 Berger 测试仪测试软件界面，从图中可以看出，自动分选设备可以直接测量太阳能电池的各性能参数。

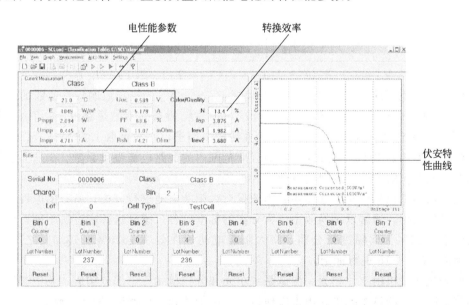

图 11-22　Berger 测试仪测试软件界面

太阳能电池需要测试的参数主要有开路电压、短路电流、最佳工作电压、最佳工作电流、最大输出功率、光电转换效率、填充因子 FF、伏安特性曲线或伏安特性、短路电流温度系数、开路电压温度系数、内部串联电阻和内部并联电阻等。电性能标准测试条件为地面标准阳光光谱采用 AM1.5 标准阳光光谱，标准测试温度规定为 25℃。对定标测试，标准测试温度的允许差为±1℃；对非定标测试，标准测试温度允许差为±2℃。如果受客观条件所限，只能在非标准条件下进行测试，则必须将测量结果换算到标准测试条件。

测量仪器与装置主要有：a. 标准太阳能电池，用于校准测试光源的辐照度，用 AM1.5 标准太阳电池校准辐射度。在非定标测试中，一般用 AM1.5 作标准校准辐照度，要求高时用 AM1.5 标准太阳能电池。b. 电压表，精度应不低于 0.5 级，内阻不低于 $20k\Omega/V$。c. 电流表精度应不低于 0.5 级，被测电池两端的电压不超过开路电压的 3%。d. 取样电阻的精确度应不低于 ±0.2%，必须采用四端精密电阻。电池短路电流和取样电阻值的乘积应不超过电池开路电压的 3%。e. 负载电阻应能从零平滑地调节到 10kΩ 以上，必须有足够的功率容量，以保证在通电测量时不会因发热而影响测量精度。当可变电阻不能满足上述条件时，应采用等效的电子可变负载。f. 函数记录仪用于记录太阳电池的伏安特性曲线。函数记录仪的精密应不低于 0.5 级，对函数记录仪内阻的要求和对电压表内阻的要求相同。g. 温度计或测温系统的仪器误差应不超过 ±0.5℃，测量系统的时间响应不超过 1s，测量探头的体积和形状应保证它能尽量靠近太阳能电池的 P-N 结安装。h. 室内测试光源的辐照度、辐照均匀度、稳定度、准直性及光谱分布均应符合一定的要求。

所规定的测试项目中，开路电压和短路电流可以用电表直接测量，其他参数从伏安特性求出。太阳能电池的伏安特性应在标准条件下、标准地面阳光、太阳模拟器或者其他等效的模拟阳光下测量。测量过程中，单体太阳电池的测试温度必须恒定在标准测试温度。模拟阳光的辐照度只能用标准太阳电池来校准，不采用其他辐射测量仪表。用校准辐照度的标准太阳能电池应和待测太阳能电池具有基本相同的光谱响应。如果受客观条件限制，只能在非标准条件下测量，则测试结果应转换为 STC 条件。

当测试温度、辐照度和标准测试条件不一致时，可用以下电流和电压换算公式校正到标准测试条件：

$$I_2 = I_1 + I_{SC}\left[\frac{I_{sr}}{I_{mr}} - 1\right] + a(T_2 - T_1)$$

$$V_2 = V_1 - R_s(I_2 - I_1) - KI_2(T_2 - T_1) + \beta(T_2 - T_1) \tag{11-17}$$

式中，I_1、V_1 为待校正的特性曲线的坐标点；I_2、V_2 为校正后的特性曲线的对应坐标点。I_{SC} 为所测试电池的短路电流；I_{mr} 为标准电池在实测条件下的短路电流；T_2 为测试温度；R_s 为所测电池的内部串联电阻；K 为曲线校正因子，一般可取 $1.25\times10^{-5}\,\Omega/℃$；$\alpha$ 是所测电池在标准辐照度下，以及在所需的温度范围内的短路电流温度系数。β 是上述短路电流温度系数相对应的开路电压温度系数。

以测试仪测试出的电池电性能参数为依据对太阳能电池进行分类。所有的电性能参数均可作为分选的依据，通常以转换效率作为分类的标准。各厂家分选标准有所不同，例如某厂以转换效率 0.25% 为间隔进行分档，将太阳能电池片在效率 15.0%～18.5% 之间共分 15 档，分别以 E01～E15 进行标记。

一般分选测试机由上片单元、测试系统单元和分档单元三个部分构成，其中测试系统单元是其核心部位。测试系统单元由太阳模拟器、电子负载和控制电路三部分构成。太阳能模拟器模拟正午太阳光，照射待测电池片，通过测试电路获取待测电池片的性能指标。电子负载连接待测电池片、标准电池和温度探头，获取待测电池片的电压、电流，通过标准电池获取光强信号，温度探头获取测试环境温度。将这四组数据提供给采集卡做分析、处理。控制电路提供人机界面，控制接口提供操作界面和参数设定。

太阳能电池是将太阳能转变成电能的半导体器件，从应用和研究的角度来考虑，其光电

光伏硅晶体材料的制备、表征及应用技术

转换效率、输出伏安特性曲线及参数是必须测量的，而这种测量必须在规定的标准太阳光下进行才有参考意义。如果测试光源的特性和太阳光相差很远，则测得的数据不能代表它在太阳光下使用时的真实情况，甚至也无法换算到真实的情况。考虑到太阳光本身随时间、地点而变化，因此必须规定一种标准阳光条件，才能使测量结果既能彼此进行相对比较，又能根据标准阳光下的测试数据估算出实际应用时太阳电池的性能参数。

太阳辐射的基本特性有辐照度、光谱分布和发光强度。辐照度通常称为"光强"，即入射到单位面积上的光功率，单位是 W/m^2 或 mW/cm^2。对空间应用，规定的标准辐照度为 $1367W/m^2$，对地面应用，规定的标准辐照度为 $1000W/m^2$。实际上地面阳光和很多复杂因素有关，这一数值仅在特定的时间及理想的气候和地理条件下才能获得。地面上比较常见的辐射照度是在 $600\sim900W/m^2$ 范围内，除了辐照度数值范围以外，太阳辐射的特点之一是其均匀性，这种均匀性保证了同一太阳能电池方阵上各点的辐照度相同。

太阳能电池对不同波长的光具有不同的响应，就是说辐照度相同而光谱成分不同的光照射到同一太阳能电池上其效果是不同的。太阳光是各种波长的复合光，它所含的光谱成分组成光谱分布曲线，而且其光谱分布也随地点、时间及其他条件的差异而不同。在大气层外情况很单纯，太阳光谱几乎相当于 6000K 的黑体辐射光谱，称为 AM0 光谱。在地面上，由于太阳光透过大气层后被吸收掉一部分，这种吸收和大气层的厚度及组成有关，因此是选择性吸收，结果导致非常复杂的光谱分布。随着太阳天顶角的变化，阳光透射的途径不同吸收情况也不同，所以地面阳光的光谱随时都在变化。从测试的角度来考虑，需要规定一个标准的地面太阳光谱分布。目前国内外的标准都规定，在晴朗的气候条件下，当太阳透过大气层到达地面所经过的路程为大气层厚度的 1.5 倍时，其光谱为标准地面太阳光谱，简称 AM1.5 标准太阳光谱。此时太阳的天顶角为 48.19°，这种情况在地面上比较有代表性。

发光强度简称光强，国际单位是 candela（坎德拉），简写 cd。1cd 是指单色光源（频率 $540\times10^{12}Hz$，波长 $0.550\mu m$）的光，在给定方向上的单位立体角内发出的光强度。光源辐射是均匀时，光强为

$$I=F/\Omega \tag{11-18}$$

式(11-18)中，Ω 为立体角，单位为球面度（sr）；F 为光通量，单位是流明。对于点光源 $I=F/4$。地面标准阳光条件是具有 $1000W/m^2$ 的辐照度，AM1.5 的太阳光谱以及足够好的均匀性和稳定性，这样的标准阳光在室外能找到的机会很少，而太阳能电池又必须在这种条件下测量，因此唯一的办法是用人造光源来模拟太阳光，即所谓太阳模拟器。

太阳模拟器分为稳态太阳能模拟器和脉冲式太阳能模拟器。稳态太阳能模拟器工作时输出的辐照度稳定不变，能够连续稳定的照射，但是光学系统和供电系统复杂、庞大，主要适用于小面积太阳能模拟器；脉冲式太阳能模拟器产生毫秒量级脉冲发光，瞬间功率大，但是采集系统复杂，一般用于大面积测量。常见的光源有卤光灯、冷光灯、氙灯和脉冲氙灯，其结构、特征和缺点见表 11-10 所示。

表 11-10　光源结构、其特征和缺点

光源	结构	特征	缺点	备注
卤光灯	卤光灯加水膜	光谱和日光差别大，红外线含量大，紫外线含量少，色温 2300K	3cm 水膜滤除部分红外线，无法补充紫外线	简易型
冷光灯	卤钨灯加介质膜	反射镜对红外线透明，其他光线反射，色温 3400K	灯寿命短，50h	简易型

光源	结构	特征	缺点	备注
氙灯	氙灯加滤光片	光谱接近日光,但红外线多些,用滤光片滤掉	光斑不均匀,电路复杂,价格高,光学积分设备复杂,有效面积难做大	精密太阳能模拟器
脉冲氙灯	脉冲氙灯	短时间光强,光谱特征比稳态氙灯好,可以得到大面积均匀光斑		

太阳能模拟器的辐照不均匀度是对测试平面上不同点的辐照度而言的,当辐照度不随时间改变时:

辐照度不均匀度=±(最大辐照度-最小辐照度)/(最大辐照度+最小辐照度)×100%

在测量单体电池时,辐照不均匀度应使用不超过待测电池面积 1/4 的检测电池来检测。在测量组件时,应使用不超过待测组件面积 1/10 的检测电池来检测。

测试平面上同一点的辐照度随时间改变时:

辐照度不稳定度=±(最大辐照度-最小辐照度)/(最大辐照度+最小辐照度)。

$$\text{光谱失配误差}=\int_0 [F_{T,AM1.5}(\lambda)-F_{S,AM1.5}(\lambda)][B(\lambda)-1]d\lambda \tag{11-19}$$

式中,λ 为光的波长;B 为光谱;$F_{T,AM1.5}(\lambda)$ 和 $F_{S,AM1.5}(\lambda)$ 分别是被测电池 (T) 和标准电池 (S) 在 AM1.5 状态下的相对光谱电流,即光谱电流 i 与短路电流 I 之比:

$$F_{T,AM1.5}(\lambda)=\frac{i_{T,AM1.5}(\lambda)}{\int_{T,AM1.5}\lambda d\lambda}=\frac{i_{T,AM1.5}(\lambda)}{I_{T,AM1.5}} \qquad F_{S,AM1.5}(\lambda)=\frac{i_{S,AM1.5}(\lambda)}{\int_{S,AM1.5}\lambda d\lambda}=\frac{i_{S,AM1.5}(\lambda)}{I_{S,AM1.5}}$$

$$\tag{11-20}$$

式(11-19) 中,$B(\lambda)-1$ 定义为光谱,表示太阳模拟器光谱辐照度 $e_{sim}(\lambda)$ 和 AM1.5 的光谱辐照度 $e_{AM1.5}(\lambda)$ 的相对偏差。

$$\frac{e_{sim}(\lambda)-e_{AM1.5}(\lambda)}{e_{AM1.5}(\lambda)}=B(\lambda)-1$$

即

$$B(\lambda)=\frac{e_{sim}(\lambda)}{e_{AM1.5}(\lambda)}$$

两种特殊情况下光谱失配误差消失:一种是太阳模拟器光谱和标准太阳光谱完全一致;另一种是被测太阳电池的光谱响应和标准太阳电池的光谱响应完全一致。这两种情况都难以严格实现,后一种更难实现,因为待测电池是多种多样的。为了改善光谱匹配,最好的方法是设计光谱分布和标准太阳光谱非常接近的精密型太阳模拟器。

测试太阳电池的电性能可归结为测量它的伏安特性。必须在统一规定标准测试条件下进行测量或将测量结果换算为标准测试条件,才能鉴定太阳电池电性能的优劣。使用模拟阳光时,光谱取决于电光源的种类和滤光、反光系统。辐照度可以用标准太阳电池短路电流的标定值来校准。为了减少光谱失配误差,模拟阳光的光谱应尽量接近标准阳光光谱或选用和被测量电池光谱响应基本相同的标准太阳电池。

11.2.2 外观分选

外观分选是以外观为依据,采用全检方式对电池片进行检测分选。现存分选的主要依据是在颜色分类的基础上,按照太阳能电池正背面的印刷质量以及崩边缺角等状况进行分类的。分选通常要根据检验规范进行,各企业的规范标准数值略有差异,但基本都是从颜色、缺口、毛边、线痕等进行分选。

例如，某企业太阳能电池片分为六级，分别为 A 级品、B 级品、C 级品、D 级品（等外品）、NG 品和碎片。A 级品是外观和电极无明显缺陷的，但电性能符合组件设计要求的完整单体电池片。B 级品是外观和电极有一定缺陷的，且电性能符合组件设计要求的完整单体电池片。C 级品是外观和电极有明显缺陷的完整电池片或单体太阳电池，最大完整破损面积 $\geqslant 1/4$ 完整单体太阳电池面积，可划片生产且划片后电池片电性能符合划片组件设计要求的电池片。D 级品为逆电流或并联电阻超标即并联电阻 $R_{sh} \leqslant 7\Omega$ 或逆电流 $I_{revl} \geqslant 3A$ 的电池片。NG 片指的是 FF、V_{OC}、I_{SC}、R_s 等电性能不符合组件设计要求的电池片及 $P_{mpp} \leqslant 3.65W$ 的电池片。碎片指面积小于四分之一、不可切割、按重量入库的电池片碎片。另一企业将电池片等级划分为 A、B、C 三个级别，A 级为最高标准，单个级别出现任何不合格项（1 项），必须降为下一个等级，依此类推；低于 B 级标准的电池片归类为 C 级片直接退货。表 11-11 列出了某企业的电池片外观检验标准以供参考。

表 11-11　某企业电池片外观检验标准

类别	检查项目	A 级	B 级	C 级
总体外观	裂纹、隐裂、穿孔	日光灯下肉眼观测,不允许有此类缺陷		
	缺口	日光灯下肉眼观测,不允许明显可见缺陷	缺口不能有尖角,宽度≤0.5mm,长度≤2mm,总数目≤4 个	缺口不伤及栅线
	正面崩边	单个≤1mm 宽×1mm 长,个数≤2 个,深度不超过电池片厚度的 2/3,间距大于 10mm	单个≤1mm 宽×2mm 长且个数≤2 个;单个≤1mm 宽×1mm 长,个数≤2 个,深度不超过电池片厚度的 2/3,主栅线端点边缘没有崩边	超过 B 级标准的完整电池片
	背面崩边	单个≤1mm 宽×2mm 长,个数≤2 个,但是间距大于 30mm	单个≤1mm 宽×3mm 长,个数≤3 个	超过 B 级标准的完整电池片
	尺寸偏差	≤±0.5mm	≤±1mm	超过 B 级标准的完整电池片
	弯曲度	156 电池的弯曲度≤2mm（200m）或≤2.5mm(180m)	156 电池的弯曲度≤2.5mm（200m）或≤3mm(180m)	超过 B 级标准的完整电池片
花片	色差	单片和整包电池片的颜色均匀一致,颜色范围从红色开始,经深蓝色、蓝色到浅蓝色允许相近颜色,但是不允许跳色,以主体颜色为深蓝色进行分类,单片和整包电池片最多只允许存在两种相近颜色,不允许明显可见的局部反光或绒面不均匀	存在不明显色差、局部反光和绒面不均匀,面积不超过电池面积的 1/6	超过 B 级标准的完整电池片
	正面划痕	≤10mm,个数≤2 个,30～50cm 观察不明可以忽略不计	≤20mm,个数≤2 个,个数超过 2 个的轻微划痕,目测距离 1m 不可见允收	超过 B 级标准的完整电池片
	斑点	单个白斑面积≤3mm·³,个数≤1 个,黑油斑不允许,类油斑单个面积≤3mm·³,允许 1 个	单个白斑面积≤5mm·³且个数≤3 个,个数超过 3 个的轻微斑点,目测距离 1m 不可见忽略不计,黑油斑不允许,类油斑单个面积 5mm³ 且个数≤3 个	超过 B 级标准的完整电池片

类别	检查项目	A 级	B 级	C 级
	水印	单个面积≤3mm³,个数≤3 个	单个白色水印面积≤5mm³,个数≤3 个	超过 B 级标准的完整电池片
	清洗过刻	不伤及栅线,超过栅线的目测距离 1m 不可见允收	允收	超过 B 级标准的完整电池片
	手印脏片	允许正视 1m 看不明显的浅色手印,大小≤5mm 宽×5mm 长,允许一处	大小≤5mm 宽×5mm 长,个数≤3 个	超过 B 级标准的完整电池片
	细栅、断栅、虚印	断栅长度介于 0.5~1mm 且个数≤2 个,分散的断栅≤0.5mm 且个数≤5 个,同一根栅线不允许有两处断栅,距离 30~50cm 不明显的断栅忽略不计,不允许存在明显可见的虚印	小于 1mm 的断栅个数≤10 个,允许≤0.1mm 断栅忽略不计,虚印面积≤15mm×10mm	超过 B 级标准的完整电池片
	正面主栅线漏印	主栅线清洗完整,均匀连续	一片上缺失大小≤0.5mm×5mm	超过 B 级标准的完整电池片
	正面主栅线脱落	不允许	不允许	超过 B 级标准的完整电池片
	正面印刷偏移	左右偏移(与主栅线垂直方向):边框两边到硅片的距离差≤1mm,且浆料不能接触到电池片的边缘 角度偏移:同一边框线到硅片边缘最大距离与最小距离的差≤0.5mm	左右偏移:边框两边到硅片的距离差≤1mm,且任何细栅线不能到电池片的边缘 角度偏移:边框线与边缘的最小距离>0.5mm	超过 B 级标准的完整电池片
	漏浆	单个漏浆面积		超过 B 级标准的完整电池片
	结点	单个面积≤0.5mm×2mm 且个数≤2 个;单个面积≤0.5mm×1mm 且个数≤5 个	分散结点:单个面积≤0.5mm×1mm 个数≤2 个 连续相邻结点:单个面积≤0.5mm×2mm,总个数 3 个,单个面积≤0.5mm×1mm,总个数≤10 个	超过 B 级标准的完整电池片
	栅线粗细不均	允许边框栅线印粗,宽度≤2×栅线宽度 中间单根栅线印粗,印粗长度≤1/4 细栅线长度,宽度≤2×栅线宽度 多条细栅线连续印粗,印粗长度≤2cm,宽度≤2×栅线宽度,不超过 3 处	允许接收	超过 B 级标准的完整电池片
背场	背面主栅线缺失	一片上缺失大小≤1mm×5mm	一片上缺失大小≤5mm×5mm	超过 B 级标准的完整电池片
	铝包	铝包直径≤5mm,高度≤0.15mm	铝包直径≤8mm,高度≤0.2mm	超过 B 级标准的完整电池片
	背场漏印	单个面积≤1cm³,个数≤1 个,单个面积≤1mm³,个数≤3 个	单个面积≤1cm³,个数≤2 个,单个面积≤1mm³,个数≤5 个	超过 B 级标准的完整电池片
	背场脱落	允许小于 5cm×5cm	允许不超过电池片面积 1/6	超过 B 级标准的完整电池片
	背面电极与背面电场的偏移	左右偏移:印刷边缘到硅片边缘的距离差≤1mm,且浆料不能接触到电池片的边缘 角度偏移:同一背场边缘到硅片边缘最大距离与最小距离差≤0.5mm	左右偏移:印刷边缘到硅片边缘的距离差≤1mm,且浆料不能接触到电池片的边缘 角度偏移:背场与硅片边缘的最小距离>0.5mm	超过 B 级标准的完整电池片
	铝刺	在日光灯下用肉眼观测,不允许有可见的铝刺	在日光灯下用肉眼观测,不允许有可见的铝刺	超过 B 级标准的完整电池片

光伏硅晶体材料的制备、表征及应用技术

外观分选可以使用太阳能电池片外观/缺陷/颜色分选机。电池片缺陷/颜色分选机设备基于机器视觉图像识别技术的检测系统，可以准确、可靠地对电池片正、反面外观缺陷和颜色进行自动分选。该设备采用堆叠（离线）的上料方式，对电池片进行颜色及缺陷测试，下料单元根据测试结果将电池片下到对应等级的下料盒中，由人工取片包装，降低了人工作业强度和人工操作破片率，减少人为对晶片的污染，提高生产率及产能。分选机系统由工业相机、LED 照明光源、工业控制系统等组成，可以进行自动快速工具校准和匹配，并进行快速干预以及生产工艺调整等控制，也能统计当前以及最近检测的太阳能电池片外观缺陷和颜色分选信息。

11.2.3　硅片常见不良

硅片常见不良见图 11-23。

图 11-23　硅片常见不良

（1）缺口、掉角和裂纹

硅片缺口和掉角表现为电池片边缘或四角缺失一部分，通常是由应力造成的。用游标卡尺或模板量取缺口的长、宽和深，要求无尖锐形缺口和三角形缺口，缺口不允许过主、副栅线，不允许有掉角存在。裂纹也是由应力造成的，电池片中不允许有裂纹的存在。

（2）铝苞

铝苞表现为背面电场有凸起的苞或珠，也叫铝珠。绒面过大或印刷不良都会引起此种不良。铝苞片判定时，无论其位置，直径≤40μm 的均为非铝苞。

（3）背电场不良和叠片

背电场缺印和变色指的是背电场有部分缺失及变色，可以根据缺印和变色面积进行级别判定。背电场缺印通常是丝网印刷第二道印刷不良引起的，而变色则是由叠片或烧结不合理造成的。背电场叠片也是一种不良，表现为背电场或背面电极浆料没有得到正常烧结，出现发黄变色和电极脱落的现象，主要是由电池片叠在一起烧结造成的。一般正面不允许存在叠片不良，背面则按背电场缺印和变色面积进行等级判断。

（4）色差

色差指的是电池片的颜色偏离了主体颜色。电池片主体颜色为蓝色、深蓝色，蓝色、深蓝色区域小于50％时，要根据单体颜色情况降至相应等级。色差一般是PECVD镀膜不良引起的。

（5）弯曲和厚薄不均

电池片不在一个平面上就是电池片弯曲。通常是硅片本身太薄或丝网印刷正、背面银电极合铝背场收缩率不同造成的，一般采用弯曲范围来表征弯曲。厚薄不均则表现为单片电池厚度不均匀引起的弯曲，即TTV片。一般是由原始硅片厚度不均或印刷厚度不均引起的。可用千分尺量取厚度值后与标称厚度进行比较。

（6）水痕印和手指印

水痕印指的是电池片边缘有明显的水干后的纹状痕迹，是由清洗不干净或未能及时甩干引起的。水痕印是通过所占电池片的面积比例及个数进行判断分级的。手指印是电池片上明显的手指印沾污痕迹，主要是操作电池片时未戴手套或手套不干净造成的。手指印的判定准则为手指印所占电池片的面积比例与个数。

（7）斑点、亮斑和未制绒

斑点和亮斑指的是电池片上有明显的斑点或发白、发亮的斑点，这种不良一般是由制绒不良或硅片本身脏污引起的，可以根据其明显度、面积大小及个数进行判断分级。未制绒则是指电池片的绒面上有明显的绒面发白、变色的显现，显微镜下可以观察到绒面不良，其判定准则为绒面发白明显度、面积及个数。

（8）印刷偏移和漏浆

印刷偏移表现为正面电极图形整体偏离正常位置，可以也能够用模板进行量取印刷图形偏移正常位置的范围，通常是由丝网印刷不良引起的。漏浆是第三道印刷引起的，表现为浆料漏印在电池片表面或边缘，其判定准则正面为漏浆的大小和个数，背面是根据铝背场的铝苞判定，侧面如果有漏浆则需要返工。

（9）正面电极虚印或缺失

正面电极虚印或缺失均是由第三道印刷不良引起的。虚印表现为电池片副栅线不连续印刷，中间有断点，可以根据虚印面积判断分级。缺失则表现为正面电极部分缺失，根据断线的长度和数量进行级别判断。

（10）油污、硅晶脱落和类似光面

油污指的是电池片表面的油污痕迹，是漏油引起的，不允许存在。硅晶脱落是硅片本身或受力所致，表现为电池片上有明显硅晶脱落发亮的部分。如果硅晶脱落镀膜后不影响电极为正常片，镀膜后按漏浆面积和个数判定。类似光面则是镀膜后部分或整体颜色与主题颜色相比发亮，是由制绒不良引起的。通过光面的明显程度及整体均匀性判断分级。

（11）电极扭曲、雨点和工艺点

电极扭曲指的是电池片正面主副栅线有局部偏离正常位置，是在丝网印刷第三道印刷不良造成的，以偏离正常位置的距离为标准进行分级。雨点是制绒不良造成的现象，表现为电池片表面有类雨点状色斑，可以通过明显度及所占面积对电池片进行分级。工艺点则是石墨舟使用时间过长引起的，表现为石墨舟工艺点最大宽度≥1.6mm。

11.3 新型高效电池技术

目前可以产业化的新型结构晶体硅太阳能电池有 N 型双面电池、HIT 电池、IBC 电池、PERC 电池、TopCon 电池和 POLO 电池，其结构见图 11-24。

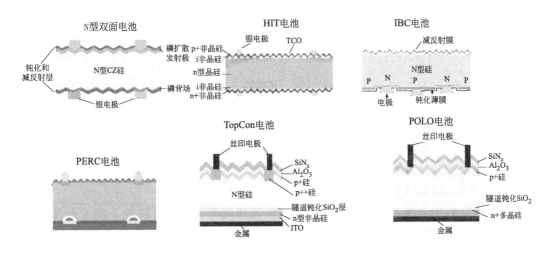

图 11-24　新型结构晶体硅太阳能电池结构示意

11.3.1　P-PERC 和 N-PERT 电池

PERC (Passivated Emitter and Rear Cell)，即钝化发射极和背面电池技术，最早在1983 年由澳大利亚科学家 Martin Green 提出，目前正在成为太阳电池新一代的常规技术。PERC 技术通过在电池的后侧上添加一个电介质钝化层来提高转换效率。标准电池结构中更好的效率水平受限于光生电子重组的趋势，PERC 电池最大化跨越了 P-N 结的电势梯度，使得电子更稳定的流动，减少电子重组，以及更高的效率水平。PERC 技术的优势还体现在与其他高效电池和组件技术兼容，持续提升效率和发电能力的潜力。通过与多主栅、选择性发射极等技术的叠加，PERC 电池效率可以进一步提升，组合金刚线切割和黑硅技术，可以提高多晶电池性价比。

图 11-25 为 PERC 电池的生产流程，比常规光伏电池生产流程多沉积背面钝化层和开口形成背面接触两个重要步骤。此外，基于化学蚀刻的边缘隔离步骤需要针对背部抛光稍做调整。也就是说，硅片背部绒面金字塔型结构需要被溶蚀掉。因此，钝化膜沉积设备和膜开口设备（既可以使用激光也可以运用化学蚀刻）都需要在传统的电池生产线上额外增加加工设备。

硅片内部和硅片表面的杂质及缺陷会对光伏电池的性能造成负面影响，钝化工序就是通过降低表面载流子的复合减小缺陷带来的影响，从而保证电池的效率。晶硅太阳能电池的表面钝化一直是设计和优化的重中之重。从早期的仅有背电场钝化，到正面氮化硅钝化，再到背面引入诸如氧化硅、氧化铝、氮化硅等介质层的钝化局部开孔接触的 PERC 设计。PERC概念的核心就在于为常规光伏电池增加全覆盖的背面钝化膜。钝化主要通过化学钝化和场效应钝化两种方式来减小复合速率，提高少数载流子寿命。化学钝化通过两种方式饱和

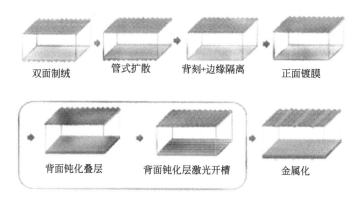

双面制绒　　管式扩散　　背刻+边缘隔离　　正面镀膜

背面钝化叠层　　背面钝化层激光开槽　　金属化

图 11-25　PERC 电池的生产流程

悬挂键来弱化界面电子态，降低界面缺陷浓度，从而减少禁带内的复合中心。一种方式是提供一个使原子拥有足够时间和能量以饱和悬挂键的表层；第二种方式是沉积高氢介质膜，在后续工序中将氢原子释放出来，填补空穴，钝化悬挂键。场效应钝化则通过降低高表面浓度的掺杂密度或增加一层具有高度稳定电荷的介质膜在表面附近营造一个梯度电场，以相同极性排斥载流子，从而降低少数载流子浓度。

在钝化膜材料的选择上。氧化铝由于具备较高的电荷密度，可以对 P 型表面提供良好的钝化，目前被广泛应用于 PERC 电池量产的背面钝化材料。除氧化铝外，氧化硅（SiO_2）、氮氧化硅等也可作为背面钝化材料。为了完全满足背面钝化条件，还需要在氧化铝表面覆一层氮化硅（SiN_x），以保护背部钝化膜，并保证电池背面的光学性能。故 PERC 电池背面钝化多采用 Al_2O_3/SiN_x 双层结构。

PERC 电池实验室制备采用了光刻、蒸镀、热氧钝化、电镀等技术，而产业化 PERC 工艺采用了 PECVD（或 ALD）法钝化、激光开孔、丝网印刷、烧结等技术。PERC 电池技术路线是在常规产线上直接进行升级，加入热氧化和 SE 工艺，优化刻蚀、扩散匹配，提高量产效率。PERC 电池还有很大的效率提升空间，发射极、背面铝背场、主栅、硅片质量等还有优化空间。

PERC 电池产业仍存在一些问题，最为突出的就是 PERC 电池的光致衰减。单晶 PERC 光衰要高于单晶 BSF 电池，单晶 PERC 的光衰主要与电池中 B-O 对有关，此类衰减可通过降低硅片中氧含量、掺 Ga、光照+退火等工艺消除。多晶 PERC 的光衰机理更为复杂。目前认为，多晶 PERC 的光衰与电池的热过程密切相关，因此也称为光照热衰减（Light elevated Temperature Induce Degradation，简称 LeTID）。多晶 PERC 的 LeTID 比多晶 Al-BSF 电池高 6%～10%左右。多晶 PERC 电池的 LeTID 与 B-O 对无关，表现为掺 Ga 不起作用；与体内的复合有关，而与表面钝化特性关系不大；与少数载流子注入浓度有关；与电池热历史有关。吸杂可以抑制衰减（P 吸杂比 Al 吸杂更有效），高温退火及激光快速退火也可以抑制多晶 PERC 光衰。

N 型硅可以从根本上解决 P-PERC 电池的光致衰减，且少子寿命比 P 型硅高，由此得到了 N-PERT 电池。PERT 指的是钝化发射极背表面全扩散电池，为典型的双面受光、双面发电电池，即硅片的正面和反面都可以接收光能并产生光生电流和电压。和常规电池相比，N-PERT 电池主要增加了双面浆料印刷和硼元素掺杂等工艺。该技术没有用到激光等工艺，整个电池制作工艺不对硅片造成额外损伤，组件可在各种使用条件下保持稳定性。此外，还具有无光致衰减、弱光响应好等特点。

光伏硅晶体材料的制备、表征及应用技术

P 型单多晶电池正面印刷 Ag 栅线，背面整面印刷 Al 浆，因此电池正面和背面的金属结构和成分不对称，在丝网印刷烧结后电池片会产生 2～5mm 的翘曲，从而在电池内部产生应力，导致破片率提升。N 型单晶双面电池正背面均印刷 Ag 栅线且图形相近，因此 N 型单晶双面电池结构均有对称性，电池在丝网烧结印刷后不产生翘曲。此外，N 型单晶双面电池的工艺流程中无激光等损伤，保持完整晶体结构。因此，N 型单晶双面电池破片率更低。但是 N 型单晶双面电池正背面均印刷银浆，银浆的耗量高于 P 型单多晶电池。且在产能方面，N 型电池与 P 型电池的相比还有差距。

11.3.2　HIT 电池

HIT（Heterojunction with Intrinsic Thin-layer）为本征薄膜异质结，被日本三洋公司申请为注册商标，所以又被称为 HJT 或 SHJ（Silicon Heterojunction solar cell）。HIT 太阳能电池是以光照射侧的 p-i 型 a-Si：H 膜（膜厚 5～10nm）和背面侧的 i-n 型 a-Si：H 膜（膜厚 5～10nm）夹住晶体硅片，在两侧的顶层形成透明的电极和集电极，构成具有对称结构的 HIT 太阳能电池。在电池正表面，由于能带弯曲阻挡了电子向正面的移动，空穴则由于本征层很薄而可以隧穿后通过高掺杂的 p＋型非晶硅，构成空穴传输层。同样，在背表面由于能带弯曲阻挡了空穴向背面的移动，而电子可以隧穿后通过高掺杂的 n＋型非晶硅，构成电子传输层。通过在电池正反两面沉积选择性传输层，使得光生载流子只能在吸收材料中产生富集，然后从电池的一个表面流出，实现两者的分离。

HIT 电池的工艺步骤相对简单，主要有制绒清洗、非晶硅薄膜沉积、TCO 制备和电极制备四个步骤。首先与常规电池一样，要对硅片制绒清洗，然后正面用 PECVD 法制备本征非晶硅薄膜和 P 型非晶硅薄膜，背面制备本征非晶硅薄膜和 N 型非晶硅薄膜。最后在两面用溅射法沉积透明导电氧化物薄膜并采用丝网印刷法制备电极。

HIT 电池避免采用传统的高温扩散工艺来获得 P-N 结，不仅节约了能源，而且低温环境使得 a-Si：H 基薄膜掺杂、禁带宽度和厚度等可以较精确控制，工艺上也易于优化器件特性。低温沉积过程中，硅片弯曲变形小，厚度可采用本底光吸收材料所要求的最低值（约80μm）。除此之外，低温过程消除了硅衬底在高温处理中的性能退化，可以采用低品质的晶体硅甚至多晶硅来作衬底。HIT 是良好的双面电池，正面和背面基本无颜色差异，且电池背面效率与正面效率之比可达到 90％以上，背面发电的优势明显。HIT 电池的厚度薄，可以节省硅材料。低温工艺可以减少能量的消耗，并且允许采用廉价衬底，高效率使得在相同输出功率的条件下可以减少电池的面积，从而有效降低了电池的成本。综上所述，HIT 电池的制备工艺步骤简单，且工艺温度低，可避免高温工艺对硅片的损伤，并有效降低排放，但是工艺难度大，且产线与传统电池不兼容，设备资产投资较大。

11.3.3　TopCon 电池

PERC 电池在背面引入氧化铝/氮化硅介质层进行钝化，采用局部金属接触，有效降低了背表面电子复合，提升电池转化效率。但由于 PERC 电池将背面的接触范围限制在开孔区域，开孔处的高复合速率依然存在。为了进一步降低背面复合速率实现背面整体钝化，并去除背面开膜工艺，钝化接触技术近年来成为行业研究热点。TopCon（Tunnel Oxide Passivated Contact）技术就是钝化接触的一种。

TopCon 电池概念是由 Fraunhofer ISE 在 2013 年第 28 届 EU PVSEC 上首次提出，使用一层超薄的氧化层与掺杂的薄膜硅钝化电池的背面。背面氧化层厚度 1.4nm，采用湿法化学生长。随后在氧化层之上，沉积 20nm 掺磷的非晶硅，之后经过退火重结晶并加强钝化效果。国外厂商 LG 目前已实现 N-PERT 及 TopCon 电池的大规模量产。其中，N-PERT 电池量产平均转化效率已超过 22.5%，TopCon 电池量产平均转化效率已超过 23%。

TopCon 技术在电池背面制备一层超薄的隧穿氧化层和一层高掺杂的多晶硅薄层，二者共同形成了钝化接触结构。该结构为硅片的背面提供了良好的表面钝化，超薄氧化层可以使多子电子隧穿进入多晶硅层同时阻挡少子空穴复合，进而电子在多晶硅层横向传输被金属收集，从而极大地降低了金属接触复合电流，提升了电池的开路电压和短路电流。

TopCon 结构无须背面开孔和对准，也无须额外增加局部掺杂工艺，极大地简化了电池生产工艺。相较于 N-PERT 电池，TopCon 技术只需要增加薄膜沉积设备，能很好地与目前的量产工艺兼容，便于产线升级。同时掺杂多晶硅层良好的钝化特性以及背面金属全接触结构具有进一步提升转换效率的空间，可以使 N 型电池量产效率超过 23%，现已成为下一代产业化 N 型高效电池的切入点。

11.3.4 IBC 电池

11.3.4.1 IBC 电池

IBC (Interdigitated back contact，交叉背接触电池) 指的是正负金属电极呈叉指状方式排列在电池背光面的一种背结背接触的太阳电池，它的 P-N 结位于电池背面。IBC 电池一般以 N 型硅作为基底，前表面是 N+ 的前场区 FSF，背表面为叉指状排列的 P+ 发射极和 N+ 背场 BSF。前后表面均采用 SiO_2/SiN_x 叠层膜作为钝化层。正面无金属接触，背面的正负电极接触区域也呈叉指状排列。前场区 FSF 的作用是利用场钝化效应降低表面少子浓度，从而降低表面复合速率，同时还可以降低串联电阻，提升电子传输能力，可通过磷扩散或离子注入等技术形成。背面发射极的作用是与 N 型硅基底形成 P-N 结，有效地分离载流子，可以通过硼扩散或旋涂的方式制备。背面 BSF 主要是与 N 型硅形成高低结，诱导形成 P-N 结，增强载流子的分离能力，可通过磷扩散或离子注入形成。背面 P/N 交替的叉指状结构的形成是 IBC 电池的技术核心，可通过光刻、掩膜、激光等方法实现。

IBC 电池的核心技术之一是其背面电极的设计，它不仅影响电池性能，还直接决定了 IBC 组件的制作工艺。按照电极设计的不同，IBC 电池有无主栅、四主栅和点接式三种主要类型。无主栅 IBC 电池是背面只印刷细栅线，无须印刷绝缘胶和主栅，制备工序简单、成本较低。但该类型的 IBC 电池在制作组件时需要专门的设备配套，且有较高的精度要求，导致组件端成本较高。四主栅 IBC 电池可使用常规焊接的方法制作组件，精度要求低，无须专门设备，适用性强。但在电池制备过程中须要印刷绝缘胶和主栅，电池工序相对复杂。点接式 IBC 电池无须印刷绝缘胶，主细栅一次印刷，电池工序简单，制作组件时，使用金属箔进行电池片互联，精度要求低于无主栅式。

IBC 电池发射区和基区的电极均处于背面，正面完全无栅线遮挡，可消除金属电极的遮光电流损失，实现入射光子的最大利用化，较常规太阳电池短路电流可提高 7% 左右。由于其正负电极都在电池背面，不必考虑栅线遮挡问题，可适当加宽栅线比例，降低串联电阻，提高填充因子。除此之外还可以对表面钝化及表面陷光结构进行最优化的设计，可得到较低的前表面复合速率和表面反射。但是 IBC 电池对基体材料要求较高，需要较高的少子寿命。因为 IBC 电池属于背结电池，为使光生载流子在到达背面 P-N 结前尽可能少地或完全不被复合掉，就需要较高的少子扩散长度。对前表面的钝化要求也比较高。如果前表面复合较高，光生载流子在未到达背面 P-N 结区之前，已被复合掉，将会大幅降低电池转换效率。

背面指交叉状的 P 区和 N 区在制作过程中，需要多次的掩膜和光刻技术，为了防止漏电，P 区和 N 区之间的区域也需非常精准，这都增加了工艺难度，其复杂的工艺步骤使其制作成本远高于传统晶体硅电池。

IBC 电池的未来发展主要有效率提升和产业化发展两个方面。对于 IBC 电池效率的提升，可以从以下几个方面考虑：a. 优化背电极接触区域，降低接触电阻；b. 为防止电池短路且性能最优，需在电池背面 P+ 和 N+ 区域寻找合适宽度的本征区域；c. 使用体寿命较高的 N 型硅片作为基体，对其前后表面制备良好的钝化层，保持较高的少子寿命；d. 背面钝化层的引入需考虑背反射器的作用。

为了进一步降低 IBC 电池的整体复合，可以将钝化接触技术与 IBC 相结合，研发出 TBC（Tunneling oxide passivated contact Back Contact）太阳电池；也有将非晶硅钝化技术与 IBC 相结合，开发出 HBC 太阳电池。TBC 电池主要是通过对传统 IBC 电池的背面进行优化设计，即用 P+ 和 N+ 的多晶硅作为发射极和 BSF，并在多晶硅与掺杂层之间沉积一层隧穿氧化层 SiO_2，使其具有更低的复合，更好的接触，更高的转化效率。HBC 电池结构与传统 IBC 电池不同的是背面的发射极和 BSF 区域为 P+ 非晶硅和 N+ 非晶硅层，在异质结接触区域插入一层本征非晶硅钝化层。精简工艺步骤、降低制造成本是实现 IBC 电池产业化的关键因素。例如在 IBC 电池的制作过程中，用丝网印刷、激光等目前主流晶体硅的技术代替光刻、电镀等高成本的技术；通过开发配套工艺和设备升级改造，以最小代价实现与目前规模化的生产线兼容的 IBC 工艺路线。

11.3.4.2 POLO 电池

在 IBC 基础上还发展出了 POLO 电池。POLO 电池是德国哈梅林太阳能研究所（ISFH）与汉诺威大学研制的效率达到 26.1% 的太阳能电池。该电池采用了 FZ 法的 p 型单晶硅片，电池面积 $4cm^2$，开路电压 726.6mV，短路电流密度 $42.6mA/cm^2$，填充因子 84.3%。电池采用交错背接触结构（IBC），正负电极均采用多晶硅氧化层（POLO）技术实现钝化接触。普通双面电极的电池在使用钝化接触时，虽然提高了钝化效果和电压，但由于钝化层对光的吸收，电流有所损失，将钝化接触用在正面无遮挡的背接触设计是一个较好的解决方案。

POLO 电池的整套工艺相对比较复杂，并且使用了多次光刻和需对准的工艺。首先使用热生长在硅片两面得到 2.2nm 氧化层，用 LPCVD 沉积本征多晶硅。然后使用硼离子注入将背面的多晶硅掺杂为 P 型。在背面使用光刻技术开孔，留光刻胶作为阻隔层，两面离子注入进行磷掺杂，背面得到交错的 P 和 N 掺杂区域。高温退火，正反两面的钝化薄层氧化硅厚度减少，局部形成微孔，这一步是 POLO 技术的核心。通过微孔和隧穿共同实现电流的导通，其中微孔作用为主导作用。这一步工艺中，两面生长氧化层，正面掺杂的多晶硅对硅片起到吸杂的效果。去除正面氧化层，再使用光刻技术对背面氧化层开孔，使用 KOH 刻蚀正面制绒。背面断开掺杂区域的衔接，ALD 法生长 20nm 的 AlO_x 用作钝化，正面再用 PECVD 覆盖 SiN_y/SiO_z 的减反射层，背面只覆盖 SiO_z。再次使用光刻对金属接触区域开孔，背面蒸镀铝电极，然后溅射氧化硅。最后使用化学法除去分隔沟中的金属，完成背电极的分离。

11.3.4.3 MWT 和 EWT 电池

MWT（Metal Wrap Through，金属电极绕通）和 EWT（Emitter Wrap Through，发射极电极绕通）电池也属于背接触太阳电池，但因其 PN 结位于电池正面，称之为前结背接触太阳电池。MWT 和 EWT 不完全依赖于栅线收集载流子，而是采用激光打孔的方式在衬底上打出阵列孔洞，再通过不同的方式向孔洞中填充金属或者重扩来实现前后发射极间的电流传输。与传统的电池相比，前结电池有效地减小了正面的遮光面积，还不影响正面载流子的收集，从而提高了电池效率。

MWT 电池就是将电池正面收集的电子通过孔洞中填充的金属转移至电池背面。它无须在电池正面制作主栅，电池表面有更大的面积来收集光子并将其转化为电能。该电池将传统电池中的主栅移到了电池的背面，仅保留正面较细的金属栅线，在减小遮光面积的同时还可以简化组装工艺，实现共面拼装。金属电极绕通结构可以实现双 P-N 结结构，即通过金属化通道将前结和背结连接起来，共同收集载流子，提高了分离和收集载流子的效率，对于少子寿命较低的硅衬底采用此种结构仍可获得较高的短路电流。降低了对 Si 材料的要求，从而降低了电池成本。前表面依然采用优良的金字塔结构和减反射膜以减少光的反射损失。目前，MWT 电池发展遇到的主要问题是金属化孔洞的制备技术和电极间分流的问题。

MWT 电池的常规步骤包括：a. 激光打孔。125mm×125mm 的硅片大约需要打 150 个孔洞，每个孔洞孔径大约 80μm；b. 在激光打孔后用酸或碱制绒，同时去除激光打孔带来的损伤；c. 发射极磷（P）扩散，其方块电阻为 20～75Ω，扩散完成后去除磷硅玻璃；d. 用等离子增强型化学气相沉积或者溅射的方法制备氮化硅薄膜作为前表面减反射层和钝化层；e. 在 MWT 电池的背面用丝网印刷或其他方法用金属把孔填满，并且被两条 N 型接触的主栅；f. 第二次丝网印刷，在前表面做细栅，在背面做两条 P 型接触的主栅；g. 在烧结炉中进行烧结；h. 基极和发射极的电极需要隔离，前后表面可以同时用激光打隔离沟槽，也就是在隔离的时候可以用两条激光分别位于电池上下两侧同时打隔离沟槽。

EWT 电池是 MWT 电池的改进，兼具了 IBC 电池与 MWT 电池的优点。EWT 太阳电池不仅可以采用双 P-N 结吸收光生载流子，提高收集效率，而且它还能完全消除电池正面的电极遮光，产生更多的光生载流子，有利于提高电池的填充因子，从而进一步提高电池的转换效率。EWT 太阳电池表面完全没有栅线的覆盖，前后发射极的连接是通过孔洞来实现的，EWT 太阳电池通过重扩的方法来实现孔洞的导通。孔洞的作用在于一方面把电池正面发射区和背面局部发射区连接在一起；另一方面重扩还可以降低接触电极的接触电阻。通过重扩的孔洞将前表面发射区引入背面，实现把前表面收集的电子传导到背电极上，电池的 P 型电极和 N 型电极的细栅全部交叉排列在电池背面，简化了封装工艺。

习　题

1. 名词解释：扩散结深、方块电阻、磷硅玻璃。
2. 太阳能电池生产工艺包括哪几个步骤？
3. 为什么要制备绒面结构？常用的绒面制备技术有哪些？
4. 等离子刻蚀工艺有哪些优缺点？
5. 简述反应等离子刻蚀硅片制绒的原理。
6. 分别说明单晶硅和多晶硅化学制绒硅的原理。
7. 制绒过程采用 HF、HCl 和 KOH 药液，它们分别起什么作用？
8. 什么是黑硅？试描述金属辅助化学腐蚀法腐蚀 Si 的具体反应过程。
9. 实际生产中采用的扩散方法往往是两步扩散工艺，每步各起什么作用？
10. 简述 POCl$_3$ 液态源磷扩散的原理。

光伏硅晶体材料的制备、表征及应用技术

11. 说明如何采用阳极氧化法测试扩散结深。

12. 为什么要进行边缘刻蚀和去磷硅玻璃？

13. 说明减反射膜的工作原理。

14. 为什么要采用钝化技术对镀减反射膜之后的太阳能电池进行钝化？

15. 简述丝网印刷工艺的原理。

参 考 文 献

[1] 徐小龙. 过冷二元合金凝固组织演化及晶粒细化机制研究 [D]. 西安：西北工业大学，2006.

[2] Liu Z. Y, Qi H. Effects of processing parameters on crystal growth and microstructure formation in laser powder deposition of single-crystal superalloy [J]. J. Mater. Process. Tech. 2015 (216).

[3] 韩栋梁. 多晶硅铸锭炉热场可视化分析及其关键技术研究 [D]. 太原：太原理工大学，2016.

[4] 吕国强，杨玺，刘成，等. 传热过程对多晶硅真空定向凝固过程的凝固界面及热应力的影响 [J]. 材料热处理学报，2015 (5).

[5] 庞江瑞，黄家海，权龙. 多晶硅铸锭炉热场结构的优化及数值模拟 [J]. 铸造技术，2014 (8).

[6] 曹建伟. 直拉式单晶硅生长炉的关键技术研究 [D]. 杭州：浙江大学，2010.

[7] 邓丰. 多晶硅生产技术 [M]. 北京：化学工业出版社，2009.

[8] Lan C. W., Lan W. C, Lee T. F, et al. Grain control in directional solidification of photovoltaic silicon [J]. J. Cryst. Growth，2012 (360).

[9] Jouini A，Ponthenier D，Lignier H，et al. Improved multicrystalline silicon ingot crystal quality through seed growth for high efficiency solar cells [J]. Prog. Photovolt：Res. Appl.，2012 (6).

[10] Jia Z. Y，Liu Y，Liu W，et al. A spectrum selection method based on SNR for the machine vision measurement of large hot forgings [J]. Optik-Inter. J. Light Elect.，2015 (24).

[11] 聂颖. 氧化铝基共晶陶瓷的定向凝固生长及其力学性能研究 [D]. 哈尔滨：哈尔滨工业大学，2018.

[12] 褚宗富，翟慎秋，丁锐，等. 定向凝固氧化物共晶陶瓷的制备工艺与性能 [J]. 中国陶瓷，2017 (7).

[13] Wang X，Wang D，Zhang H. Mechanism of eutectic growth in directional solidification of an $Al_2O_3/Y_3Al_5O_{12}$ crystal [J]. Scripta Materialia，2016，(116).

[14] 张聪. 多晶硅铸锭低少子寿命红区抑制及工艺优化研究 [D]. 昆明：昆明理工大学，2017.

[15] 杨玺，刘晶靓，张明宇，等. 多晶硅真空定向凝固系统的结构特性优化研究 [J]. 工业加热，2017 (3).

[16] 李永乐，黄金亮，李飞龙，等. 不同 Si_3N_4 相涂层坩埚中全熔多晶硅锭的制备及表征 [J]. 机械工程材料，2017 (5).

[17] 毕萍. 定向凝固法制备多晶硅铸锭的结构与性能研究 [D]. 昆明：云南大学，2016.

[18] 黄有志. 直拉单晶硅工艺技术 [M]. 北京：化学工业出版社，2009.

[19] 康伟超. 硅材料检测技术 [M]. 北京：化学工业出版社，2009.

[20] Yang X，Lv G. Q，Ma W. H，et al. The effect of radiative heat transfer characteristics on vacuum directional solidification process of multicrystalline silicon in the vertical Bridgman system [J]. Appl. Thermal Eng.，2016 (25).

[21] Martins G，Bonilla R. S，Burton T，et al. Minority Carrier Lifetime Improvement of Multicrystalline Silicon Using Combined Saw Damage Gettering and Emitter Formation [J]. Solid State Phenomena，2016 (242).

[22] Hosenuzzaman M，Rahim N. A，Selvaraj J，et al. Global prospects, progress, policies, and environmental impact of solar photovoltaic power generation [J]. Renewable Sustain. Energy Rev，2015 (41).

[23] 张柯，刘峰，杨根仓，等. 材料相变过程中的形核理论 [J]. 西安工业大学学报，2012 (12).

[24] 曲翔. 区熔单晶硅气相掺杂技术研究 [D]. 北京：北京有色金属研究总院，2013.

[25] Ratnieks G，Muiznieks A，Buligins L. Influence of the three dimensionality of the HF electromagnetic field on resistivity variations in Si single crystals during FZ growth. J. Cryst. Growth，2000.

[26] Rost H. -J.，Menzel R，Luedge A，et al. Float-Zone silicon crystal growth at reduced RF frequencies [J]. Journal of Crystal Growth，2012

[27] S. Väyrynen，J. Härkönen，E. Tuominen E，et al. The effect of an electrical field on the radiation tolerance of float zone and magnetic czochralski silicon particle detectors [J]. Nuclear Inst. Method. Phys. Research A，2011 (1).

[28] 王彦君. 大直径区熔硅单晶的研究与制备 [D]. 天津：河北工业大学，2014.

[29] Trempa M，Reimann C，Friedrich J，et al. Investigation of iron contamination of seed crystals and its impact on lifetime distribution in Quasimono silicon ingots [J]. J. Cryst. Growth，2015 (1).

[30] Zhong G. X，Yu Q. H，Huang X. M，et al. Influencing factors on the formation of the low minority carrier lifetime zone at the bottom of seed-assisted cast ingots [J]. Journal of Crystal Growth，2014 (15).

[31] 李军，史珂，吴书晓，等. C/C复合材料坩埚在直拉单晶炉中的应用研究 [A]. 第十届中国太阳能光伏会议论文集：

光伏硅晶体材料的制备、表征及应用技术

迎接光伏发电新时代 [C]，2008.

[32] 苏文佳，左然，Kalaev V. 单晶炉导流筒、热屏及炭毡对单晶硅生长影响的优化模拟. 第 15 届全国晶体生长与材料学术会议论文集 [C]，2009.

[33] Lan C. W. Recent progress of crystal growth modeling and growth control [J]. Chem. Eng. Science，2004 (7).

[34] Zhang F，Yu X. G，Hu D. L. Controlling dislocation gliding and propagation in quasi-single crystalline silicon by using <110>-oriented seeds [J]. Solar Energy Mater. Solar Cell，2019 (193).

[35] Jiptner K，Miyamura Y，Harada H，et al. Dislocation behavior in seed-cast grown Si ingots based on crystallographic orientation [J]. Progress. Photovoltaics；Research. Appl，2016 (12).

[36] Jiang D. C，Ren S. Q，Shi S，et al. Phosphorus Removal from Silicon by Vacuum Refining and Directional Solidification [J]. Journal of Electronic Materials，2014 (2)

[37] 王凯. 铸造多晶硅的稳定掺杂及电性能研究 [D]. 大连：大连理工大学，2017.

[38] Trempa M，Beier M，Reimann C，et al. Dislocation formation in seed crystals induced by feedstock indentation during growth of quasimono crystalline silicon ingots [J]. J. Crystal Growth，2016 (15).

[39] 董建明，张波，刘进，等. 直拉法硅单晶生长中断棱与掉苞问题的探讨. 材料导报，2013 (S1).

[40] 安涛. 单晶炉勾形磁场的优化设计与实现 [D]. 西安：西安理工大学，2005.

[41] 占小红. Ni-Cr 二元合金焊接熔池枝晶生长模拟 [D]. 哈尔滨：哈尔滨工业大学，2008.

[42] 苏彦庆，骆良顺，毕维生，等. 共晶和包晶合金定向凝固过程中共生生长的形态稳定性 [J]. 中国有色金属学报，2006 (7).

[43] Karma A，Plapp M. New insights into the morphological stability of eutectic and peritectic coupled growth [J]. JOM，2004 (4).

[44] 傅恒志，等. 先进材料定向凝固 [M]. 北京：科学出版社，2008.

[45] Zhang C，Ma D，Wu K. S，et al. Microstructure and microsegregation in directionally solidified Mg-4Al alloy [J]. Intermetallics，2007 (10).

[46] 玄伟东. 高温合金定向凝固杂晶形成规律及其控制研究 [D]. 上海：上海大学，2013.

[47] 任世强. 多晶硅定向凝固过程中金属杂质的分凝及去除研究 [D]. 大连：大连理工大学，2017.

[48] 张发云，饶森林，王发辉，等. 多晶硅晶体生长中固-液界面研究进展. 人工晶体学报，2017 (10).

[49] 谭毅，孙世海，董伟，等. 多晶硅定向凝固过程中固-液界面特性研究 [J]. 材料工程，2012 (8).

[50] Wen S. T，Jiang D. C，Shi S. Determination and controlling of crystal growth rate during silicon purification by directional solidification [J]. Vacuum，2016 (125).

[51] Cablea M，Zaidat K，Gagnoud A，et al. Multi-crystalline silicon solidification under controlled forced convection [J]. J. Cryst. Growth，2015 (417).

[52] 陈宗民. 铸造金属凝固原理 [M]. 北京大学出版社，2014.

[53] Xing Y. P，Han P. D，Wang S，et al. A review of concentrator silicon solar cells [J]. Renewable Sustain. Energy Rev，2015 (51).

[54] 武晓玮，李佳艳，谭毅. 金刚石线锯切割多晶硅片表面制绒工艺研究 [J]. 无机材料学报，2017 (9).

[55] Sheng G. Z，Zou Y. X，Li S. Y，et al. Controllable nano-texturing of diamond wire sawing polysilicon wafers through low-cost copper catalyzed chemical etching [J]. Materials Lett，2018 (221).

[56] Kumar A，Melkote S. N. Diamond wire sawing of solar silicon wafers：a sustainable manufacturing alternative to loose abrasive slurry sawing [J]. Procedia Manufacturing，2018 (21).

[57] Wang P. Z，Ge P. Q，Bi W. B，et al. Stress analysis in scratching of anisotropic single-crystal silicon carbide [J]. Inter. J. Mechanical Sci，2018 (141).

[58] 张辽远，尚明伟，赵炎，等. 金刚石线锯切割碳纤维复合材料实验研究 [J]. 兵工学报，2016 (11).

[59] 沈辉. 多晶硅与硅片生产技术 [M]. 北京：化学工业出版社，2014.

[60] Suzuki T，Otsuki T，Yan J. W. Study on precision slicing process of single-crystal silicon by using dicing wire saw [J]. Adv. Materials Research，2016 (1136).

[61] 田野. 定晶向硅晶体电火花多次切割技术研究 [D]. 南京：南京航空航天大学，2015.

[62] 穆星泽，段建国. 基于机器视觉的硅片隐裂检测系统的研究. 山西电子技术，2019 (3).

[63] 杜虎明. 一种太阳能硅片在线隐裂检测的装置及方法 [J]. 山西电子技术，2019 (1).

[64] 段华伟. 基于 Halcon 的太阳能硅片缺陷检测技术研究 [J]. 智慧工厂，2019 (3).

237

[65] 郑晓峰，郑博文，蒋立正，等.硅片总厚度偏差及翘曲度检测装置研制与测试.仪表技术与传感器，2017（11）.

[66] 郑博文，周波.一种非接触式硅片厚度及翘曲度自动检测系统［J］.计量与测试技术，2016（6）.

[67] 孙振华.薄片晶硅太阳电池弯曲的研究［D］.杭州：浙江大学，2008.

[68] 孙楚潇.表面微结构对多晶黑硅太阳电池效率的影响［D］.南京：渤海大学，2018.

[69] 龚宁宁.单晶硅电池制绒工艺的研究［D］.苏州：苏州大学，2017.

[70] 朱美芳.太阳能电池基础与应用［M］.北京：科学出版社，2014.

[71] 刘恩科.半导体物理学［M］.北京：电子工业出版社，2011.

[72] Cao F，Chen K. X，Zhang J. J，et al. Next-generation multi-crystalline silicon solar cells：Diamond-wire sawing，nano-texture and high efficiency［J］. Solar Energy Mater. Solar Cells，2015（141）.

[73] 谢猛.PERC 型晶体硅太阳电池的光致衰减及其钝化技术研究［D］.杭州：浙江大学，2018.

[74] 吴志明，张威，张宝锋，等.太阳能电池片硼源扩散综述.电子工业专用设备，2019（1）.

[75] 赵科巍，刘文超，郭卫.基于硼扩散的多晶硅太阳能电池背钝化工艺研究［J］.山西能源学院学报，2017（3）.

[76] 马继奎，任军刚，董鹏，等.工业化 N 型高效双面晶体硅太阳电池扩散工艺研究［J］.光电子技术，2017（2）.

[77] 高华.面向产业化的高方阻密栅电池性能研究［D］.上海：上海交通大学，2013.

[78] Shanmugam V，Cunnusamy J，Khanna A，et al. Optimisation of Screen-Printed Metallisation for Industrial High-Efficiency Silicon Wafer Solar Cells［J］. Energy Procedia，2013（33）.

[79] Hannebauer H，Dullweber T，Falcon T，et al. Fineline Printing Options for High Efficiencies and Low Ag Paste Consumption［J］. Energy Procedia，2013（38）.

[80] Mondon A，Wang D，Zuschlag A，et al. Nanoscale investigation of the interface situation of plated nickel and thermally formed nickel silicide for silicon solar cell metallization［J］. Appl. Surf. Sci，2014（323）.

[81] 李俊杰.晶硅太阳能电池前栅线电极金属化的研究［D］.昆明：云南大学，2015.

[82] 常欣.高效晶体硅太阳电池技术及其应用进展［J］.太阳能，2016（8）.

[83] Wang F. Z，Bai F. W，Wang T. J，et al. Experimental study of a single quartz tube solid particle air receiver［J］. Solar Energy，2015（69）.

[84] Wang T. J，Bai F. W，Chu S. Z，et al. Experiment study of a quartz tube falling particle receiver［J］. Frontiers in energy，2017（4）.

[85] 于婷，葛久志，汪岩峰，等.太阳能电池 I-V 特性检测技术研究.［J］计量技术，2018（10）.

[86] 徐瑞.合金定向凝固［M］.北京：冶金工业出版社，2009.